總編輯/建築師

前言 建築結構考試教戰守則

一、建築結構與系統

建築結構一科範圍包含結構學與結構系統兩大類型，結構學包括「結構穩定性、靜定、靜不定、桁架、剛性構架」等之結構分析計算；另結構系統部分則包括「梁、柱、牆、版、基礎、鋼骨、RC、木造、磚造、抗風結構、耐震結構、消能隔震」等，以及與時事有關之結構問題。隨著 108 年起本科已從高考三級減免應試科目當中挪出，此一制度之改變意味著結構這門科目在建築師考試中的重要程度。

二、本書收錄內容

建築結構，在不同的建築相關考試類別，出題方向都不盡相同。本書除了收錄 105~111 年建築師考試題解與公務人員建築相關考試類別之內容。其依照考試類別分別歸類，目的是為了讓考生在針對不同考試時，能夠清楚快速了解到該考試類別的出題內容及答題方向，即時反應在讀書效率上，以節省各位考生寶貴的時間。

三、一加一大於二

第一次準備的考生若時間充裕，建議將出題範圍的各單元內容至少熟讀過一次，再針對出題比例較高的單元內容局部加強，若能搭配建築構造與施工科目一同準備，並將部分知識整合進建築設計更佳，如準備公務人員的考生，則須加上營建法規、建築環境控制，建築技術規則建築構造編、無障礙設計規範及建築設備影響結構部分等。建立不同科目之間的知識連結，而非僅只強記單點知識，考生切勿採取巧之心，一定要將出題範圍的各單元內容熟讀過，並針對出題比例較高的單元內容局部加強，離及格不遠矣。

建築師 陳信安

九樺出版社 總編輯

科目	章節	建築師							章節配分加總	高考							章節配分加總	地特三等							章節配分加總	鐵路高員							章節配分加總
		年度								年度								年度								年度							
		105	106	107	108	109	110	111		105	106	107	108	109	110	111		105	106	107	108	109	110	111		105	106	107	108	109	110	111	
結構學	01 桁架	6	4.5	3	3	24.5	4.5	4.5	50					25		25	50	25	15		30	30		25	125								0
	02 梁、剛架	6	6	1.5	1.5	3	6	11.5	36							25	25								0					25			25
	03 剪力彎矩圖	21.5	13	23	4.5	4.5	21.5	1.5	90			25		25	25		75	25				30	24		79								0
	04 梁內應力	3	4.5	16.5	7.5	7.5	6	11	56								0			20					20								0
	05 撓度計算		26	3	1.5				31								0								0								0
	06 柱的挫曲	1.5	1.5			1.5		1.5	6								0								0								0
	07 靜定穩定分析	4.5	1.5	1.5	3	1.5	3	1.5	17								0								0								0
	08 傾角變位法	4.5	3	4.5	21.5				34				20				20								0								0
	09 附錄				3		1.5		4.5								0								0								0
	小計	47	60	53	46	43	43	31	322	0	0	25	20	50	25	50	170	50	15	20	30	60	24	25	224	0	0	0	0	25	0	0	25
結構系統	01 建築物耐風設計		1.5		1.5		1.5	1.5	6				15				15				16				16								0
	02 建築物耐震設計	15	17.5	6	26	30.5	9	4.5	109	42	75	25	25		25	25	217	25		60	12		20	50	167								0
	03 基礎結構系統	3	1.5		3	1.5	1.5		11		25						25		10						10								0
	04 梁柱及構架系統	1.5		1.5		1.5	1.5	1.5	7.5								0		20						20								0
	05 纜索及拱系統	1.5						1.5	3	28							28								0								0
	06 膜及薄殼系統	1.5		3	1.5			3	9				20				20				18				18								0
	07 格子梁及版系統		3		1.5	3	3	3	14						25		25					20	24		44								0
	08 鋼筋混凝土結構系統	6	4.5	4.5	9	10.5	6	6	47			25		25		25	75			20				25	45					50			50
	09 鋼結構及SRC結構系統	3	4.5	6	3	3	7.5	16	43						25		25								0					25			25
	10 高層、超高層建築結構系統	21.5	3	3	1.5	3	3	1.5	37								0				24				24								0
	11 綜合性考題及其他		4.5	23	7.5	4.5	24.5	30.5	95	30		25	20	25			100	25	55			20	32		132								0
	小計	53	40	47	55	58	58	69	379	100	100	75	80	50	75	50	530	50	85	80	70	40	76	75	476	0	0	0	0	75	0	0	75
合計		100	100	100	100	100	100	100	700	100	100	100	100	100	100	100	700	100	100	100	100	100	100	100	700	0	0	0	0	100	0	0	100

目錄 Contents

單元

1

結構學

1 桁 架

重點內容摘要

（一）求解桁架桿件內力方法

1. 節點法：每一節點皆須滿足力平衡條件：$\sum F_x=0$，$\sum F_y=0$
2. 剖面法：每個自由體為一般力系：$\sum F_x=0$，$\sum F_y=0$，$\sum M=0$

（二）節點交會力的特性

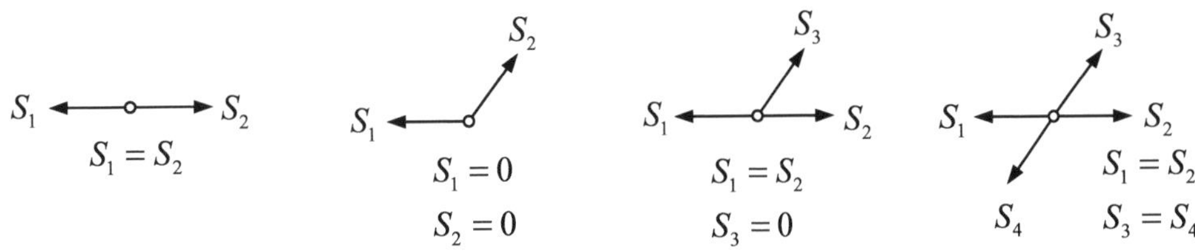

（三）恆零桿：在兩個鉸支承中間若只夾一根桿件，則那根桿件為恆零桿。

（B）1. 下圖所示桁架 A、B 兩端皆為鉸支承，D 點受水平外力 P 作用，則此桁架中有多少根零桿？

(A) 3　(B) 4　(C) 5　(D) 6

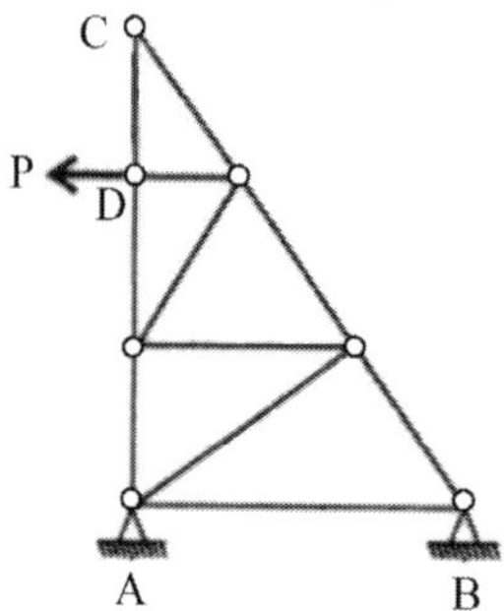

（105 建築師-建築結構#22）

【解析】參考九華講義-建築結構 第一章

P 力作用下 CE 桿件與 CD 桿件為 0 桿，DF 桿件在 T 型 0 桿原則下為 0 桿，AB 桿為恆零桿，共 4 根。

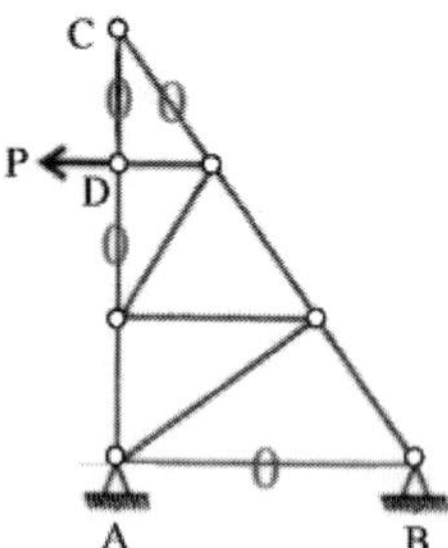

（B）2. 桁架結構受力如下圖，桿件 FC 之軸向力為多少 kN？

(A) 3　(B) 5　(C) 4　(D) 6

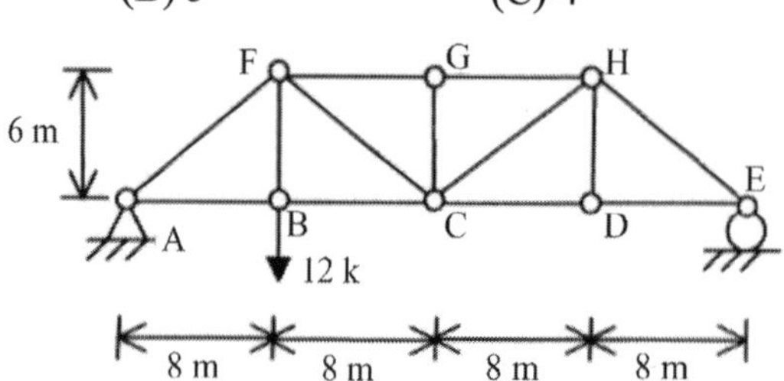

（105 建築師-建築結構#25）

【解析】參考九華講義-建築結構 第一章

此桁架之三角形為 3:4:5 特別角三角比，斜邊軸力應為 5 的倍數。

（A）3. 桁架結構受力如下圖，桿件 EL 之軸向力為多少 kN？

(A) 0　　(B) 4　　(C) 5　　(D) 3.6

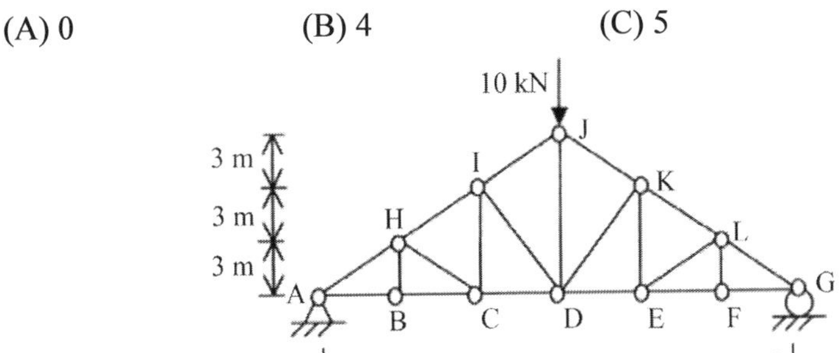

（105 建築師-建築結構#26）

【解析】參考九華講義-建築結構 第一章

T 形零桿原則，桿件 LF 為零桿，連帶使桿件 EL 成為 T 型零桿。

（D）4. 桁架結構受力如圖所示，桿件 FC 之軸向力為多少 kN？

(A) 0　　(B) 15　　(C) 20　　(D) 25

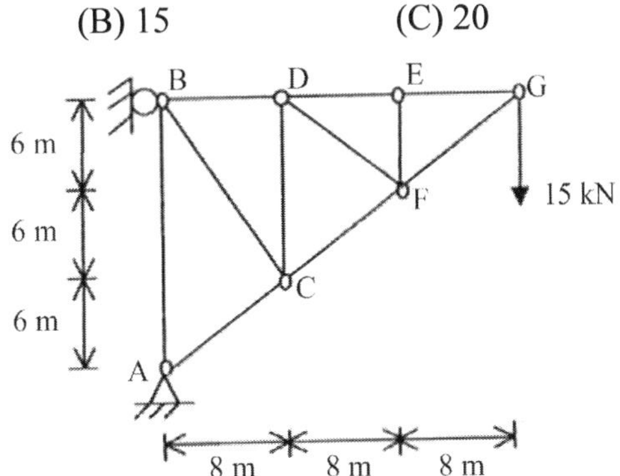

（105 建築師-建築結構#30）

【解析】參考九華講義-建築結構 第一章

特別角三角比推論，此桁架之三角形為 3:4:5 邊長比

$15\times\frac{5}{3}=25$ KN

（B）5. 如圖所示桁架，桿件 ED 的內力為何？

(A) 6^{tf}壓力　　(B) 0

(C) 10^{tf}壓力　　(D) 6^{tf}張力

（106 建築師-建築結構#23）

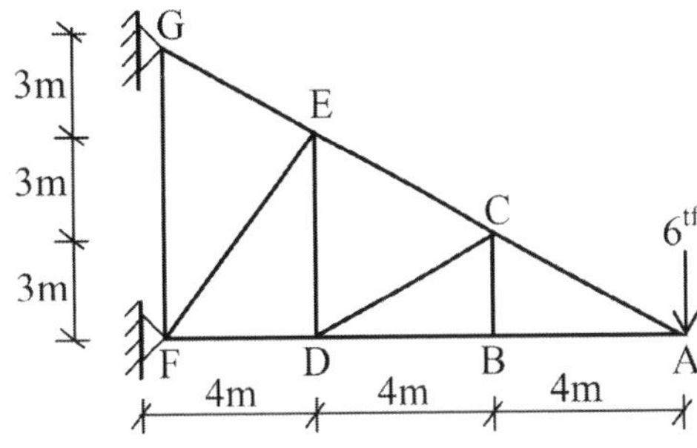

【解析】參考九華講義-結構系統 第一章

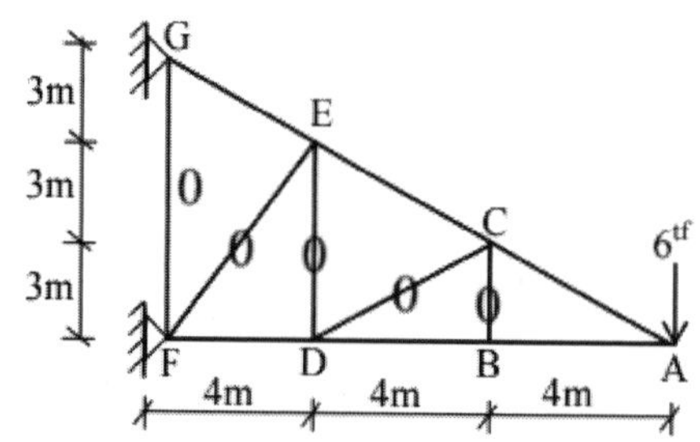

零桿判斷，桿件 BC、CD、DE、EF 是零桿，恆零桿 GF。

（C）6. 桁架結構受力如下圖，桿件 EC 之軸向力為多少 kN？

(A) $2\sqrt{2}$　(B) $4\sqrt{2}$　(C) $3\sqrt{2}$　(D) $\sqrt{2}$

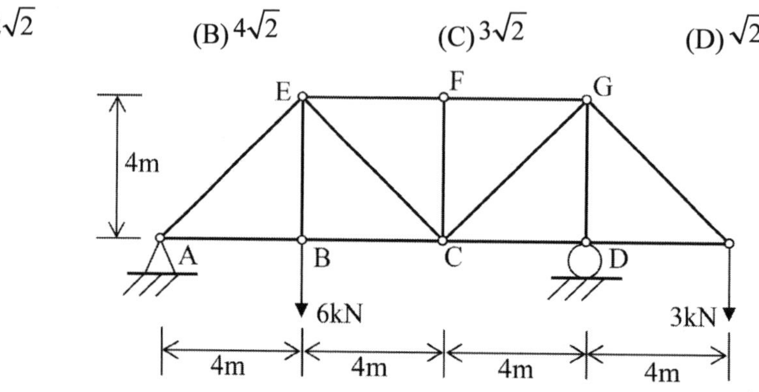

（106 建築師-建築結構#28）

【解析】

$\sum MA = 0$，$Dy \times 12 = 6 \times 4 + 16 \times 3$，$Dy = 6$ KN(↑)

$\sum Fy = 0$，$Ay = 3$ KN (↓)

取 A 節點，AE 桿$= -3\sqrt{2}$ KN（壓）

取 E 節點可得 EC 桿 $= 3\sqrt{2}$ KN（拉）

（C）7. 如圖桁架受外力作用之情形如圖所示，則下列有關此桁架的敘述，何者正確？

(A)該桁架為 1 次靜不定桁架

(B)桁架除了 BC 桿件受力外，其餘桿件均不受力

(C)共有 3 個零桿件

(D)共有 2 個承受壓力桿件

（106 建築師-建築結構#31）

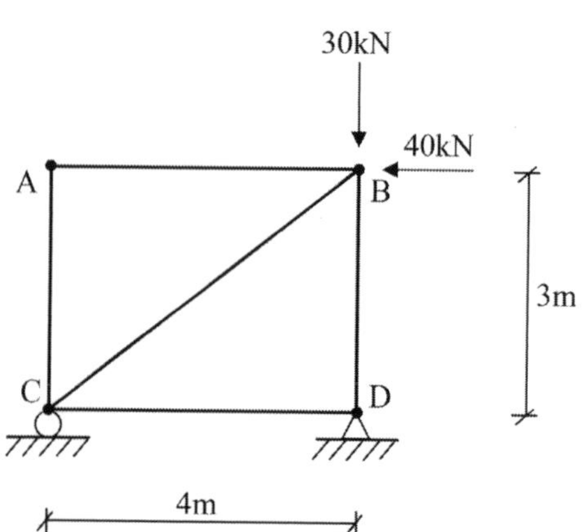

【解析】參考九華講義-結構系統 第一章

AB、AC、CD 三根 0 桿

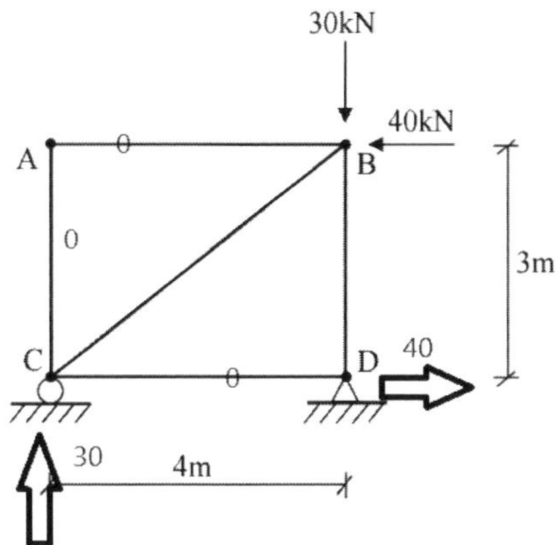

（B）8. 圖示桁架結構在外力作用下，AB 桿件之內力為何？

(A) 6 kN 張力　(B) 8 kN 張力　(C) 6 kN 壓力　(D) 8 kN 壓力

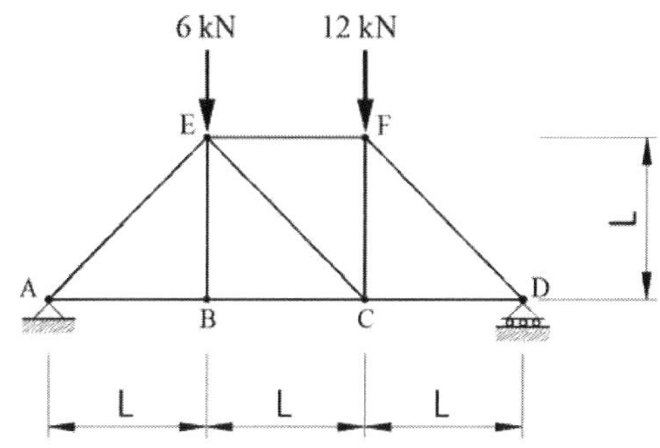

（107 建築師-建築結構#8）

【解析】

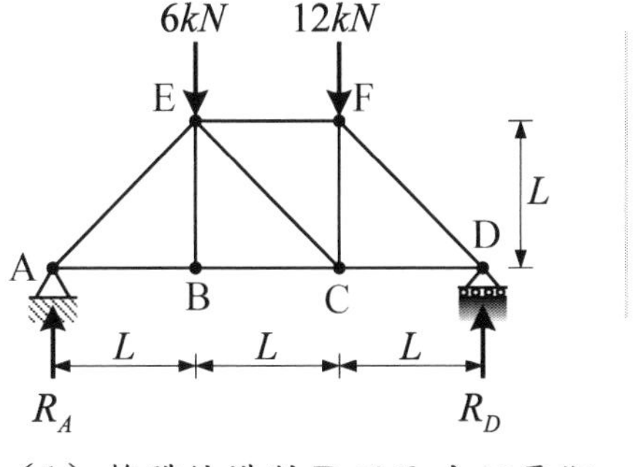

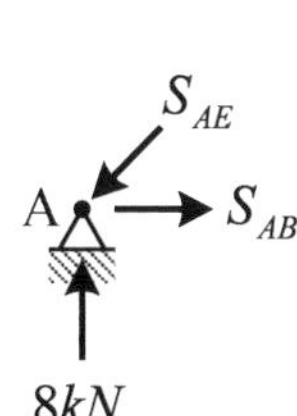

（1）整體結構對 D 點取力矩平衡

$$\sum M_D = 0\text{ , } R_A \times 3L = 12 \times L + 6 \times 2L \ \therefore R_A = 8kN$$

（2）A 節點平衡

$\sum F_y = 0$，$S_{AE} \times \frac{1}{\sqrt{2}} = 8$ $\therefore S_{AE} = 8\sqrt{2}$（壓力）

$\sum F_y = 0$，$S_{AE} \times \frac{1}{\sqrt{2}} = S_{AB}$ $\therefore S_{AB} = 8kN$（拉力）

（C）9. 如下圖所示之桁架，關於 A、B、C 三桿件的受力敘述，何者正確？

(A) A 桿、B 桿均受張力　(B) A 桿受張力、B 桿受壓力

(C) B 桿受張力、C 桿不受力　(D) A 桿受壓力、C 桿受張力

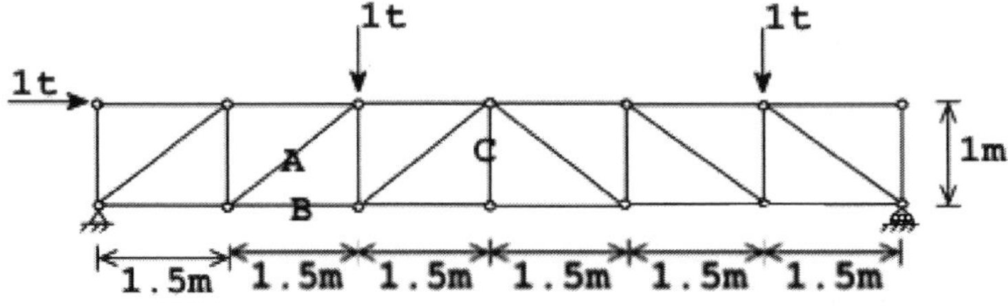

（107 建築師-建築結構#10）

【解析】

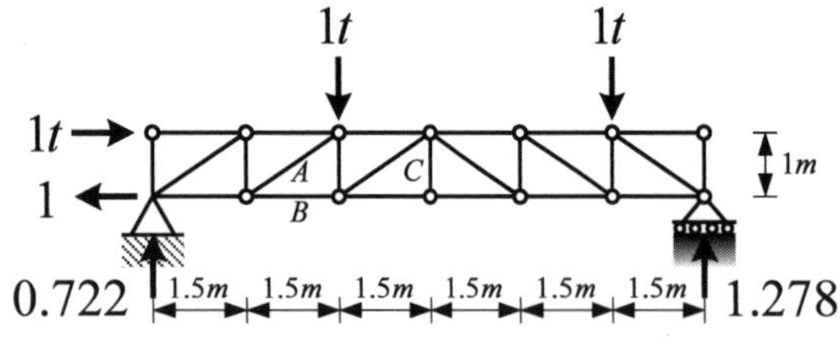

A 桿受壓、B 桿受拉、C 桿為零力桿（不受力）。

（C）10. 如圖所示，有關平桁架中斜桿 a 之內力與山形桁架中斜桿 b 之內力，下列敘述何者正確？

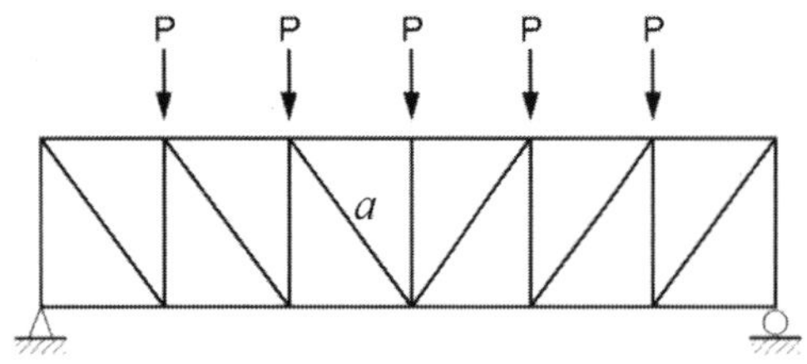

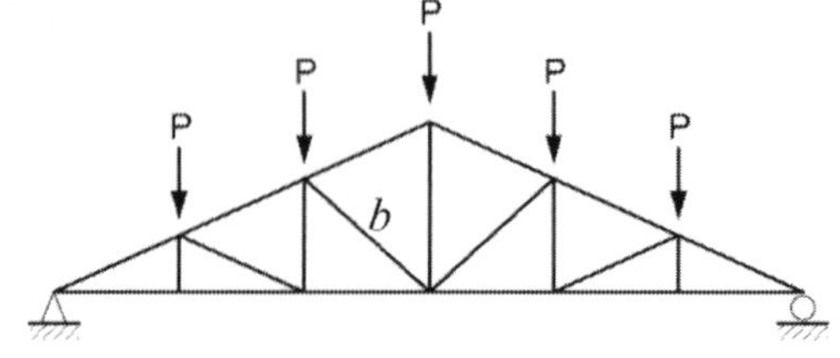

(A) a、b 均受拉　(B) a、b 均受壓　(C) a 受拉，b 受壓　(D) a 受壓，b 受拉

（108 建築師-建築結構#3）

【解析】

（1）由圖示ⓝ-ⓝ剖面，進行垂直力平衡，可得知 a 桿會承受拉力。

（2）由圖示ⓜ-ⓜ剖面，對 A 支承進行力矩平衡，可得知 b 桿會承受壓力。

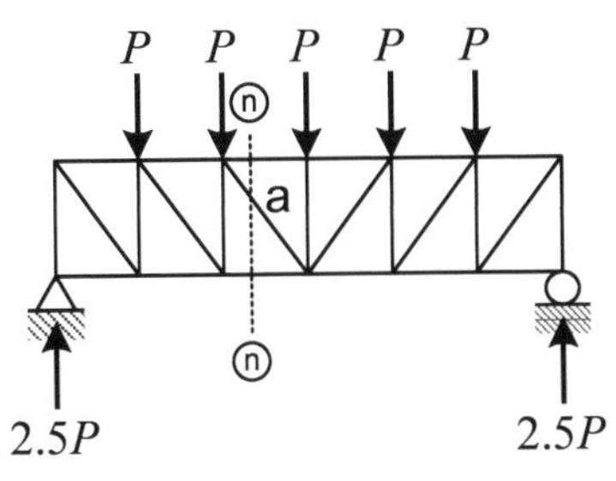

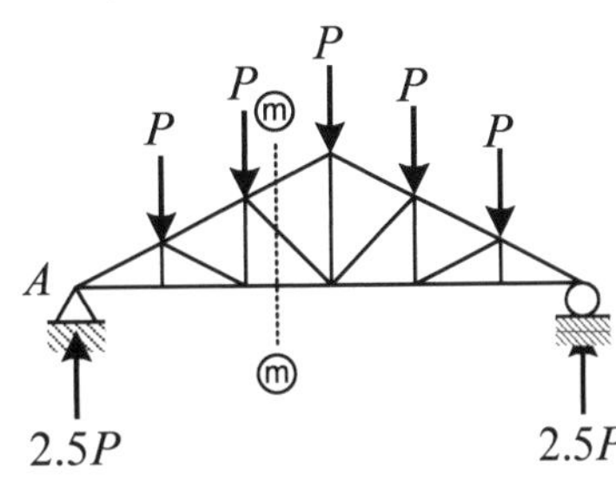

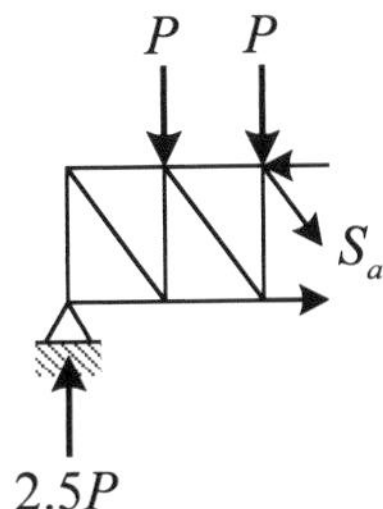

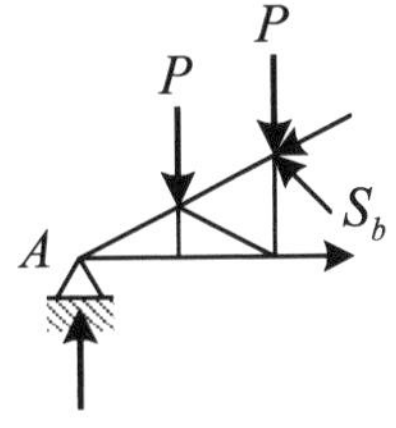

（C）11. 如圖所示為梁（OAB）與桁架（BCDE）之複合結構，OA、AB、BC、CD 及 CE 長度均為 L。有關桁架內力及支承反力之敘述，下列何者錯誤？

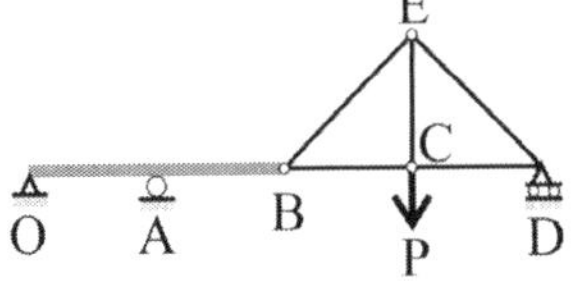

(A) CE 內力為拉力 P
(B) BE 及 DE 內力為壓力
(C) BC 及 CD 內力為壓力
(D) D 支承反力為 P/2

（108 建築師-建築結構#5）

【解析】

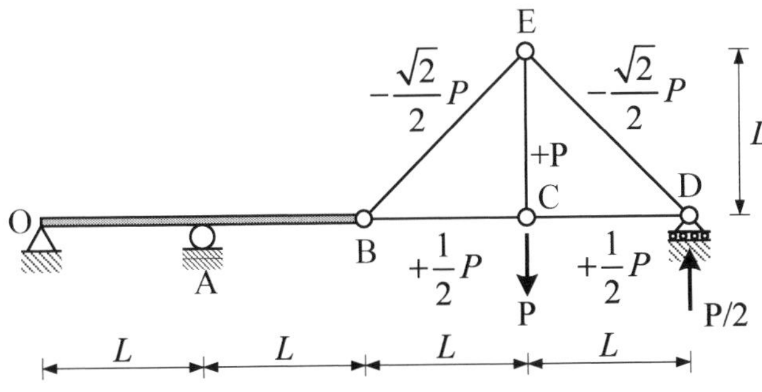

（1）C 節點平衡，可得 $S_{CE} = P$（拉力）

（2）E 節點平衡，可得知 S_{BE}、S_{DE} 內力為 $-\dfrac{\sqrt{2}}{2}P$（壓力）

（3）D 節點平衡，可得知 CD 桿內力為 $+\dfrac{\sqrt{2}}{2}P$（拉力）

（4）D 節點平衡，可得知 D 點反力為 $P/2$（↑）

（A）12.有關桁架結構之敘述，下列何者正確？

(A)桿件只能承受張力及壓力

(B)桿件可承受軸力、剪力及彎矩

(C)靜定桁架的桿件內力會受溫度變化的影響

(D)靜不定桁架的桿件內力不會受基礎不均勻沉陷的影響

（109 建築師-建築結構#13）

【解析】

桁架桿件只能承受軸力，不能承受剪力彎矩，故答案選(A)。

(C)靜定桁架的桿件內力**不會**受溫度變化的影響。

(D)靜不定桁架的桿件內力**會**受基礎不均勻沉陷的影響。

（A）13.如圖所示，AB 為梁，BCDE 為桁架，B、C 及 E 均為鉸接，AB 長度為 2L，BC、CD 及 CE 長度均為 L。下列敘述何者錯誤？

(A) D 支承垂直反力為 3P/4　　(B) CE 桿件承受拉力

(C) A 支承垂直反力為 P/2　　(D) A 支承力矩為 PL

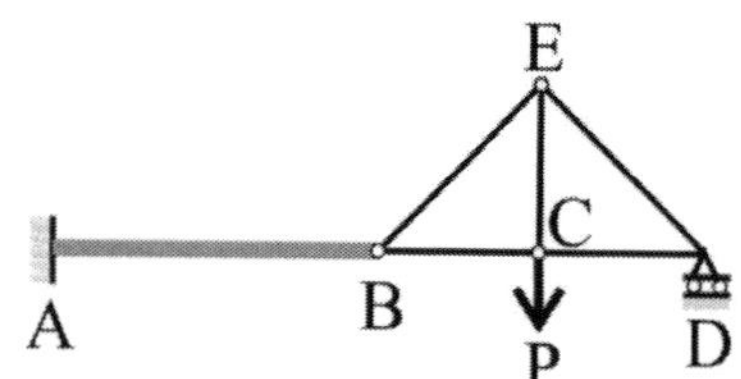

（109 建築師-建築結構#14）

【解析】

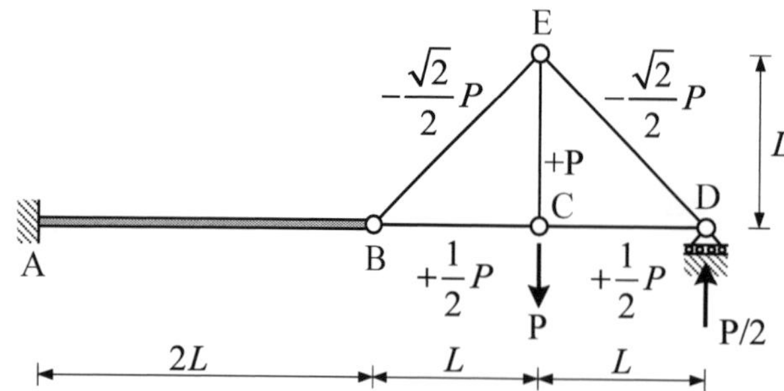

（C）14.桁架結構之受力如下圖，則 B 點的反力為何？

(A) (1/3)P　　(B) (1/2)P　　(C) (2/3)P　　(D) P

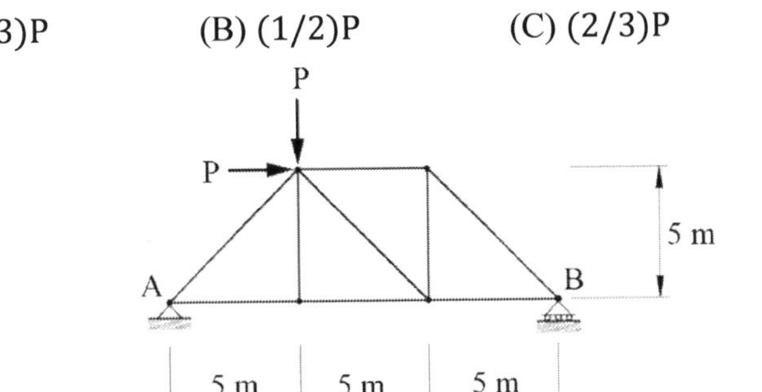

（109 建築師-建築結構#33）

【解析】

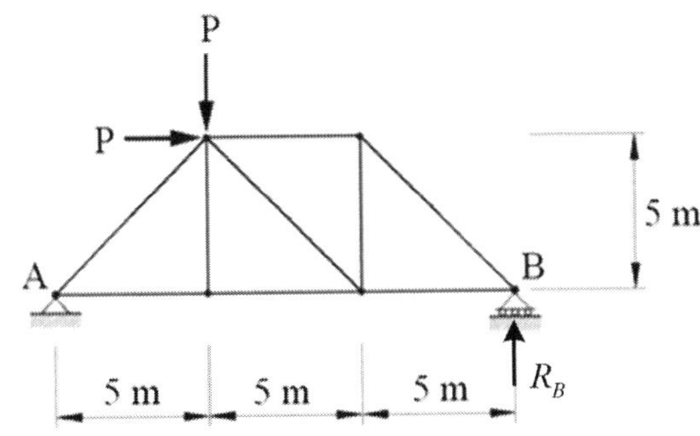

$\sum M_A = 0$，$R_B \times 15 = P \times 5 + P \times 5 \;\; \therefore R_B = \dfrac{2}{3}P$

（B）15.下列有關桁架之敘述，何者錯誤？

(A)簡單桁架為三角形的基本組成形態，每增加一個節點，即增加兩根桿件

(B)靜定桁架與靜不定桁架的桿件內力皆不受溫度改變之影響

(C)合成桁架由兩個或兩個以上之簡單桁架，以一個鉸及一根桿件組成

(D)簡單桁架的桿件內力可採用節點法或截面法求之

（110 建築師-建築結構#10）

【解析】

靜不定桁架的桿件內力，會受到溫差、尺寸誤差、支承沉陷等廣義外力的作用影響。

（D）16.圖中桁架結構，零桿（zero-force member）之數量為何？

(A) 2　　　　(B) 3

(C) 4　　　　(D) 5

（110 建築師-建築結構#11）

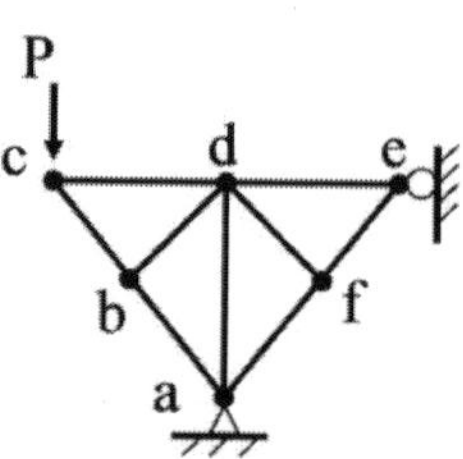

【解析】

如圖所示，共有 5 根零桿

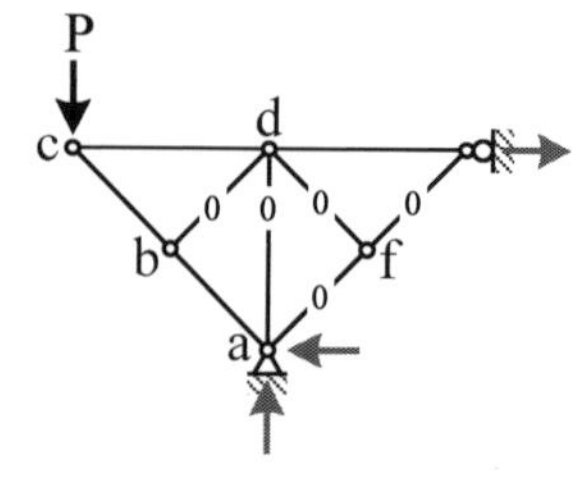

（D）17.圖示桁架結構在 F、E 點受力分別為 $P_1 = 10$ kN 及 $P_2 = 15$ kN，下列關於桿件受力大小的敘述何者錯誤？

(A) $F_{BC} = 15$ kN

(B) $F_{CD} = 0$ kN

(C) $F_{EC} = 15$ kN

(D) $F_{BF} = 20$ kN

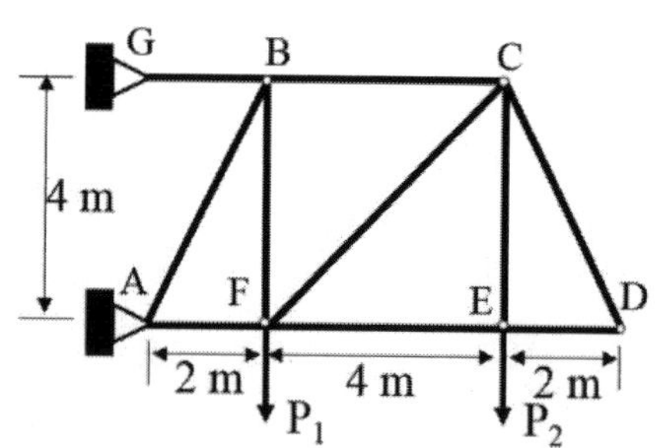

（110 建築師-建築結構#32）

【解析】

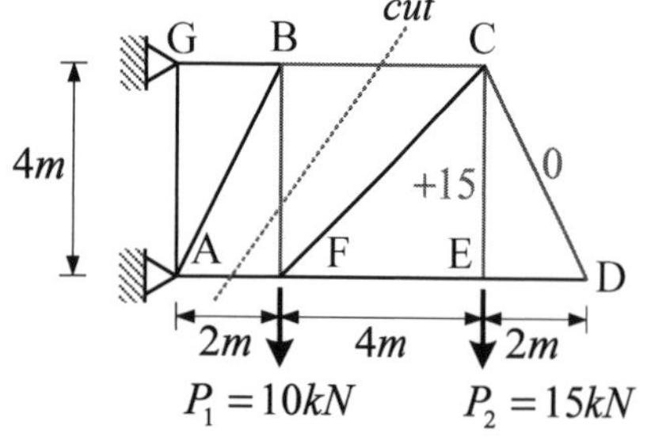

切開圖示虛線，取出右半部自由體圖平衡

$\sum F_y = 0$，$S_{BF} = 10 + 15 = 25kN$

$\sum M_F = 0$，$S_{BC} \times 4 = 15 \times 4$ $\therefore S_{BC} = 15kN$

（D）18.試分析下圖桁架結構，下列選項何者正確（T 為張力，C 為壓力）？

(A) $F_{BG} = 2$ N（T） (B) $A_Y = 133.3$ N（up）

(C) $F_{DE} = 643$ N（T） (D) $F_{DC} = 666.7$ N（T）

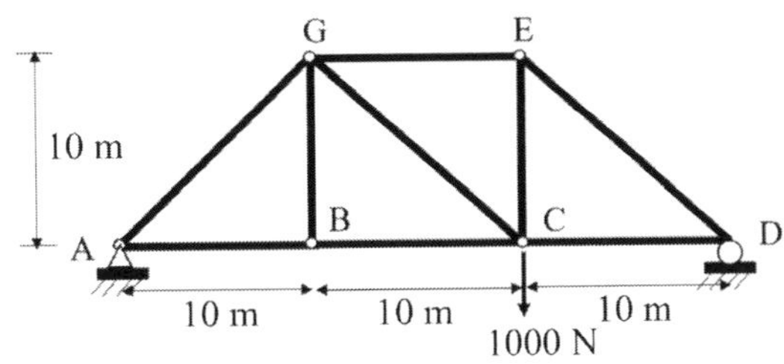

（111 建築師-建築結構#26）

【解析】

(A) $F_{BG} = 0$

(B) $A_y = 333.3N$

(C) $F_{DE} = 943N$

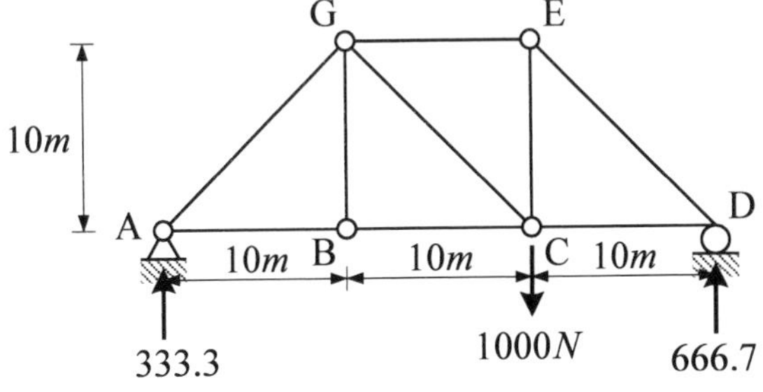

$F_{DE} = 666.7\sqrt{2} = 943$

$F_{CD} = 666.7$

666.7

（D）19.一桁架之載重如下圖所示，下列敘述何者錯誤？

(A) 此桁架為靜定桁架 (B) AB、BD 以及 EF 桿件的內力為 0

(C) AC 桿件的內力為 30 Kn (D) AD 桿件的內力為 40 Kn

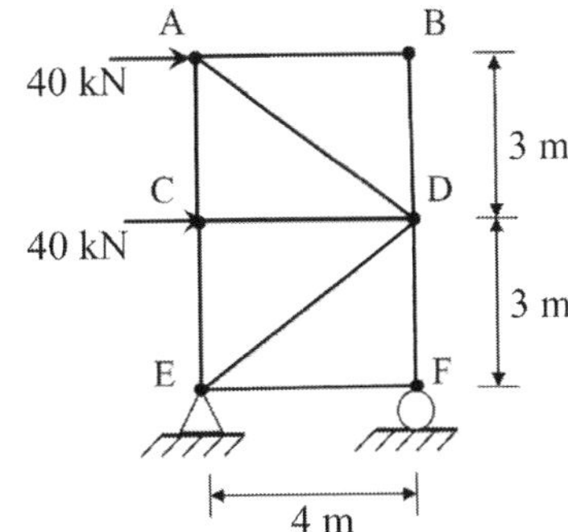

（111 建築師-建築結構#27）

【解析】

AD 桿件的內力為大小為 $50kN$

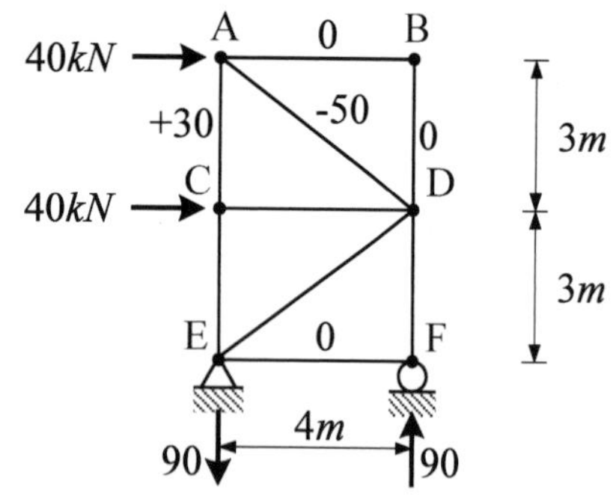

（B）20. 一桁架之載重及桿件尺寸如圖所示，每根桿件之軸向剛度（AE）值均相同，此桁架於 A 點之水平變位△為何？

(A) 19 PL/AE　(B) 38 PL/AE　(C) 57 PL/AE　(D) 76 PL/AE

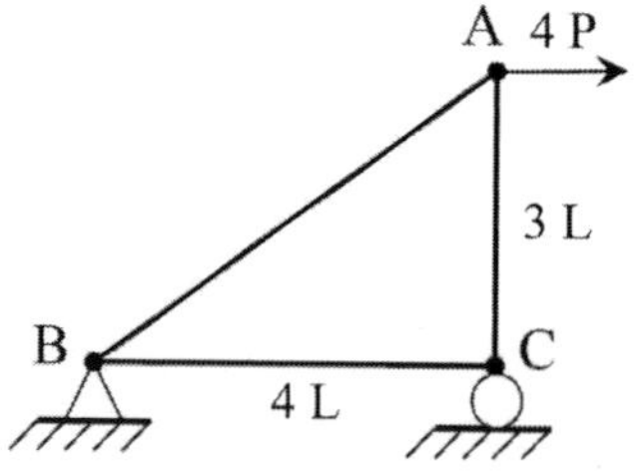

（111 建築師-建築結構#28）

【解析】

桿件	n	N	L	$\sum nNL$
AB	5/4	5P	5L	125PL/4
AC	-3/4	-3P	3L	27PL/4
BC	0	0	4L	0
Σ				152PL/4

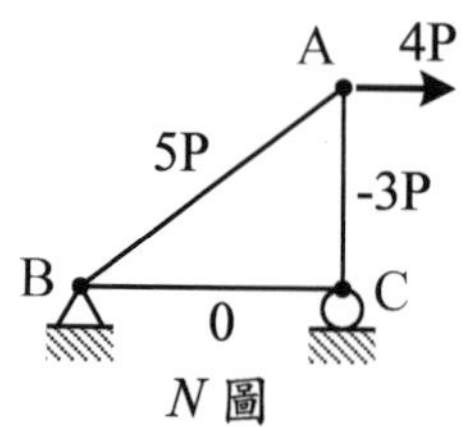

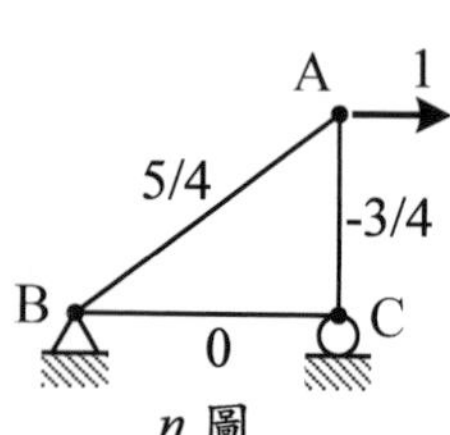

$$1 \cdot \Delta A_H = \sum n \frac{NL}{EA} = \frac{152PL}{4} \frac{1}{EA} = 38 \frac{PL}{EA}$$

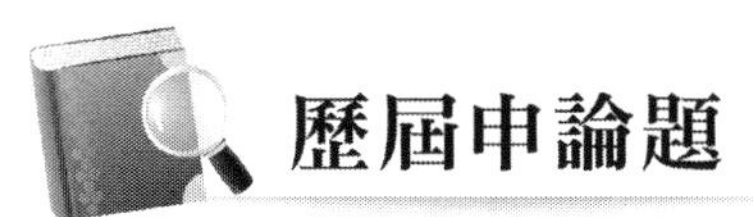

歷屆申論題

一、下圖所示桁架於 J 點承受一垂直集中載重。

（一）判斷此桁架為靜定或靜不定，並說明判斷依據。（5 分）

（二）計算構件 BJ 及 DJ 所受之力。（20 分）

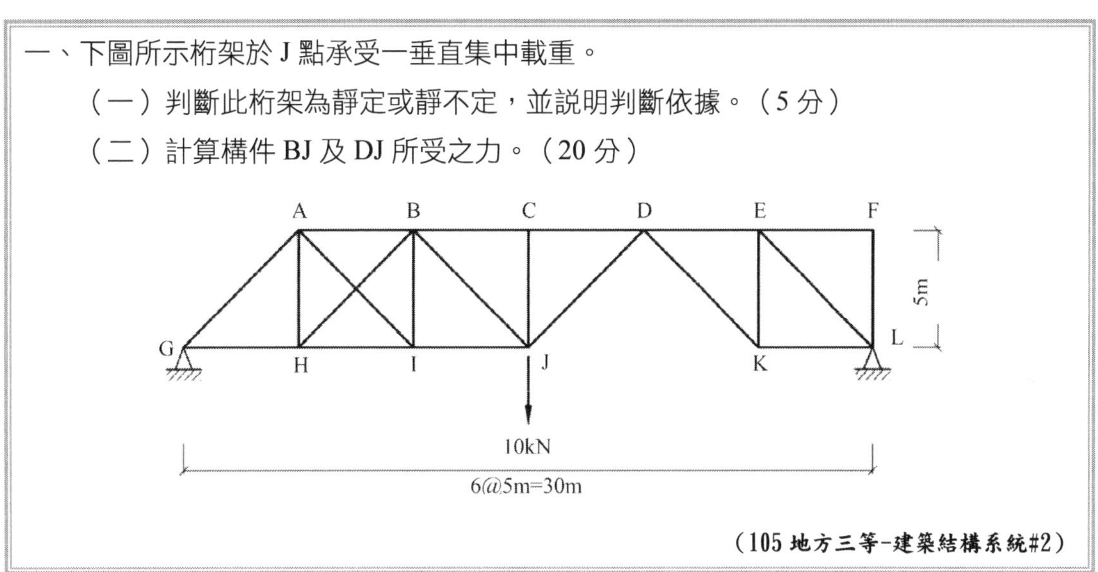

（105 地方三等-建築結構系統#2）

參考題解

（一）判斷無內在或外在不穩定情形，

依桁架穩定度判別式 $b+r-2j$ 判斷靜不定度

b：桿件數，$b=21$；r：反力數，$r=4$；j：節點數，$j=12$

$b+r-2j=21+4-2\times12=1$

該桁架結構為 1 次靜不定。

（二）設支承反力如下圖，整體結構取 G 點彎矩平衡 $\sum M_G=0$

$10\times15=R_L\times30$，得 $R_L=5kN(\uparrow)$

垂直力平衡，得 $R_G=5kN(\uparrow)$

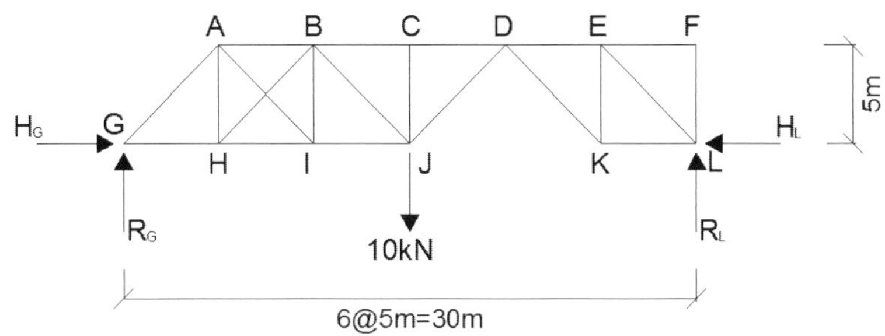

取結構自由體如右圖，

取 D 點彎矩平衡 $\sum M_D = 0$

$R_L \times 10 = H_L \times 5$，得 $H_L = 10\text{kN}\ (\leftarrow)$

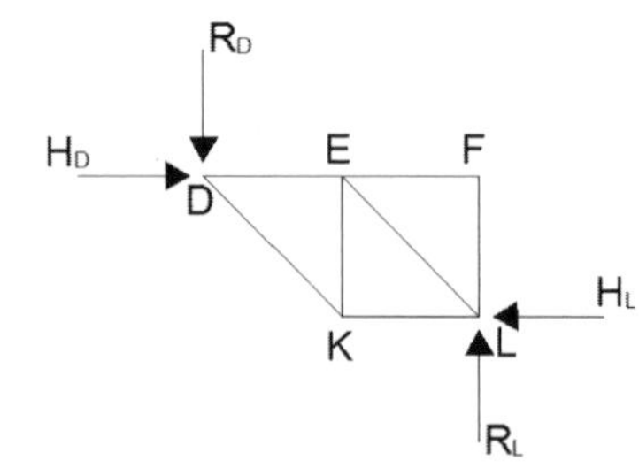

整體結構水平力平衡，得 $H_G = 10\text{kN}(\rightarrow)$

取自由題如右圖，

垂直力平衡 $S_{BJ} \times \dfrac{1}{\sqrt{2}} = R_G$

得 $S_{BJ} = 5\sqrt{2}$（拉力）

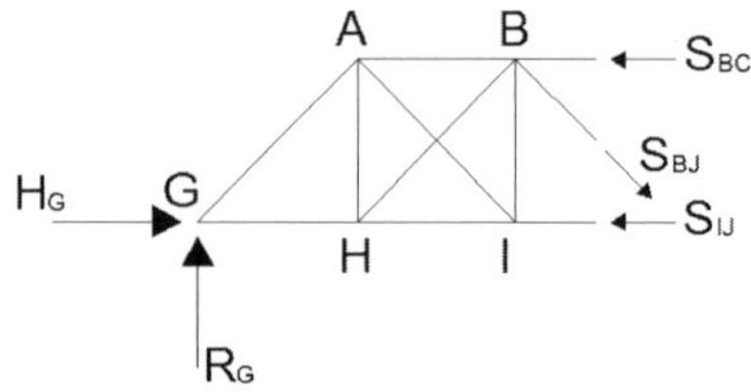

取自由題如右圖，

垂直力平衡 $S_{DJ} \times \dfrac{1}{\sqrt{2}} = R_L$

得 $S_{DJ} = 5\sqrt{2}$（拉力）

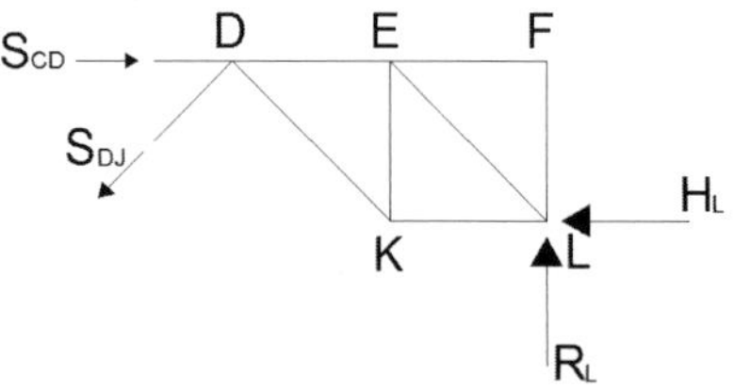

二、圖為常出現在現有日治時期建造之古蹟與歷史建築中的木造中柱式桁架（King posttruss），假設桁架只承受來自屋頂之垂直載重，試指出 BH、DG、GF 構件之受力（壓力或拉力）情形。（15 分）

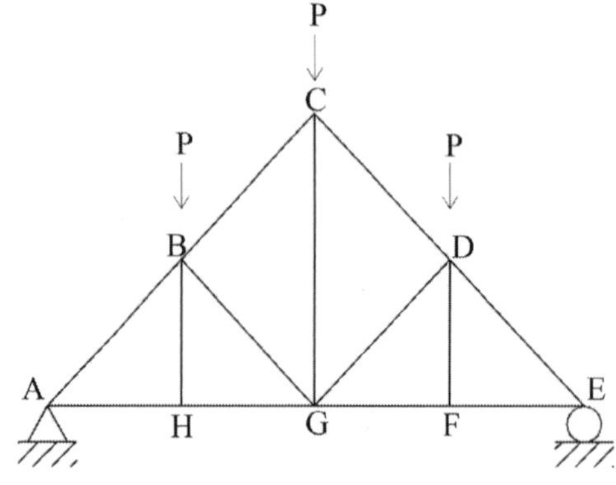

（106 地方三等-建築結構系統#1）

參考題解

依桿件配置及受力，可判斷出 BH 為零桿

整體結構垂直力平衡，

可得 A 點及 E 點垂直向支承力向上，如下圖

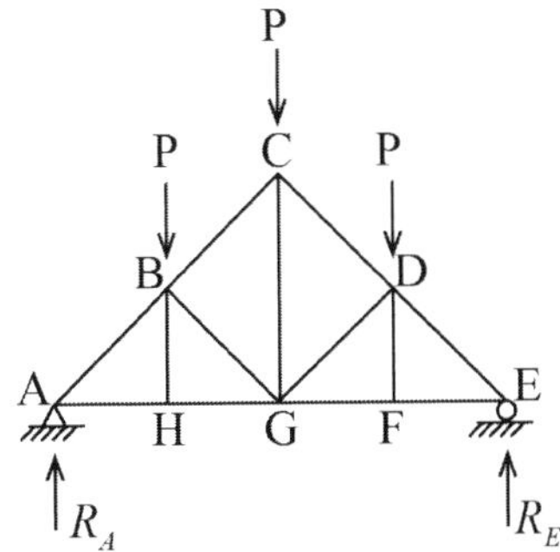

取切面自由體如下圖，

依垂直力及水平力平衡可判斷出 EF 桿受拉

進而得 GF 桿件為受拉力

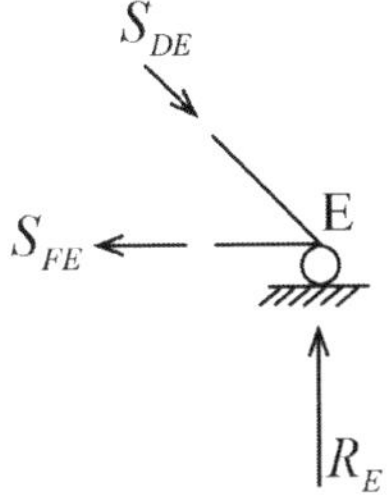

取切面自由體如下圖，

取 E 點彎矩平衡，可判斷 DG 桿受壓

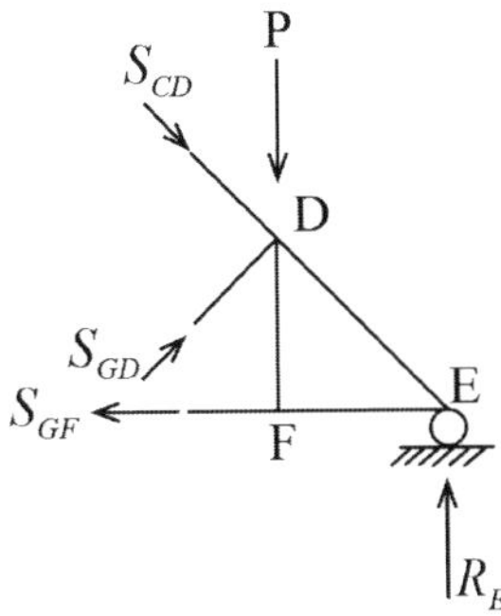

ANS：BH 零桿，DG 桿受壓力，GF 桿受拉力

三、圖為一木製桁架承受垂直均布之載重，試在圖上指出那個部位可以以金屬拉桿取代之？又何處為零桿？（30 分）

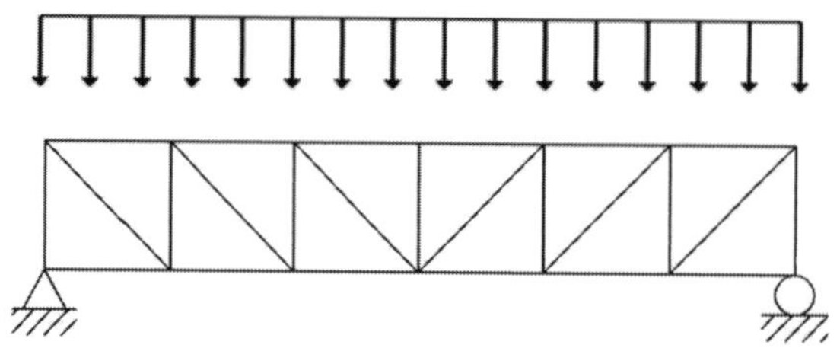

（108 地方三等-建築結構系統#5）

參考題解

將支撐點及各桿件編號如下，軸力以拉力為正(+)，壓力為正(−)

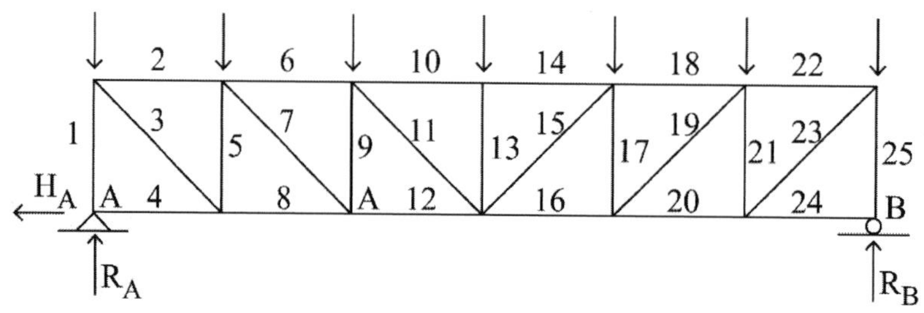

依垂直力平衡可得支承 A 點垂直力$R_A(\uparrow)$，支承 B 點垂直力$R_B(\uparrow)$

水平力平衡可得支承 A 點水平力$H_A = 0$

用剖面法，取支承 A 及 1、4 桿，如右圖

力平衡得桿件 4 軸力$S_4 = 0$，

桿件 1 軸力S_1受壓

用剖面法，取支承 A 及 2、3、4 桿，如右圖

$R_A > q$，垂直力平衡，判斷出S_3受拉，

水平力平衡，判斷出S_2受壓

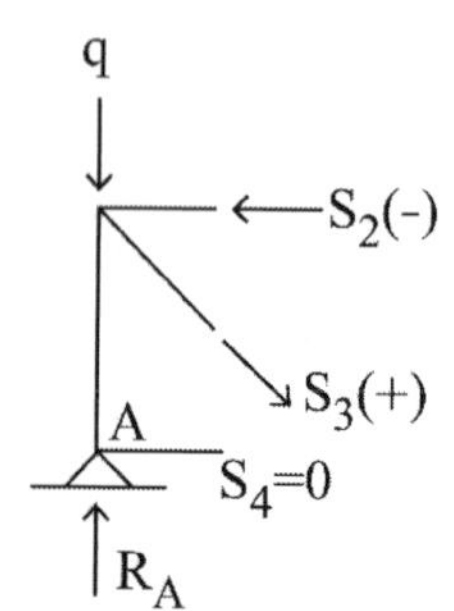

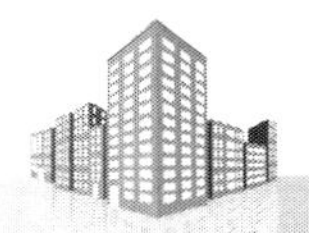

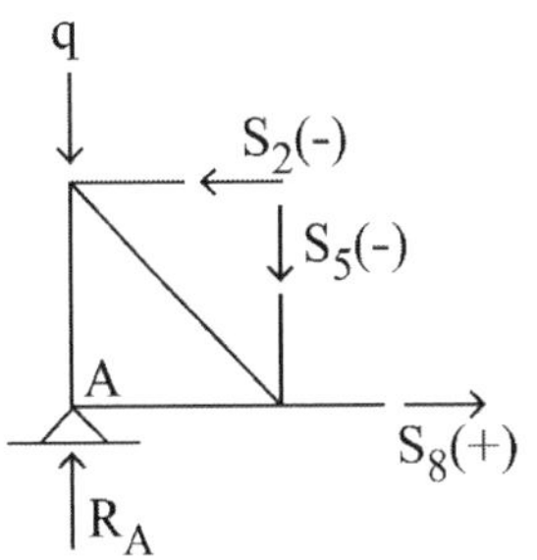

用剖面法，取支承 A 及 2、5、8 桿，如右圖

$R_A > q$，垂直力平衡，判斷出S_5受壓，

水平力平衡，判斷出S_8受拉

13 號桿可用上方節點垂直力平衡知S_5受壓，

其餘各桿採剖面法即可判斷出受拉或受壓，標示如下

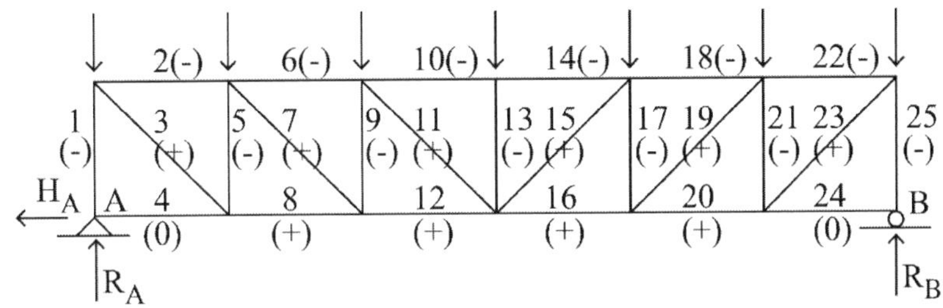

受拉力桿件可以金屬拉桿取代：圖上標示（+）桿件

桿件編號 3、7、8、11、12、15、16、19、20、23

零桿：圖上標示（0）桿件，桿件編號 4、24

【補充說明】

圖示桁架配置就似簡支梁，依受力可知梁彎矩方向，知梁上端受壓，下端受拉，由上下弦桿抵抗，即可判斷上弦桿（2、6、10、14、18、22）受壓，下弦桿（8、12、16、20）受拉，而桿件 4、24 由支承水平力平衡，可判斷出為零桿。剪力則由腹桿抵抗，依剖面法之垂直力平衡可判斷出腹桿受壓或受拉。

四、圖所示桁架承受兩垂直集中載重：

（一）判斷此桁架為靜定或靜不定，並說明判斷依據。（5 分）

（二）計算構件 *a*、*b*、*c* 所受之力。（20 分）

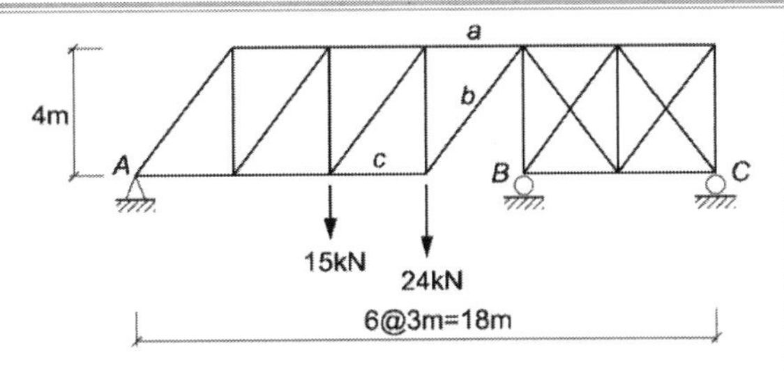

（109 公務高考-建築結構系統#2）

參考題解

（一）依結構判斷沒有外在不穩定及內在不穩定的狀況，

桿件數 b = 24，支承反力數 r = 4，節點數 j = 13

依判別式 b + r − 2j = 24 + 4 − 2 × 13 = 2，為 2 次靜不定。

（二）A 點垂直支承反力 R_A，B 點垂直支承反力 R_B，C 點垂直支承反力 R_C

取分離體如圖（a），取 E 點彎矩平衡，得 $R_C = 0\ kN$

取整體結構如圖(b)，A 點彎矩平衡，$R_B \times 12 = 15 \times 6 + 24 \times 9$，得 $R_B = 25.5\ kN(\uparrow)$

整體結構垂直力平衡，得 $R_A = 13.5\ kN(\uparrow)$

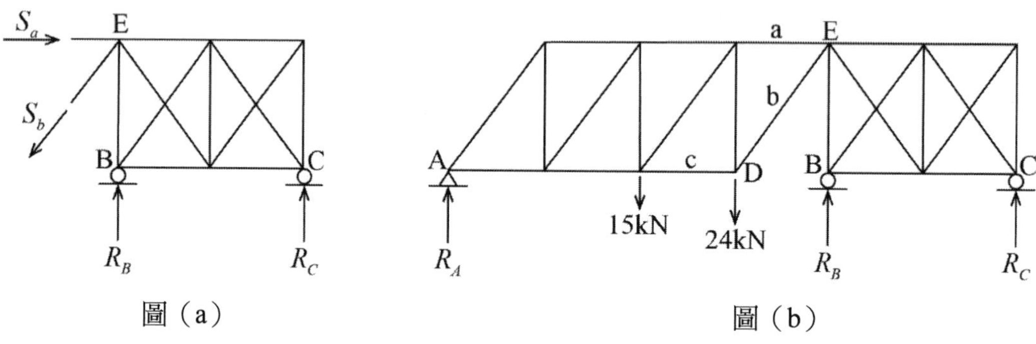

圖（a）　　　圖（b）

圖（a）垂直力平衡，S_a

$S_b \times \frac{4}{5} = R_B = 25.5$得 b 桿軸力 $S_b = 31.875\ kN$（拉力）

圖（a）水平力平衡，$S_b \times \frac{3}{5} = S_a$，得 a 桿軸力 $S_a = 19.125\ kN$（壓力）

取結點 D 水平力平衡，$S_b \times \frac{3}{5} = S_c$，得 c 桿軸力 $S_c = 19.125\ kN$（拉力）

註：或者取分離體如圖（c），取 F 點彎矩平衡，$R_A \times 9 = 15 \times 3 + S_c \times 4$，$R_A = 13.5\ kN$，得$S_c = 19.125\ kN$（拉力）

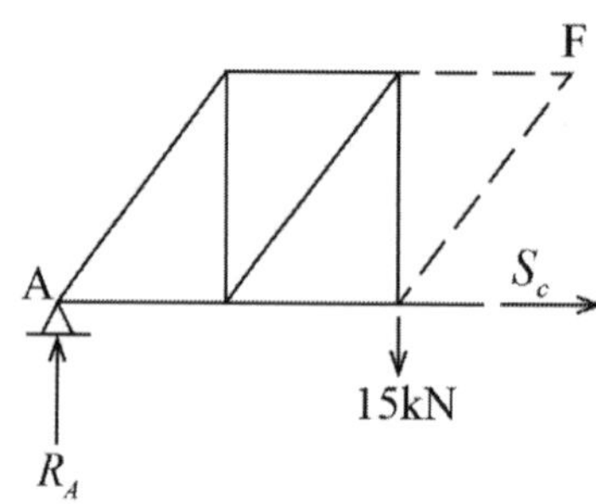

圖（c）

五、下圖所示桁架之跨度 8 m（A-E 與 B-D），中央對稱，高度 8 m（A-B），受水平載重 8 N 之作用，試計算所有構件所受之內力（請標明壓力或拉力）。假設所有構件結點為鉸接接合，A 支承為鉸支承，E 支承為鉸支承。（30 分）

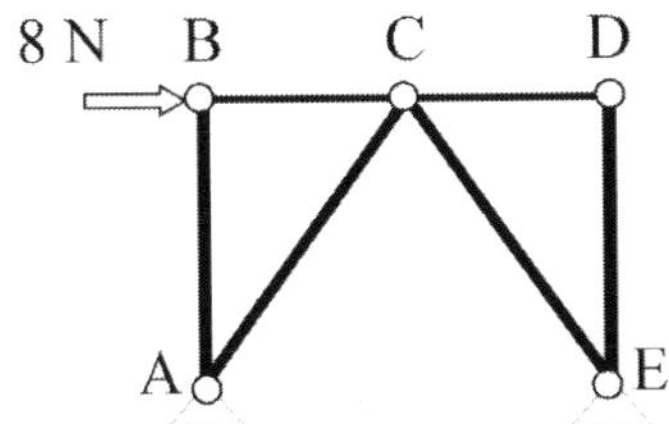

109 地方三等-建築結構系統#3）

參考題解

靜定桁架，依桿件配置、受力狀況，可判斷 AB、DE 及 CD 桿為零桿

即 $S_{AB} = S_{DE} = S_{CD} = 0$

另支承反力及方向假設如圖，

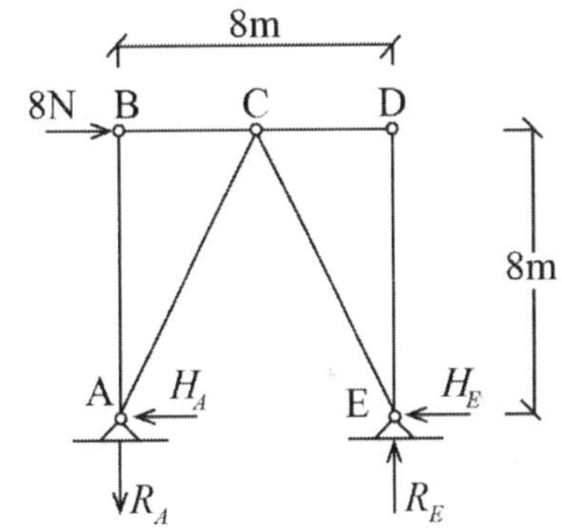

整體結構取 A 點彎矩平衡，$\sum M_A = 0$

$R_E \times 8 = 8 \times 8$，得 $R_E = 8N(\uparrow)$，

垂直力平衡，得 $R_A = 8N(\downarrow)$

取 CDE 為分離體，取 C 點彎矩平衡，$\sum M_C = 0$

$R_E \times 4 = H_E \times 8$，得$H_E = 4N(\leftarrow)$，

水平力平衡，得 $H_A = 4N(\leftarrow)$

A 點結點法力平衡，得 $S_{AC} = 4\sqrt{5}$N（正表拉力）

B 點結點法力平衡，得 $S_{BC} = -8$N（負表壓力）

E 點結點法力平衡，得 $S_{CE} = -4\sqrt{5}$N（負表壓力）

標示各桿件受力如圖（正為拉力、負為壓力）

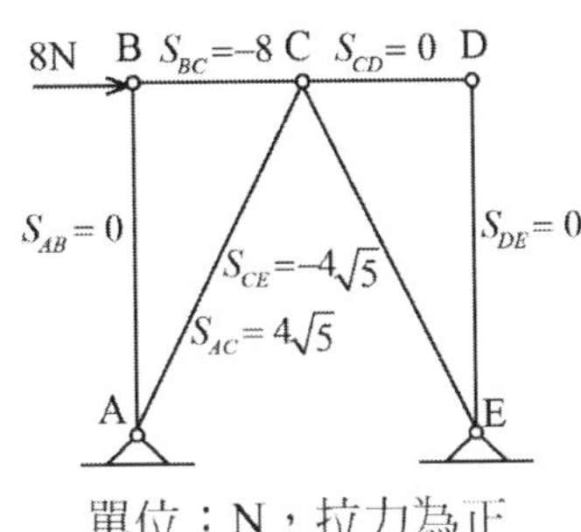

單位：N，拉力為正

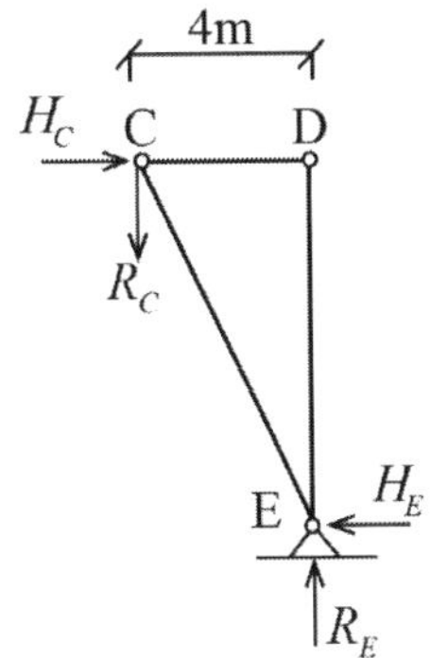

六、下圖桁架在 P 力作用下，試求每根桿件之受力。（20 分）

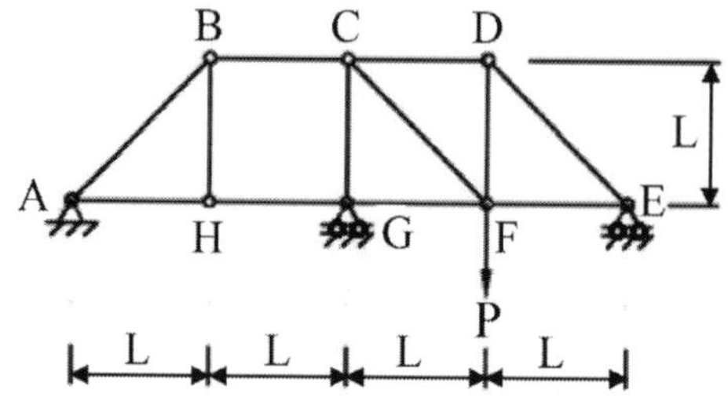

（109 建築師-建築結構#2）

參考題解

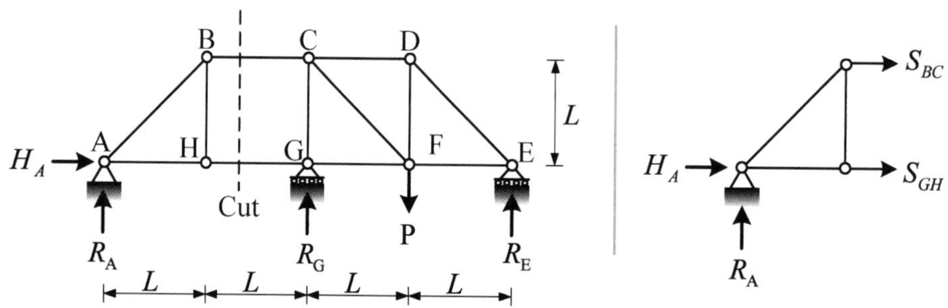

（一）切開 BC 隔間，取出左半部自由體圖（如上圖右），進行垂直力平衡

$\Sigma F_y = 0 \;\Rightarrow\; R_A = 0$

（二）整體結構平衡

1. $\Sigma F_x = 0 \Rightarrow H_A = 0$

2. $\Sigma M_G = 0$, $P \times L + \cancel{R_A}^{0} \times 2L = R_E \times 2L \;\therefore R_E = \dfrac{P}{2}$

3. $\Sigma F_y = 0$, $\cancel{R_A}^{0} + R_G + \cancel{R_E}^{P/2} = P \;\therefore R_G = \dfrac{P}{2}$

（三）解出支承反力後，進行節點法分析，可得各桿內力

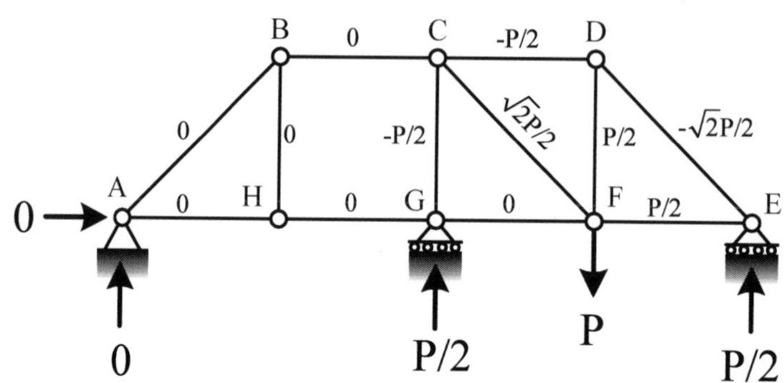

七、下圖所示桁架承受三垂直集中載重：

（一）判斷此桁架為靜定或靜不定，並說明判斷依據。（5 分）

（二）計算構件 DE、EG、FH、AG 所受之力。（20 分）

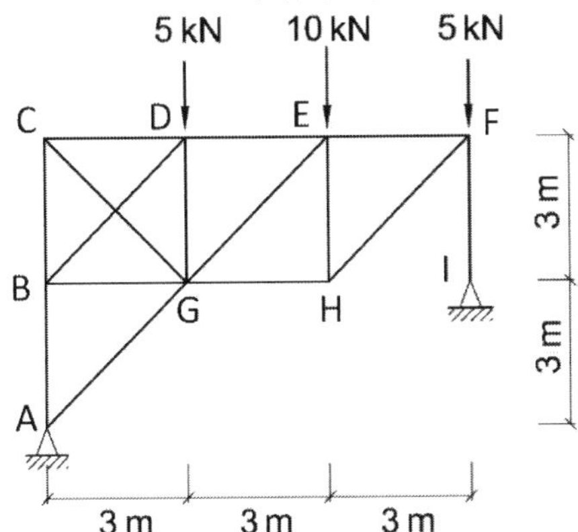

（111 公務高考-建築結構系統#2）

參考題解

（一）N = b + r − 2j = 15 + 4 − 2 × 9 = 1

桁架為 1 次靜不定結構物。

（二）設 I 點支承力為 R_I、H_I，A 點支承力為 R_A、H_A，如圖

I 點水平力平衡，可得 $H_I = 0kN$，整體水平力平衡，得 $H_A = 0kN$

取整體結構 A 點彎矩平衡，$R_I \times 9 = 5 \times 3 + 10 \times 6 + 5 \times 9$，得$R_I = \frac{40}{3}kN$

垂直力平衡，$R_A = 20 - \frac{40}{3} = \frac{20}{3}kN$

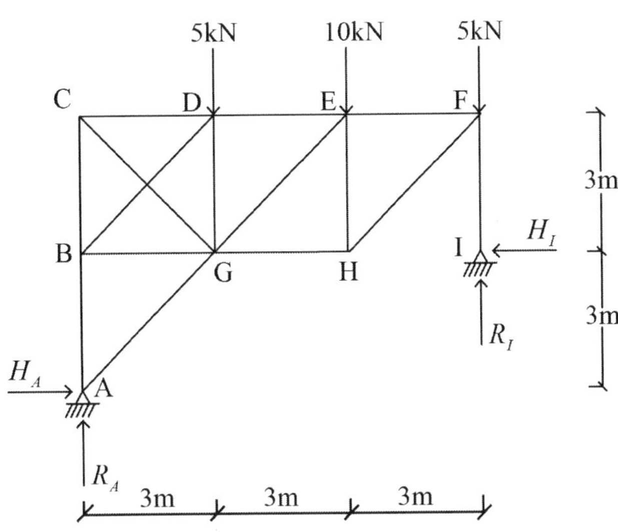

取結構自由體如圖，

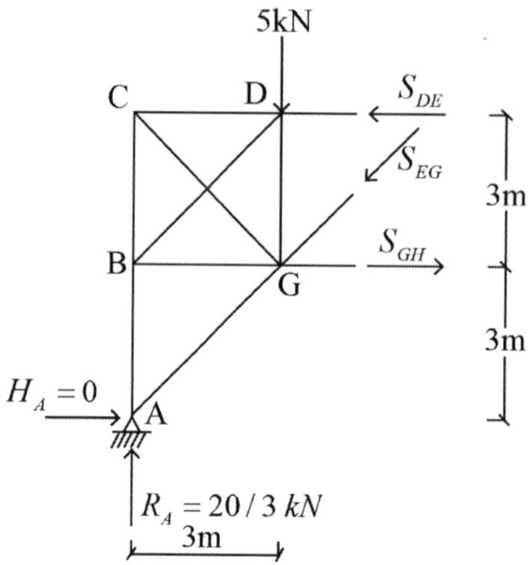

取 G 點彎矩平衡，$S_{DE} \times 3 = \frac{20}{3} \times 3$，得 $S_{DE} = \frac{20}{3} kN$（壓力）

垂直力平衡，$S_{GE} \times \frac{1}{\sqrt{2}} + 5 = \frac{20}{3}$，得 $S_{EG} = \frac{5\sqrt{2}}{3} kN$（壓力）

取結構自由體如圖，

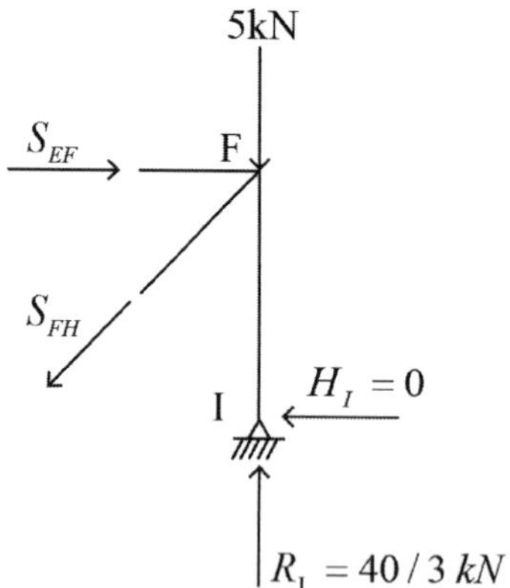

垂直力平衡 $S_{FH} \times \frac{1}{\sqrt{2}} + 5 = \frac{40}{3}$，得 $S_{FH} = \frac{25\sqrt{2}}{3} kN$（拉力）

取 A 點水平力平衡，可得 $S_{AG} = 0kN$

八、下圖所示桁架承受一水平集中載重：

（一）判斷此桁架為靜定或靜不定，並說明判斷依據。（5 分）

（二）計算構件 a、b、c 所受之力。（20 分）

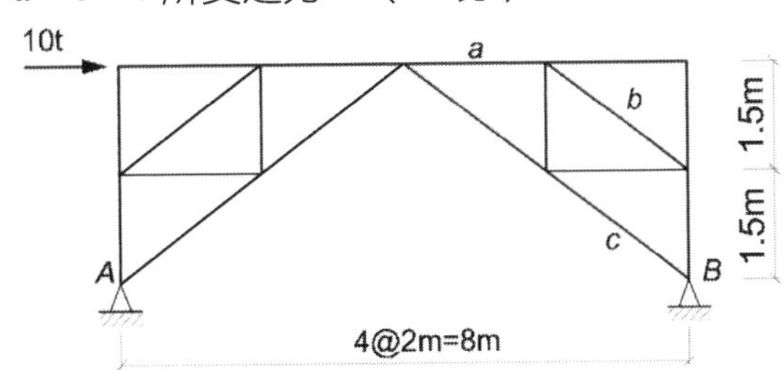

（111 地方三等-建築結構系統#2）

參考題解

（一）$R = b + r - 2j = 18 + 4 - 2 \times 11 = 0$，靜定桁架結構。

（二）設 A 點支承力為 R_A、H_A，B 點支承力為 R_B、H_B，如圖

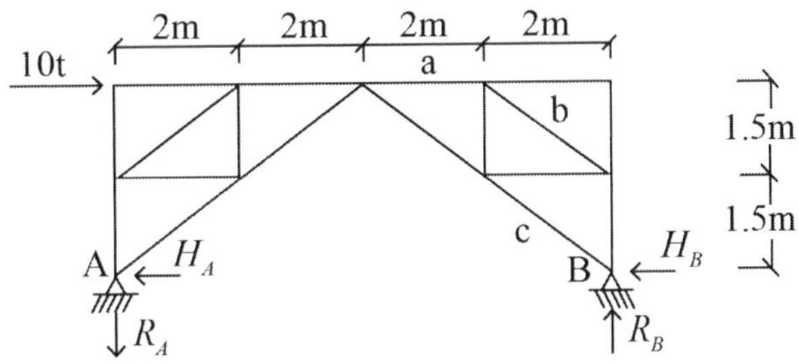

取整體結構，A 點力矩平衡，$\sum M_A = 0$，$R_B \times 8 = 10 \times 3$，得 $R_B = \frac{15}{4}t(\uparrow)$

垂直力平衡，$R_A = \frac{15}{4}t(\downarrow)$

取自由體 1 如右圖，

C 點力矩平衡，

$R_B \times 4 = H_B \times 3$

得 $H_B = 5t(\longleftarrow)$

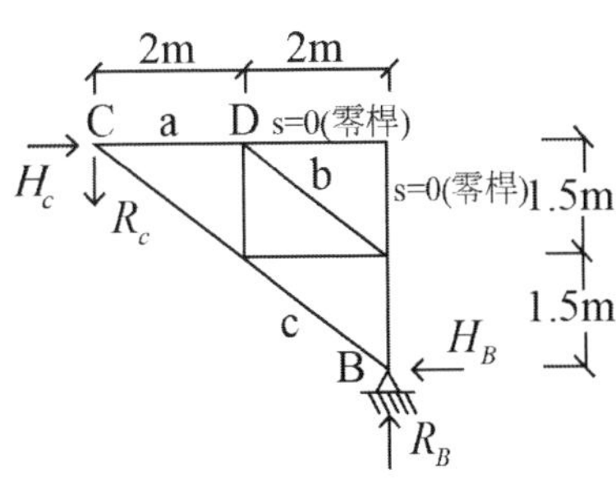

由右圖取 B 點力矩平衡，
得 a 桿軸力 $S_a = 0t$

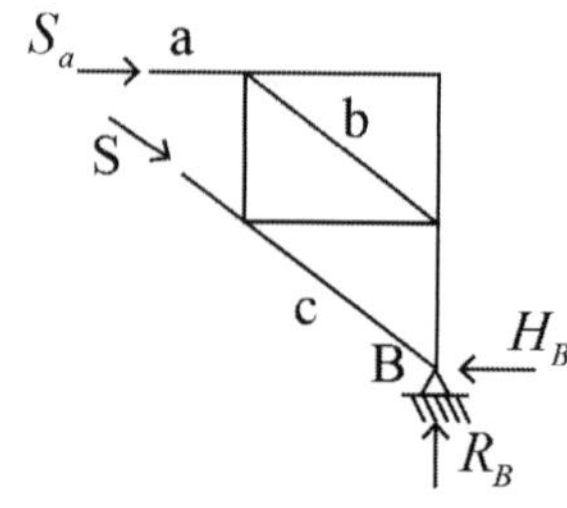

取 B 點水平力平衡，

$$S_c \times \frac{4}{5} = H_B = 5$$

得 $S_c = \frac{25}{4}t$（壓力）

取 D 點水平力平衡，
得 b 桿軸力 $S_b = 0t$

2 樑、剛架

重點內容摘要

（一）3 個平衡方程式可以解 3 個支承反力，若支承反力數大於 3 就會多一個內連接，否則無法直接解；計算時，建議從內連接處切開，取反力數最少側之自由體開始計算。

Ex：未知反力數為 4，求支承反力方法。

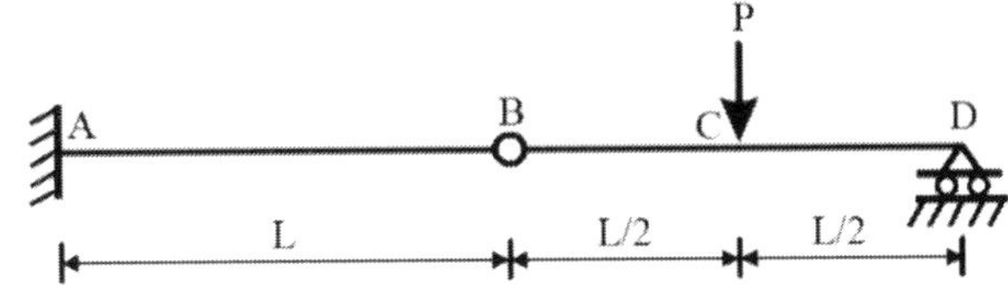

Step1：先取 BD 桿平衡，並以 B 點為力矩中心，求得 D 點垂直反力。

Step2：再取 ABCD 整體桿平衡，求得 A 點垂直反力。

Step2：最後，取 AB 桿平衡，並以 B 點為力矩中心，求得 A 點彎矩。

（二）計算支承反力時，「外力及支承」非垂直水平時，須將力量做分力分為垂直力及水平力，除特殊情形下例外。

（三）計算反力時，不要受到題目多餘的條件影響，常以斷面不均勻、EI 值等混淆。

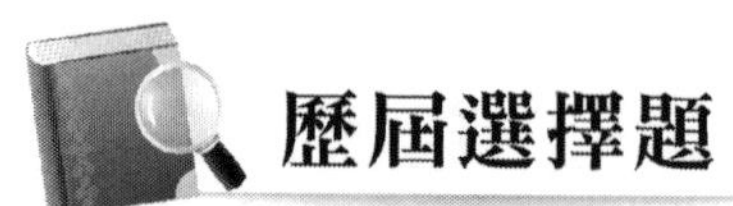

（A）1. 下圖梁中，B 為鉸，C 為滾支承，C 點的反力為何？

(A) 0　(B) P/2　(C) P/3　(D) P

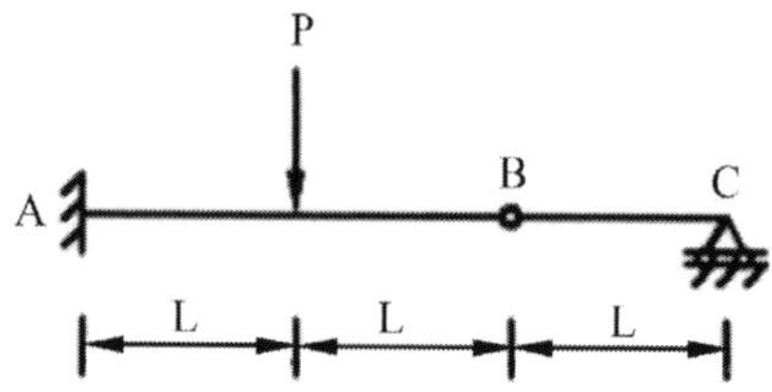

（105 建築師-建築結構#5）

【解析】參考九華講義-建築結構 第二章

拆自由體圖 BC，BC 桿上無外力，C 點為 0

（D）2. 剛架結構受力如下圖，支承 A 之水平反力為多少 kN？

(A) 0　(B) 3　(C) 5　(D) 6

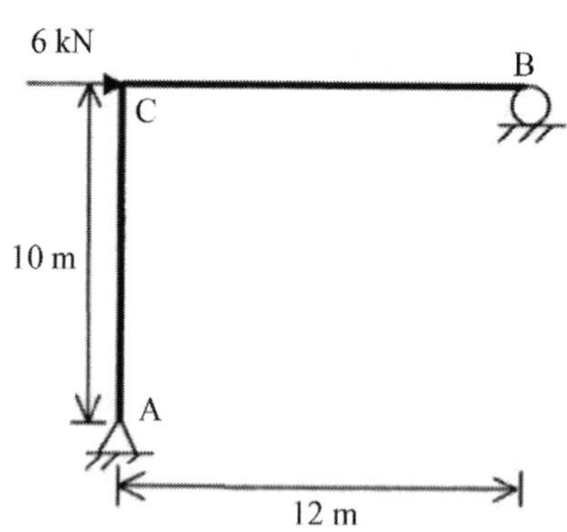

（105 建築師-建築結構#23）

【解析】參考九華講義-建築結構 第二章

左邊受力 6 KN，

ΣFy = 0

左邊受力 6 KN(→)，A 點水平反力 = 6 KN(←)

（D）3. 梁結構受力如下圖，最大內力矩為多少 kN-m？

(A) 30　(B) 20　(C) 18　(D) 12

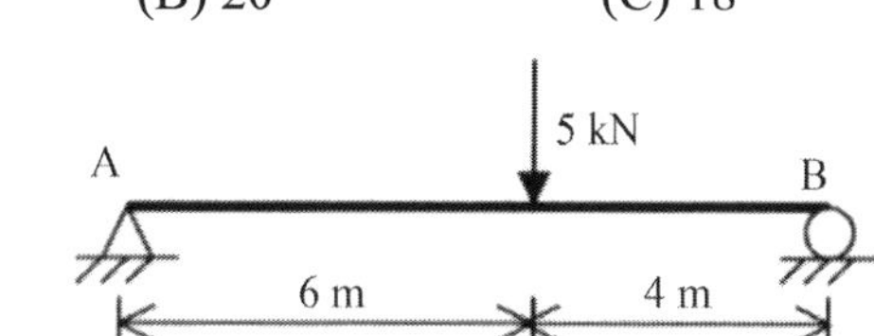

（105 建築師-建築結構#24）

【解析】參考九華講義-建築結構 第三章

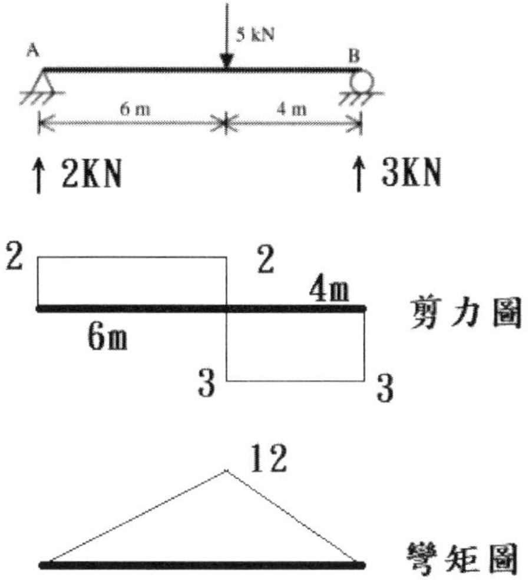

取 AC 自由體，反力 2 × 距離 6 = 12 kN-m

（#）4. 下圖兩組平面構架中，所有構件 EI 皆相同，若 a、b 點皆位於構件中點，則下列敘述何者正確？**【答 B 或 D 或 BD 者均給分】**

(A)兩者皆為靜不定結構

(B)構架①中的 a 點剪力小於構架②中的 b 點剪力

(C)構架①中的 a 點彎矩大於構架②中的 b 點彎矩

(D)構架①中的 a 點水平位移大於構架②中的 b 點水平位移

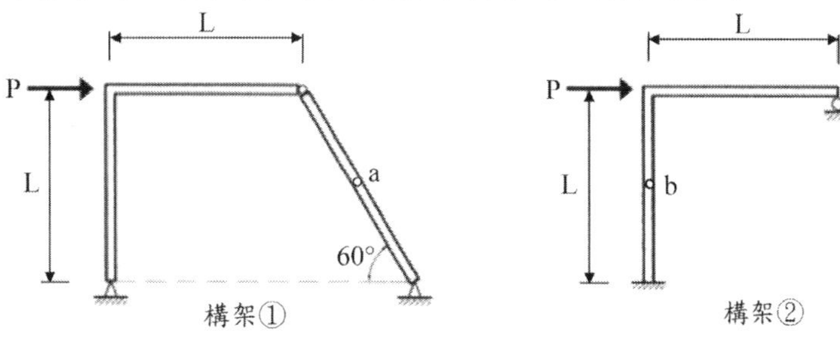

（105 建築師-建築結構#28）

【解析】參考九華講義-建築結構 第二章

(A)構架①為靜定；構架②為 1 次超靜定。

(C)構架①的 a 點若被當作內連接，位移會無限大，將成為不穩定結構，a 點若非內連接僅是標示點，則應無彎矩。

（D）5. 下列何種結構之力學原理與門形剛架結構最為接近？

(A)懸索結構 (B)格柵結構 (C)薄膜結構 (D)拱結構

（106 建築師-建築結構#3）

【解析】

門形剛架結構與拱結構最接近。

（B）6. 三鉸拱受垂直均勻載重作用，下列敘述何者正確？

①增加水平跨度，增加支承水平推力

②增加拱的高度，增加支承水平推力

③同比例增加水平跨度及拱的高度，支承水平推力會增加

④同比例增加水平跨度及拱的高度，支承水平推力會減少

(A)①② (B)①③ (C)②③ (D)②④

（106 建築師-建築結構#4）

【解析】

①增加水平跨度，增加支承水平推力。

③同比例增加水平跨度及拱的高度，支承水平推力會增加，拱高越高水平推力越小，垮度越大，水平推力越大。

（B）7. 下圖簡支梁受三角形載重，則 B 點反力為多少？

(A) $q_0L/6$ (B) $q_0L/3$ (C) $q_0L/2$ (D) $2q_0L/3$

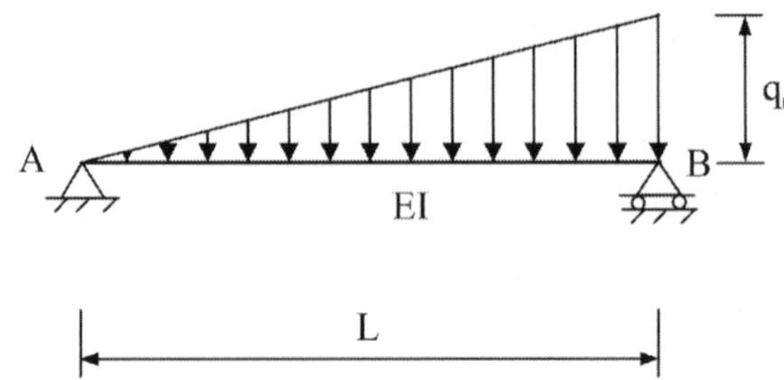

（106 建築師-建築結構#13）

【解析】參考九華講義-建築結構 第二章

$$RB = \left(\frac{q0L}{2} \div 2\right) \times \left(\frac{2}{3L}\right) = \frac{q0L}{3}$$

（C）8. 剛架結構受力如下圖，接點 C 之內力矩為多少 kN-m？

(A) 36 (B) 12 (C) 24 (D) 30

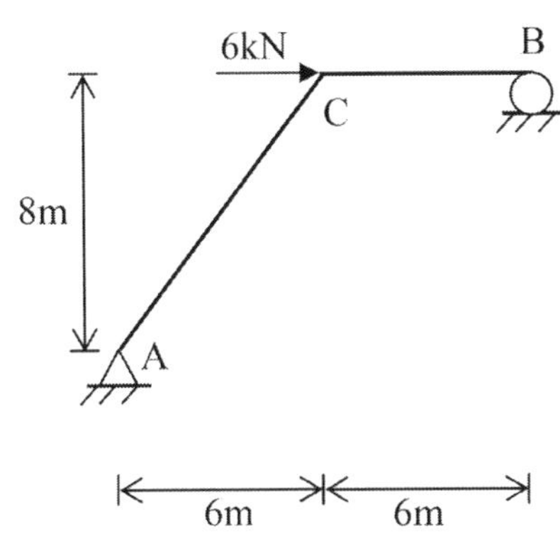

（106 建築師-建築結構#29）

【解析】

$\sum MA = 0$，$6 \times 8 = By \times 12$，$By = 4\ (\uparrow)$，$Ay = 4\ (\downarrow)$

$\sum Fx = 0$，$Ax = 6\ (\leftarrow)$

拆自由體圖 BC

可得 $4 \times 6 = 24$

（D）9. 關於拱結構之敘述，下列何者正確？

(A)無論拱形狀為何，拱斷面內只受壓力，不受彎矩及剪力

(B)跨距固定時，支點處之水平推力隨拱高度增加而增加

(C)高度固定時，支點處之水平推力隨拱跨距增加而減少

(D)三鉸拱屬於靜定結構

（107 建築師-建築結構#18）

【解析】

(A)拱的形狀為「合理拱軸線」時，斷面才會只受壓力，而不受彎矩及剪力。

(B)拱支承處的水平推力與「拱高成反比」，故跨距固定時，拱高增加，水平推力會減少。

(C)拱支承處的水平推力與「拱跨成正比」，故拱高度固定時，拱跨增加，水平推力會增加。

(D)三鉸拱是靜定結構無誤。

（B）10. 下列對於拱結構的敘述，何者正確？

(A)四鉸拱比三鉸拱穩定

(B)將拱的高度增大，可減少二支點的水平推力

(C)底部支點若無法抵抗水平推力，則其行為近似鉸接點

(D)雙鉸拱比三鉸拱之靜不定小

（108 建築師-建築結構#16）

【解析】

拱的水平推力與拱跨成正比，與拱高成反比；故拱高越大，水平推力越小。

（D）11.如圖所示構架，A 點水平反力 Ax 及垂直反力 Ay 各為何？（A、C、E 為鉸接）

(A) Ax = 15 kN（→）、Ay = 20 kN（↑）

(B) Ax = 15 kN（→）、Ay = 20 kN（↓）

(C) Ax = 15 kN（←）、Ay = 20 kN（↑）

(D) Ax = 15 kN（←）、Ay = 20 kN（↓）

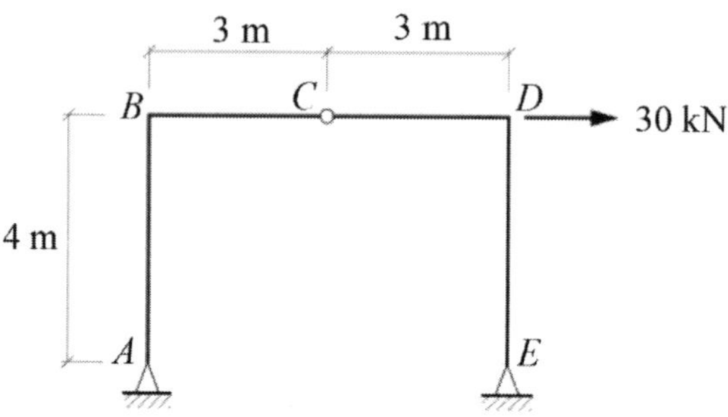

（109 建築師-建築結構#15）

【解析】

標準靜定三角拱題型，依上課所教解題 SOP，可得支承反力如下所示，故答案選(D)。

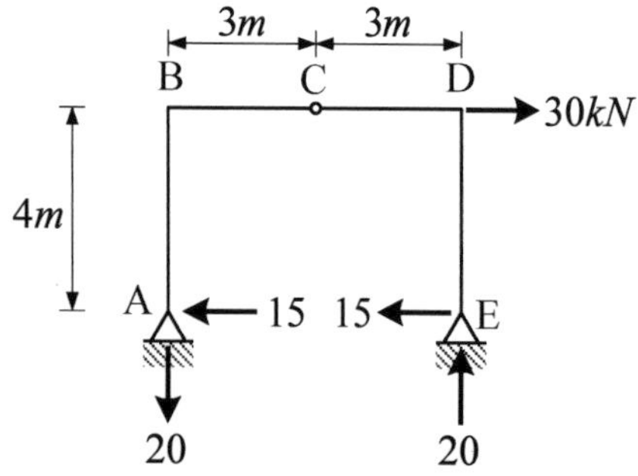

（C）12.如圖示，AC 及 BC 均為曲梁，A、B 為鉸支承，C 為鉸接，下列有關支承反力敘述，何者正確？

(A) A 及 B 支承無水平反力分量出現

(B) A 及 B 有大小及方向均相同的支承反力

(C) A 支承反力作用線通過 C

(D) B 支承反力作用線不通過 C

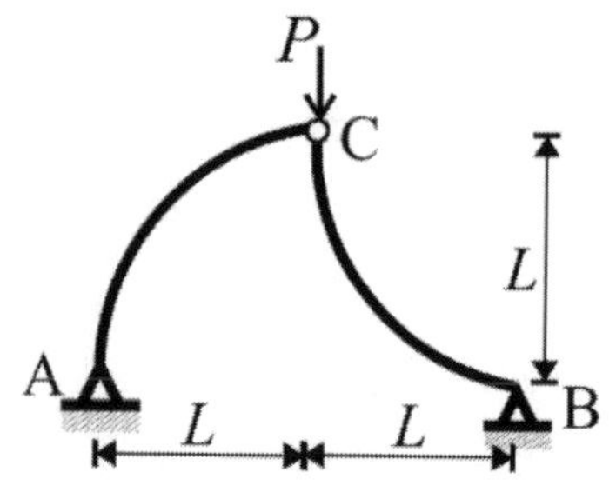

（109 建築師-建築結構#24）

【解析】

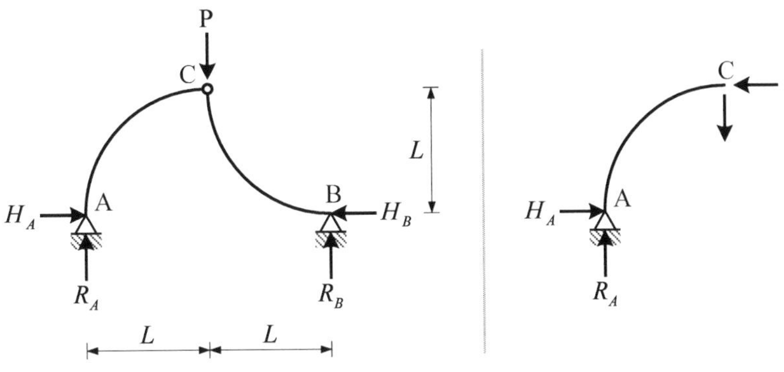

（1）整體平衡（上圖左）：$\sum M_B=0$，$R_A\times 2L=P\times L \therefore R_A=\dfrac{P}{2}$

（2）切開 C 取出左半部平衡：$\sum M_C=0$，$R_A\times L=H_A\times L \therefore H_A=R_A=\dfrac{P}{2}$

（3）整體水平力平衡、垂直力平衡，可得 $R_B=\dfrac{P}{2}$、$H_B=\dfrac{P}{2}$

（4）支承合力 F_R 如下圖所示

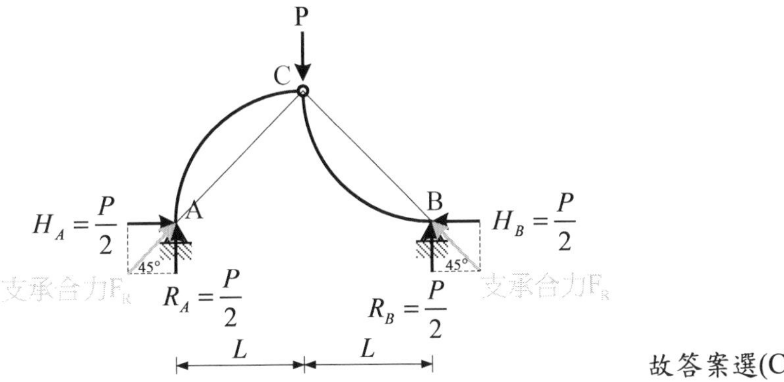

故答案選(C)

（D）13.如圖所示之固定拱、二鉸拱及三鉸拱，下列敘述何者錯誤？

(A)固定拱為靜不定結構，三鉸拱則為靜定結構

(B)固定拱較三鉸拱容易因溫度變化之影響而產生應力

(C)二鉸拱支承處之斷面可較跨度中央處之斷面小

(D)若拱的跨度不變，則拱的高度愈高，支承處之外推力將愈大

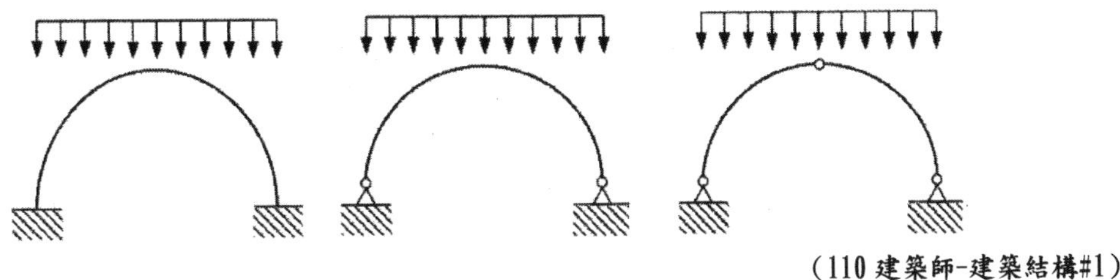

（110 建築師-建築結構#1）

【解析】

以三種拱的結構行為特性，選項(D)明顯為錯誤，跨度不變下，拱高愈高，支承處之水平外推力應愈小。

（D）14.圖中構架 ABCD 之 A 點固端彎矩為何？

(A) 2 kN-m

(B) 4 kN-m

(C) 6 kN-m

(D) 8 kN-m

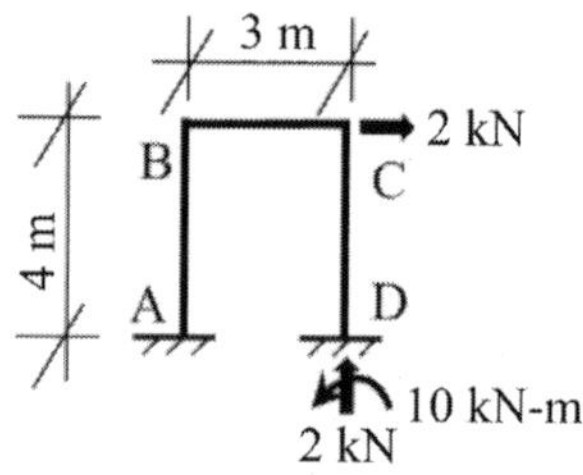

（110 建築師-建築結構#34）

【解析】

$\sum M_A = 0$，$2\times4+M_A=2\times3+10$

$\therefore M_A = 8kN-m$

（B）15.下圖的結構中，關於支承 A、B 點之反力的敘述何者錯誤？

(A) $A_x = 300$ N　　(B) $A_y = 100$ N

(C) $B_x = 220$ N　　(D) $B_y = 220$ N

（110 建築師-建築結構#35）

【解析】

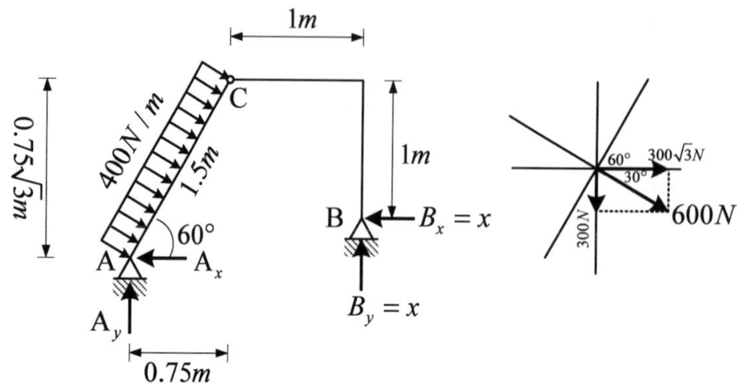

（1）$\sum M_A = 0$，$x \cdot 1.75 + x \cdot \left(0.75\sqrt{3} - 1\right) = 400 \times 1.5 \times 0.75$

$\therefore x = 219.6N \approx 220\text{N}$

$\therefore B_x = B_y \approx 220N$

（2）$\sum F_x = 0$，$A_x + \cancel{B_x}^{220} = 300\sqrt{3}$ $\therefore A_x = 299.6N \approx 300N$

（3）$\sum F_y = 0$，$A_y + \cancel{B_y}^{220} = 300$ $\therefore A_y = 80N$

（A）16.圖示結構 A、C 為鉸端，B 為鉸接，則 A 點處水平反力為何？

(A) 10 kN　　(B) 20 kN

(C) 30 kN　　(D) 40 kN

（110 建築師-建築結構#36）

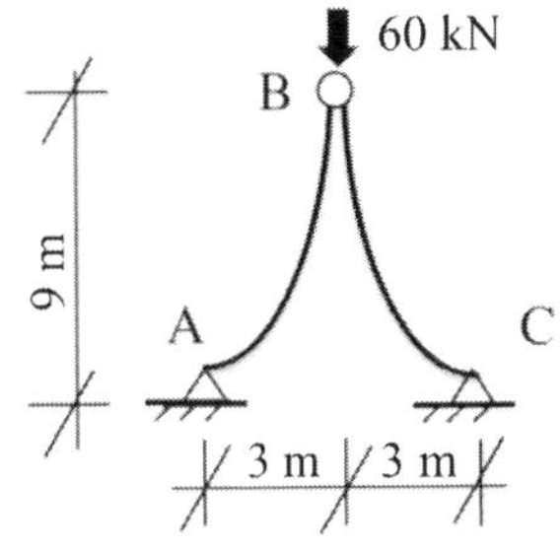

【解析】

$\sum F_y = 0$，$A_y + C_y = 60$

$\Rightarrow 6x = 60 \therefore x = 10\ kN$

$\therefore A_x = 10\ kN$

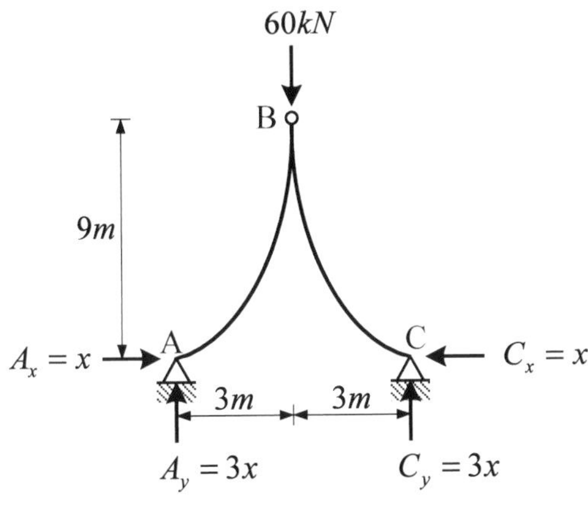

（D）17.受均佈載重 w 之梁結構如下圖所示，A 為鉸支承（hinge），B 為滾動支承（roller），下列敘述何者正確？

(A)靜不定結構，AB 梁段出現向上位移變形且 B 支承無轉角變形

(B) A 支承無轉角變形並出現向上支承反力

(C) B 支承有轉角變形並出現向下支承反力

(D) B 支承反力之絕對值大於 A 支承反力之絕對值

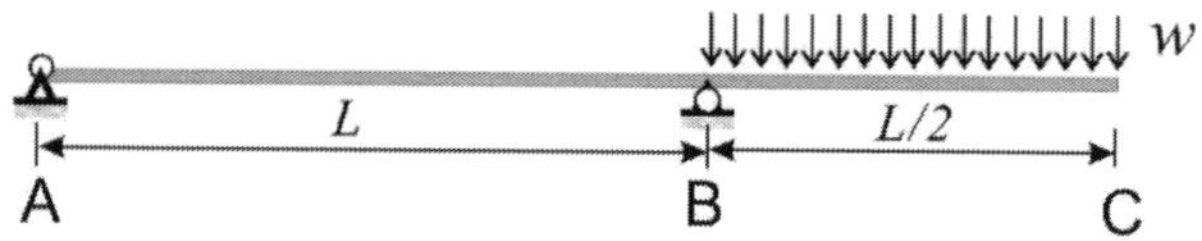

（111 建築師-建築結構#23）

【解析】

(A)為靜定結構，B 支承有轉角變形

(B) A 支承**有**轉角變形並出現向**下**反力

(C) B 支承出現向**上**反力

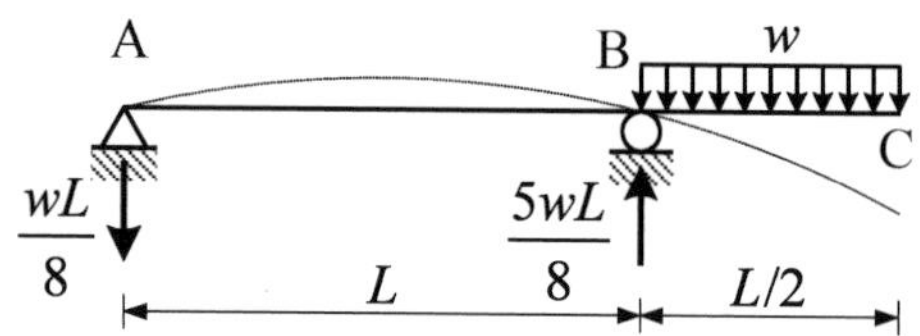

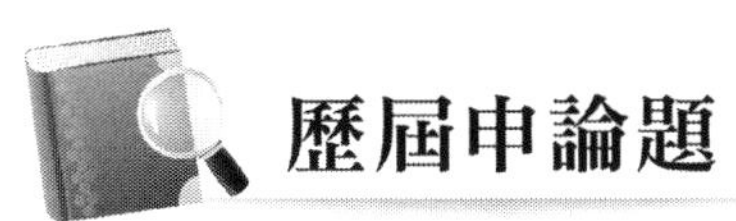

一、如下圖所示之兩種受壓拱構造，A 及 B 為鉸支承（hinged support），C 為鉸接。考慮此兩拱構均座落在相同的軟土層及明顯溫差變化環境，比較在考慮均勻溫度變化及支承不均勻沈陷情況下，對此等拱結構之影響？（15 分）若有危及拱結構安全時，提出改善作法？（10 分）

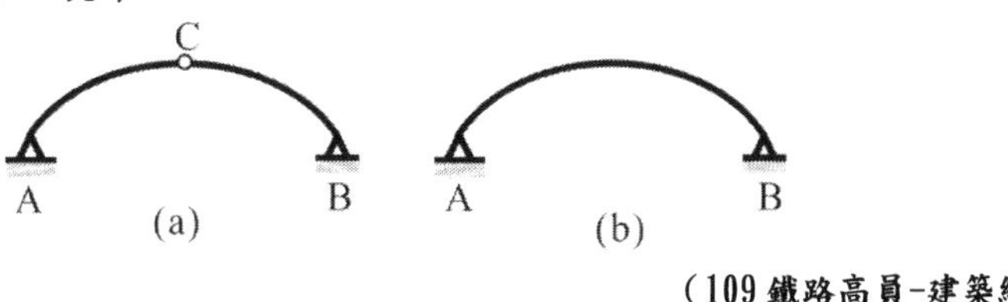

（109 鐵路高員-建築結構系統#2）

參考題解

（一）圖(a)為三鉸拱，為靜定結構，圖(b)為雙鉸拱，為一次靜不定結構，對於座落於軟土層及明顯溫差變化環境下，三鉸拱相較於雙鉸拱之束制較小，利用三個鉸接的可撓性，三鉸拱結構產生較大變形及不產生應力或較小應力，雙鉸拱則產生較小變形及較大應力。

（二）若危及拱結構安全，針對造成原因進行改善減少變形，如針對軟土層進行地質改良減少沉陷量，或者針對因沉陷或溫差產生之二次應力，增加結構強度（如加大斷面）抵抗，避免結構產生破壞。

二、下圖所示複合結構中，BD 為兩端鉸接之桿件，請分析此結構，繪出軸力圖、剪力圖與彎矩圖。（25 分）

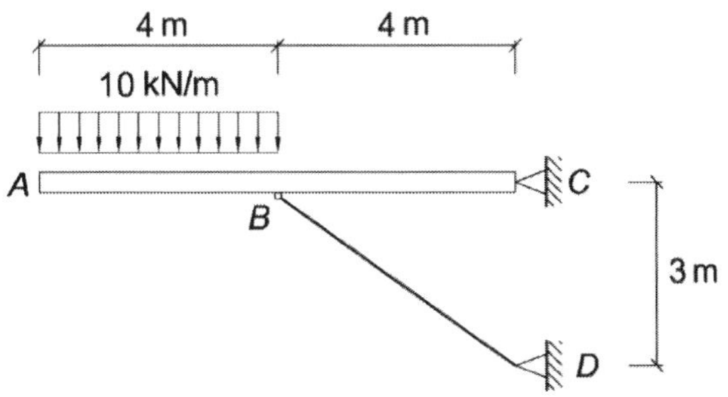

（111 公務高考-建築結構系統#1）

參考題解

BD 為二力桿，設軸力為S_{BD}（壓力）

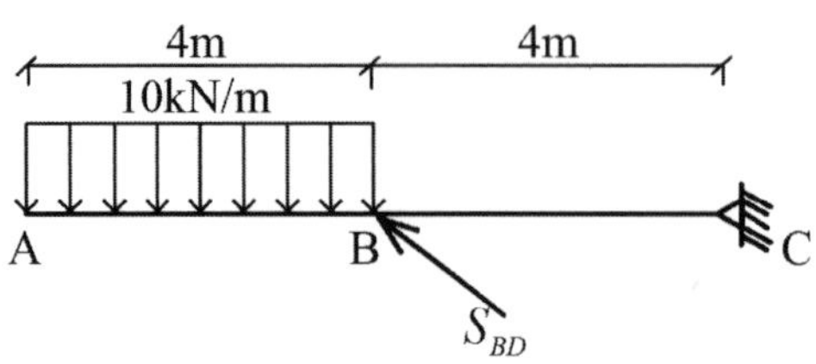

取 C 點彎矩彎矩平衡，$S_{BD} \times \frac{3}{5} \times 4 = 4 \times 10 \times 6$，得 $S_{BD} = 100kN$（壓力）

BC 段軸力 $N_{BC} = S_{BD} \times \frac{4}{5} = 80kN$（拉力）

依計算資料繪軸力圖、剪力圖及彎矩圖如下：

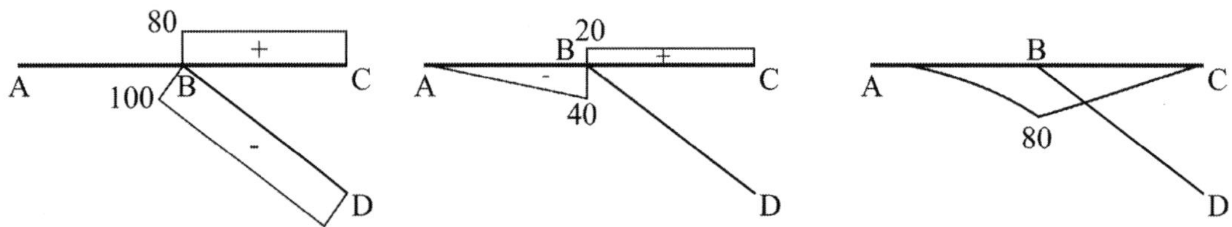

軸力圖（拉力為正，單位kN）　剪力圖（順時為正，單位kN）　彎矩圖（壓力側，單位kN-m）

三、如圖所示結構物之 A 點為固定端，B、C、D 均為鉸接，試求支承 A 與 B 之反力。（10 分）

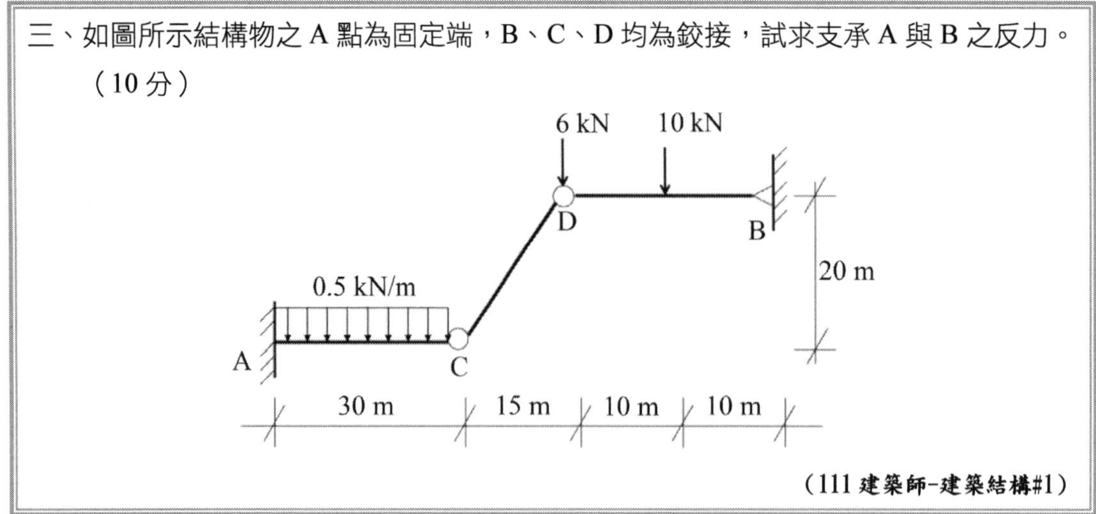

（111 建築師-建築結構#1）

參考題解

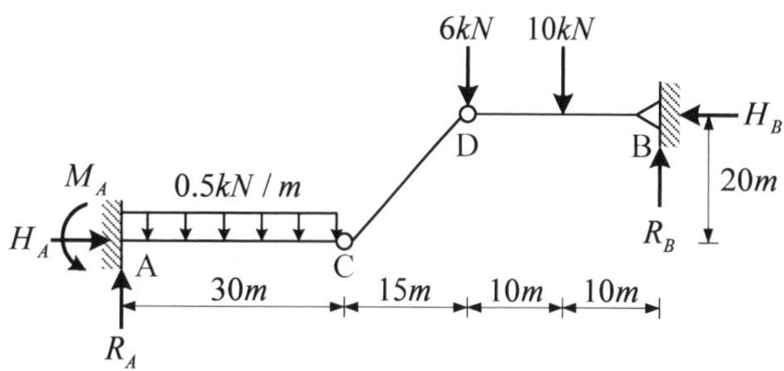

（一）切開 D 點，取出 DB 自由體進行平衡分析

$\sum M_D = 0$，$10\times10 - R_B\times20 = 0$

$\Rightarrow R_B = 5KN(\uparrow)$

（二）整體垂直力平衡：$\sum F_y = 0$

$R_A + \cancel{R_B}^{5} = 6 + 10 + 0.5\times30$

$\Rightarrow R_A = 26\ kN(\uparrow)$

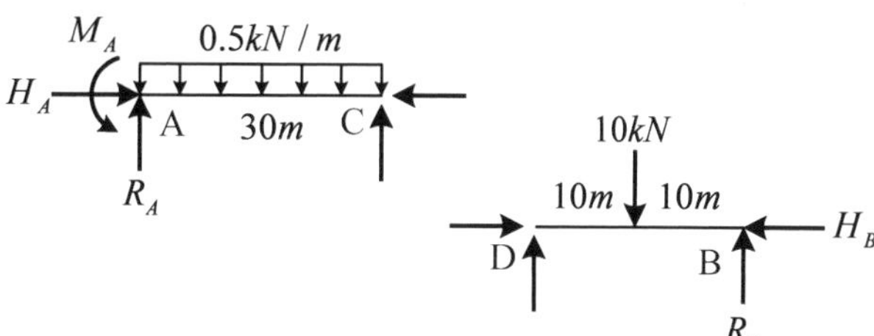

（三）切開 C 點，取出 AC 自由體對 C 點取力矩平衡：$\sum M_C = 0$

$\cancel{R_A}^{26}\times30 = (0.5\times30)\times15 + M_A \Rightarrow M_A = 555kN - m(\curvearrowleft)$

（四）整體結構對 A 點取力矩平衡

$\sum M_A = 0$，$(0.5\times30)\times15 + 6\times45 + 10\times55 = \cancel{R_B}^{5}\times65 + H_B\times20 + \cancel{M_A}^{555}$

$\therefore H_B = 8.25\ kN(\leftarrow)$

（五）整體結構水平力平衡：$\sum F_x = 0$，$H_A = \cancel{H_B}^{8.25} \Rightarrow H_A = 8.25\ kN(\rightarrow)$

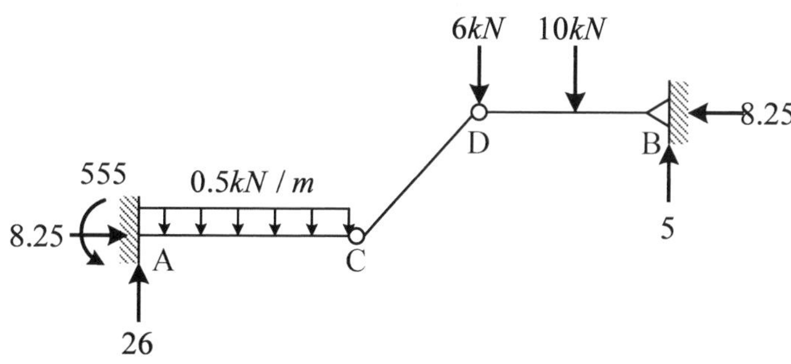

3 剪力彎矩圖

重點內容摘要

（一）內鉸接點之彎矩值為 0：

彎矩在「外鉸支承、外滾支承、內連接」處，如無外加彎矩，必為「0」！

（二）繪圖原則：從左至右。

（三）彎矩圖來自剪力圖的剪力面積及外加彎矩。

（四）彎矩圖在剛接點處的彎矩會在同側→除非接點處有集中力偶（外加彎矩）作用。

（五）繪製桿件之剪力圖時，遇有「斜桿」題目，須將支承反力分解成桿件「軸向上的軸力分量」與「剪力方向上的剪力分量」。

（六）混凝土抗壓、鋼筋則抗拉，所以配筋配在「受拉側」，與彎矩圖（受壓側）位置相反。

（七）對稱結構：剪力圖會「反對稱」，軸力圖與彎矩圖會「對稱」。

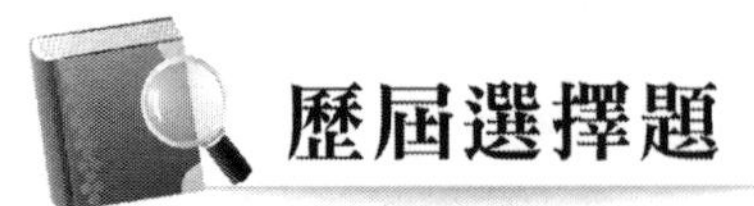

（C）1. 鋼筋混凝土懸臂梁受到向下的均布載重作用時，就梁兩端斷面力而言，主要的拉力筋配置於何處？

(A)自由端上方　　(B)自由端下方　　(C)固定端上方　　(D)固定端下方

（105 建築師-建築結構#35）

【解析】參考九華講義-結構系統 第七章

懸臂梁的受力是梁下側受壓力，梁上側受拉力，彎矩值於固定端最大，拉力筋配置於固定端上方。

（A）2. 下圖門形構架在 B 點承受一水平載重 P，則下列何處有最大彎矩值？

(A) A 點　　(B) B 點　　(C) C 點　　(D) D 點

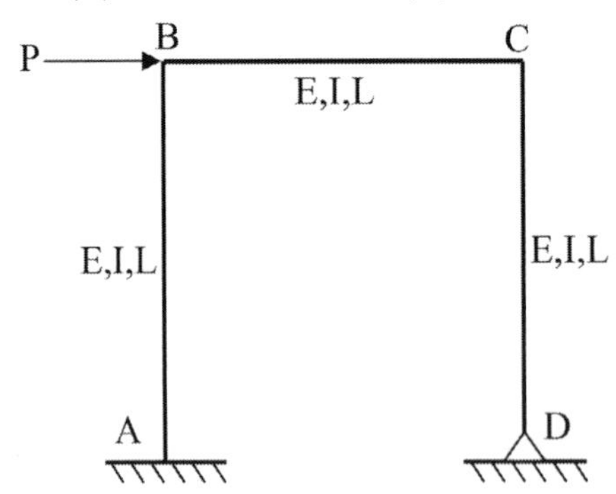

（106 建築師-建築結構#30）

【解析】參考九華講義-建築結構 第二章

最大彎矩只會出現在固定端 A 點。

（A）3. 某等跨距的四跨 RC 連續小梁受垂直向下之相同均佈載重作用，如圖所示。各支承均為鉸支承，則 a、b、c、d 各點中，何處的下層所需縱向鋼筋量最大？

(A) a 點　　(B) b 點　　(C) c 點　　(D) d 點

a　b　c　d

（106 建築師-建築結構#37）

【解析】參考九華講義-結構系統 第七章

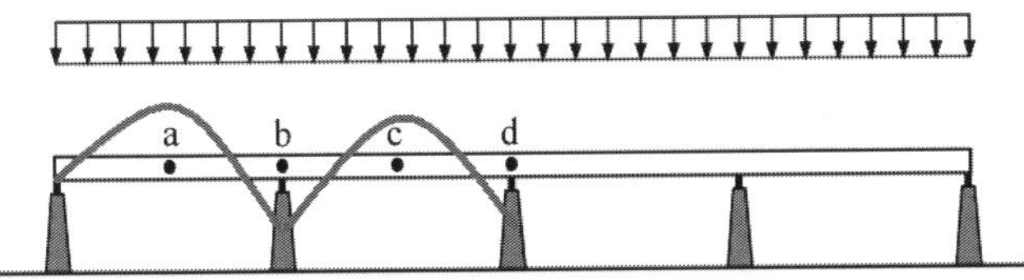

a 點的下層所需縱向鋼筋量最大

由剪力彎矩圖判斷，b、d 點鋼筋在上側，a、c 點鋼筋在下側（最外側支承 M＝0，a 點彎矩值較大，鋼筋量較多）

（A）4. 圖示各結構物之彎矩圖中，何者錯誤？

(A)甲乙丙丁　(B)僅甲丙丁　(C)僅甲乙丁　(D)僅乙丙

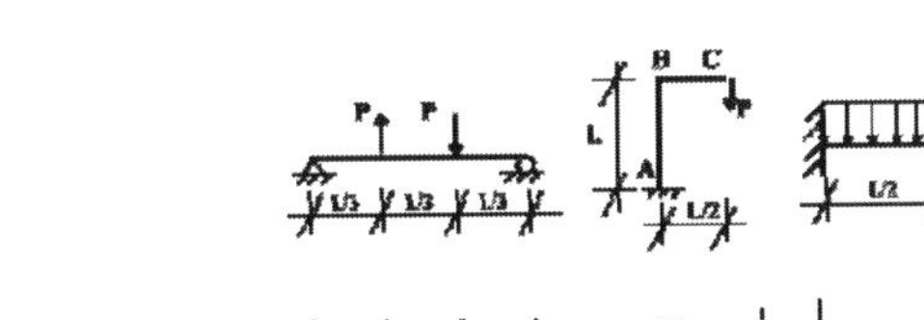

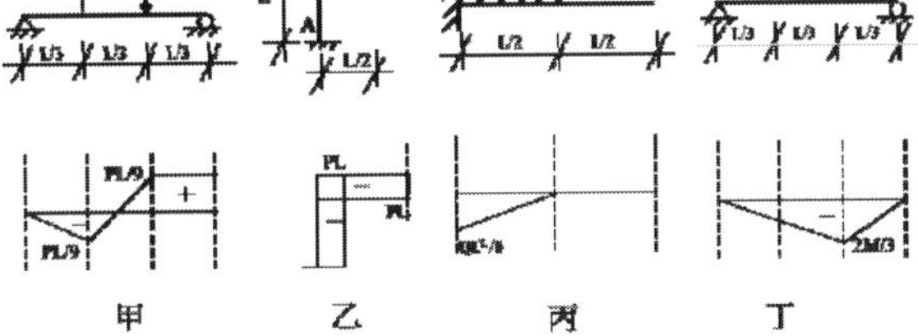

（107 建築師-建築結構#2）

【解析】

甲乙丙丁正確的彎矩圖應該如下：

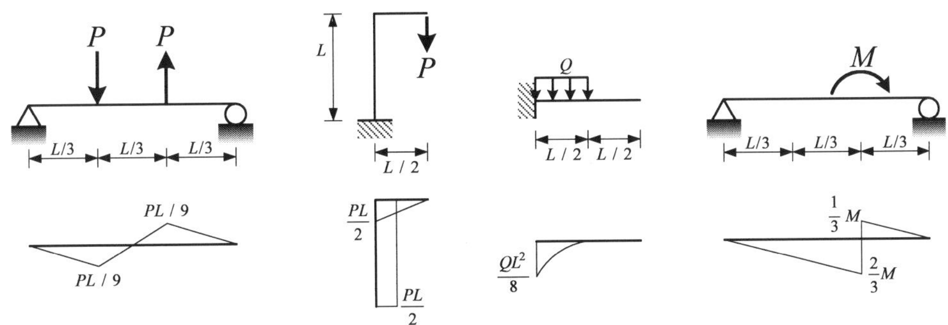

（C）5. 一懸臂梁如圖所示，其斷面所承受之最大彎矩為 β • WL^2，試問 β 值為何？

(A)1/2　(B)1/4　(C)1/6　(D)1/8

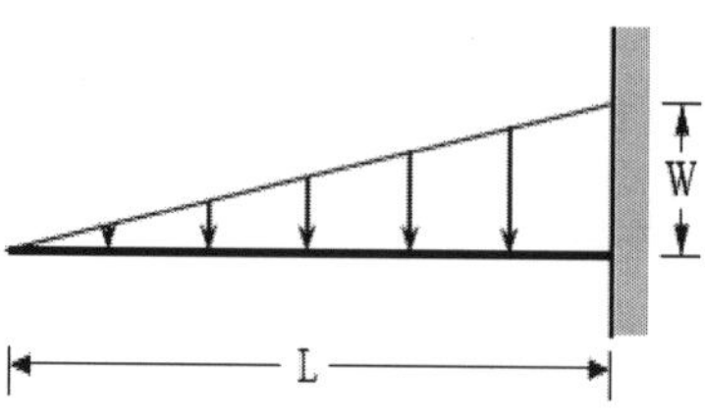

（107 建築師-建築結構#6）

【解析】

最大彎矩發生在固定端：$M_{max}=\left(\frac{1}{2}wL\right)\times\frac{L}{3}=\frac{1}{6}wL^2\ \ \therefore\beta=\frac{1}{6}$

（D）6. 如圖所示之剛構架，AB、BC、CD 段之長度均為 L，DE 水平距離為 L，B、C 為鉸接。若 B 受水平力 P 作用，則下列敘述何者正確？

(A) A 支承反力彎矩為 PL/3　(B) BC 出現內力

(C) CDE 產生彎曲變形　(D) AB 段之剪力為 P

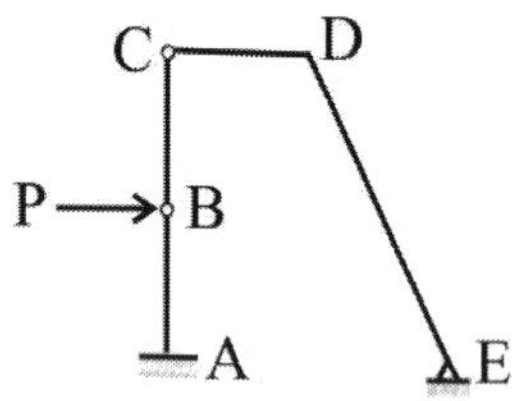

（108 建築師-建築結構#2）

【解析】

（1）BC 段、CDE 段沒有內力

（2）A 支承力矩為 PL

（3）AB 段之剪力為 P

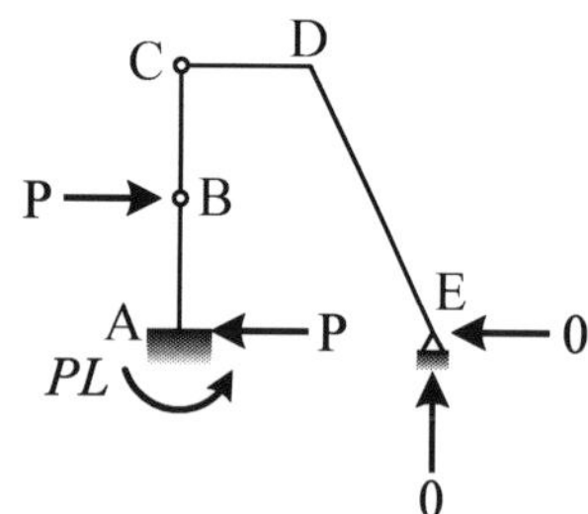

（A）7. 如圖所示之剛構架，AB、BC、CD 之長度相等，D 為滾動支承（roller），EI 為梁斷面撓曲剛度，B 為鉸接。若 B 受水平力 P 作用，則最大彎矩會發生在何處？

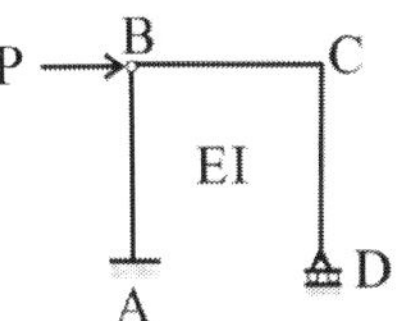

(A) A (B) B

(C) C (D) D

（108 建築師-建築結構#17）

【解析】

拆開 B 點進行分析，可發現

（1）BCD 段不受力

（2）AB 段的最大彎矩發生在 A 點

（3）故整體結構的最大彎矩發生在 A 點，答案選(A)

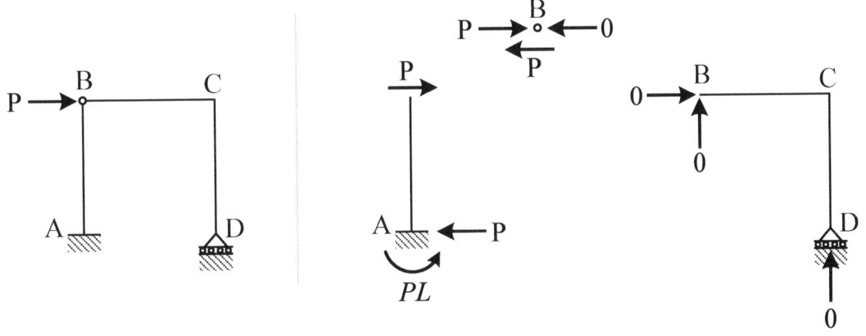

（A）8. 一鋼筋混凝土簡支梁承受向下之均佈載重作用，試問此梁之主筋及箍筋應如何配置？

(A)主筋應置於底部，兩支承端之箍筋間距應較中央部密集

(B)主筋應置於底部，中央部之箍筋間距應較兩支承端密集

(C)主筋應置於頂部，兩支承端之箍筋間距應較中央部密集

(D)主筋應置於頂部，中央部之箍筋間距應較兩支承端密集

（108 建築師-建築結構#38）

【解析】

簡支梁承受均佈載重時

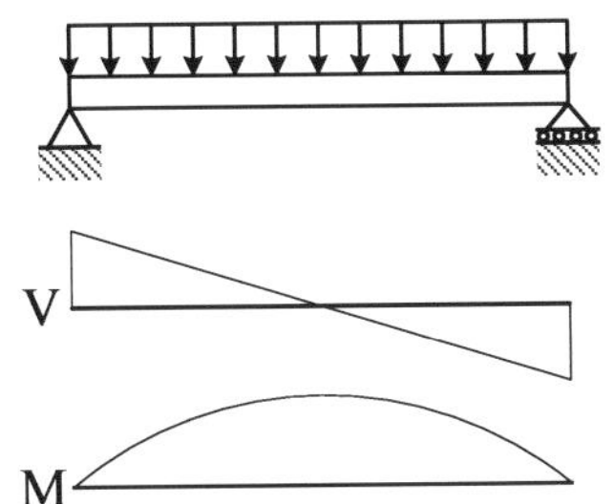

（1）整段梁承受正彎矩，故主筋應該配置在底部⇒答案為(A)或(B)

（2）梁端的剪力比梁中央大，故箍筋在梁端應該比較密⇒答案為(A)或(C)

（3）綜合（1）（2），可知答案應該選(A)。

（D）9. 如圖所示為左右對稱之平面構架，承受垂直均佈載重。若將彎矩圖繪於張力側，最有可能為下列何者？

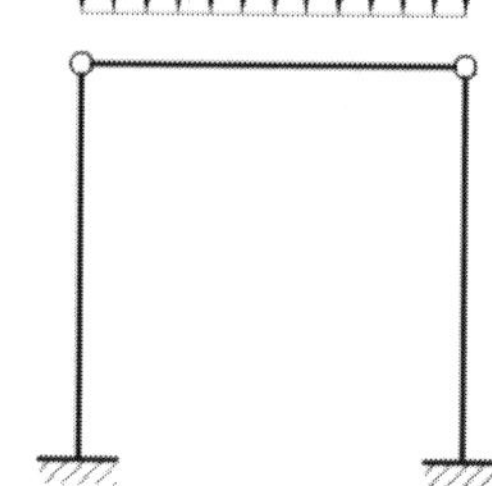

(A)

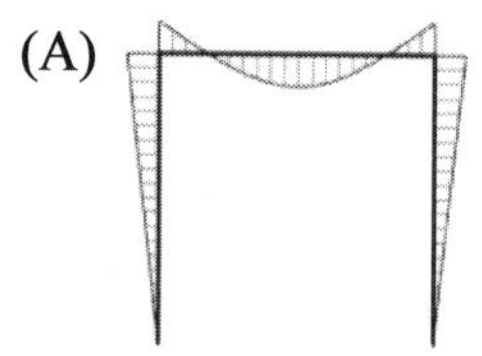

(B)

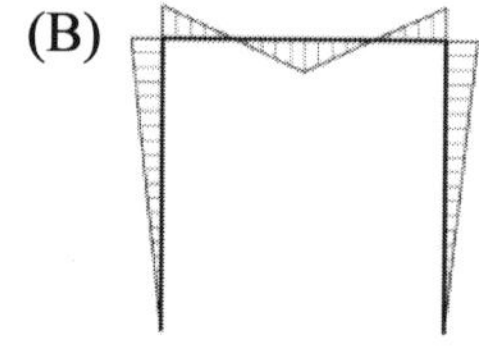

(C)

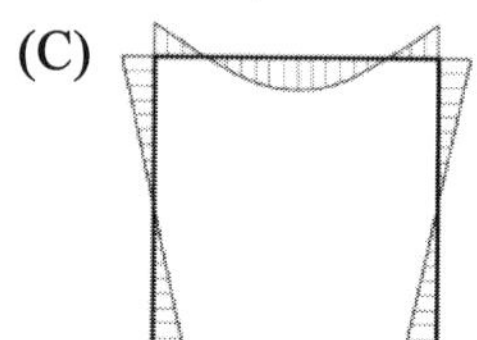

(D)

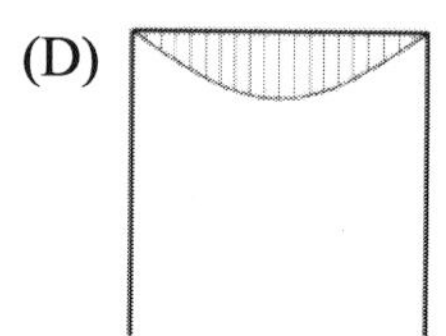

（109 建築師-建築結構#16）

【解析】

內連接處的彎矩值必為 0，故答案選(D)。

（B）10.如圖之梁結構，兩側懸臂端在集中力 P 作用下，下列敘述何者正確？

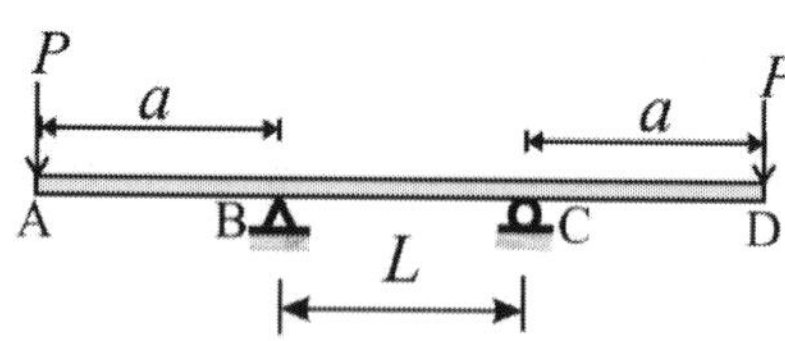

(A) AB、CD 段之內力只有剪力

(B) BC 段之內力只有彎矩

(C) BC 段之內力有剪力及彎矩

(D) 梁的最大彎矩（PL）及剪力（P）均出現在 BC 段之內

（109 建築師-建築結構#31）

【解析】

梁結構之剪力、彎矩圖如下，由圖中可得知

(A)AB、CD 段內力有剪力，**也有彎矩**

(B)BC 段之內力只有彎矩，答案選(B)

(C)BC 段之內力**無剪力**，只有彎矩

(D)最大彎矩為 Pa，非 PL

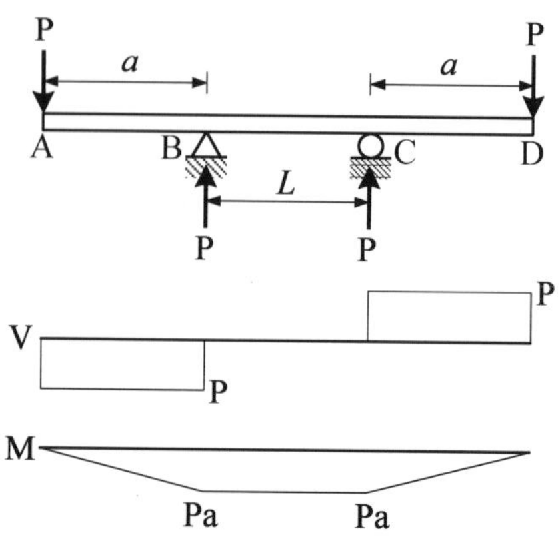

（B）11. 如圖示之剛構架，AB、BC、CD 之長度及斷面均相同，A 為固定端，D 為鉸支承，EA＝軸向剛度，EI＝撓曲剛度，C 為鉸接，當 CD 因均勻溫度升高而伸展，則剛架最大彎矩及最大剪力同時發生在何處？

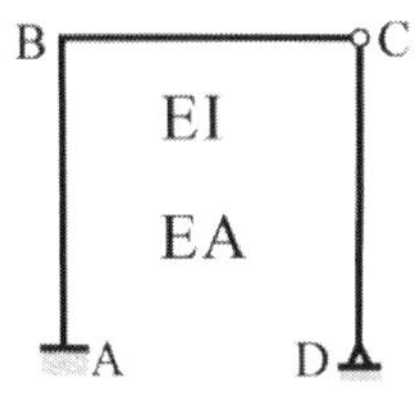

(A) A　　(B) B　　(C) C　　(D) D

（109 建築師-建築結構#34）

【解析】

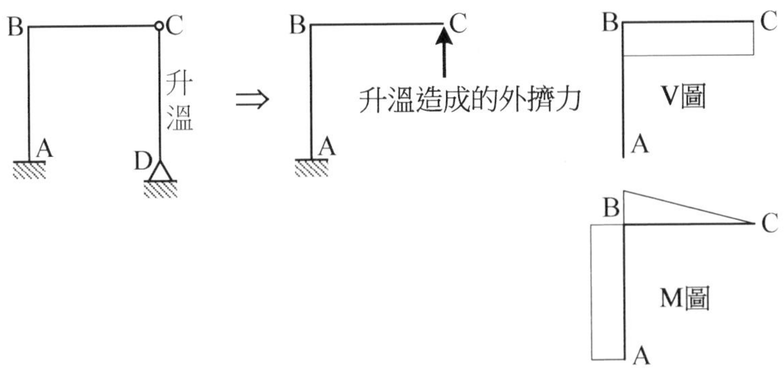

最大彎矩：AB 段、最大剪力：BC 段、同時發生於 B 點。

（B）12. 有一簡支梁承受均布載重如圖所示，若梁自重不計，下列何者所得之最大正彎矩值與此梁相同？

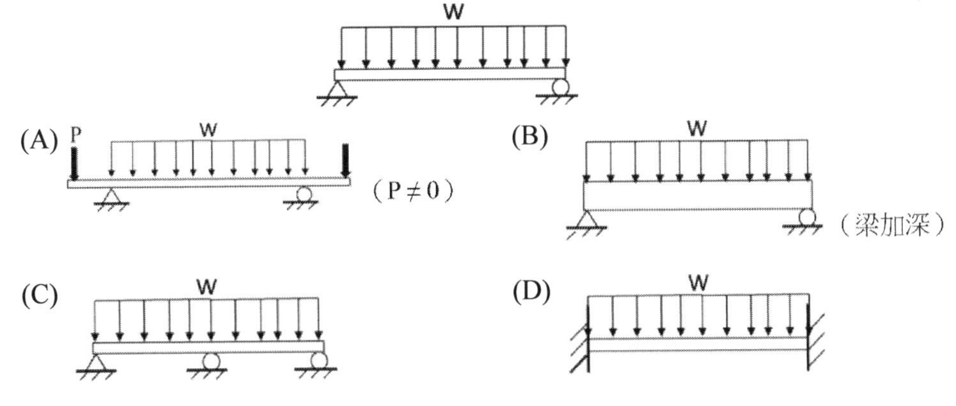

（110 建築師-建築結構#33）

【解析】

題目與圖(B)的簡支梁跨度相同，最大彎矩皆為 $M_{\max} = \frac{1}{8} wL^2$

增加梁深並不影響其最大彎矩的大小

（C）13.如下圖所示之 4 個靜不定剛構架（rigid frame），撓曲剛度（EI）為定值，跨度為 L，高度為 L，各剛構架於不同位置設有鉸支承或鉸接點，且於 B 點承受不同大小之外力。下列那個剛構架於 C 點處承受最小的彎矩？

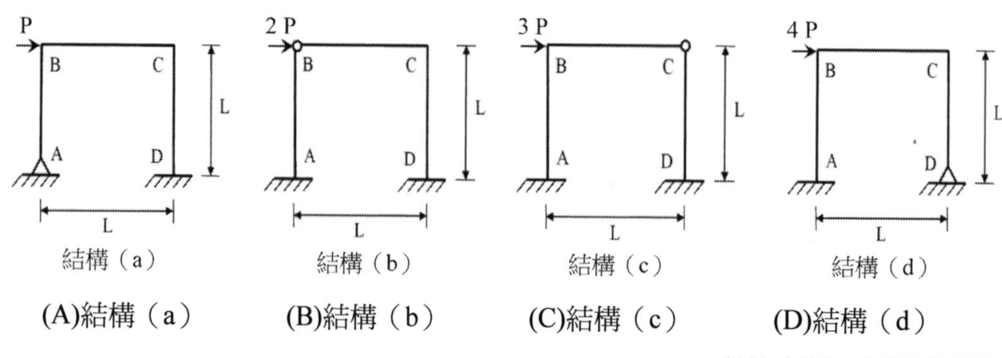

(A)結構（a） (B)結構（b） (C)結構（c） (D)結構（d）

（111 建築師-建築結構#29）

【解析】

結構（c）的 C 點為內連接，該處不能承受彎矩（必為最小），彎矩為 0。

歷屆申論題

一、一剛架系統如下圖所示，其中 B、D、E 點為鉸接，A、F 點為固定端。在各桿件之 EI 值均相同下，試求 A、F 點之反作用力，並繪剛架各桿件彎矩圖。（20 分）

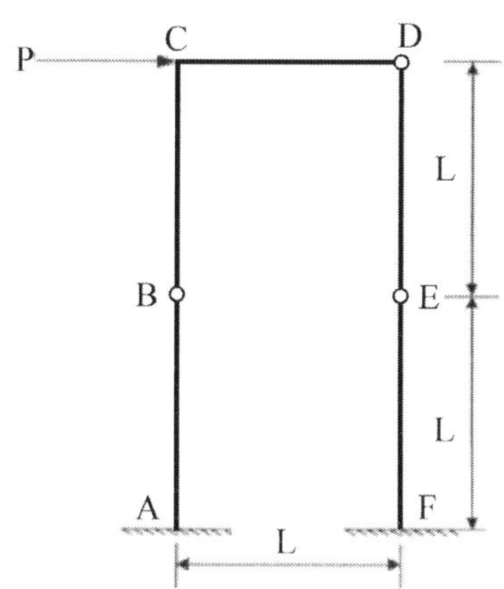

（105 建築師-建築結構#1）

參考題解

剛架上部 BCDE 為「三鉸拱」，此次結構僅受 C 點水平力 P

因平面結構「三力平衡必共點」，共 B、E 反力必通過 D 點

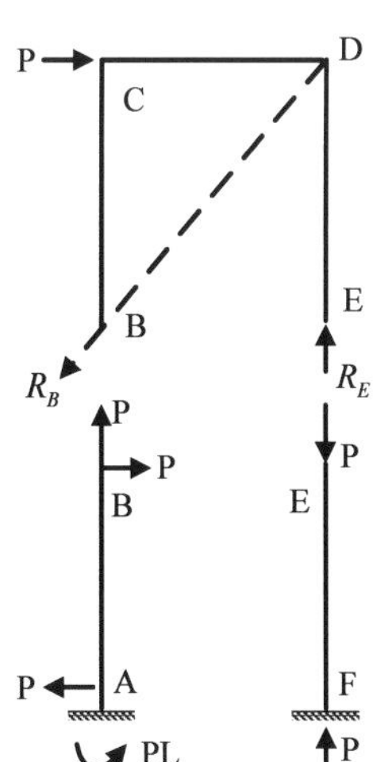

由結點法可知 $R_B = \sqrt{2}P(\swarrow), R_E = P(\uparrow)$

由自由體，可知 A、B、E、F 受力狀態。

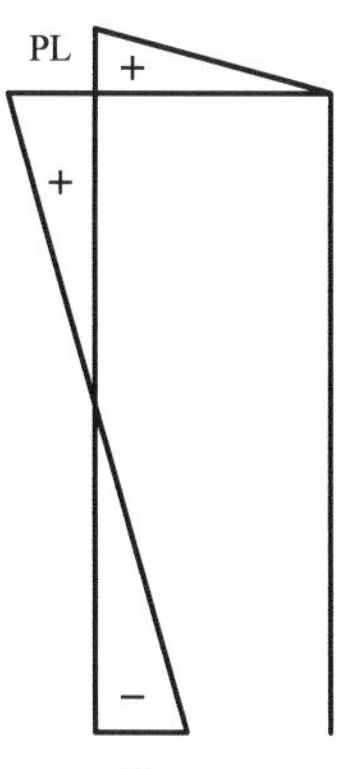

（彎矩畫在受壓側）

二、如圖所示剛構架（rigid frame）承受 2 kN/m 之垂直均布載重，C 點為鉸接（pin connection），試分析此構架，並繪出軸力圖、剪力圖、彎矩圖。（25 分）

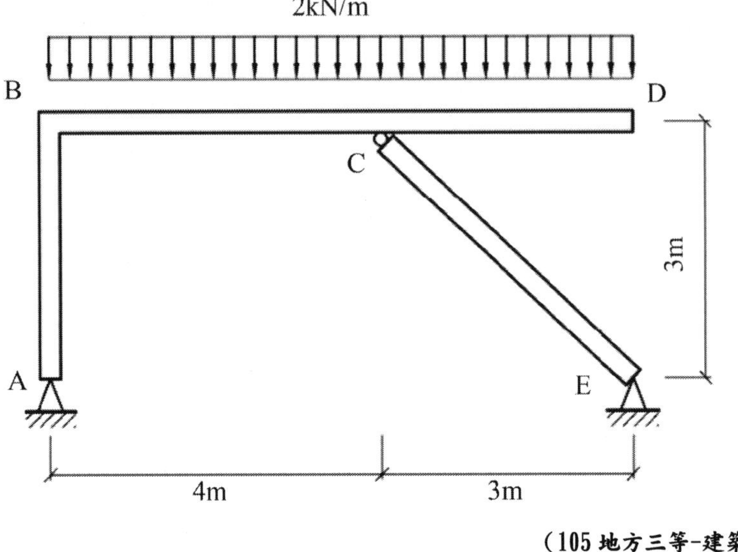

（105 地方三等-建築結構系統#1）

參考題解

（一）設支承反力如右圖，

整體結構取 A 點彎矩平衡 $\sum M_A = 0$

$R_E \times 7 = 2 \times 7 \times \frac{7}{2}$，得 $R_E = 7kN$

垂直力平衡，$R_A = 7kN$

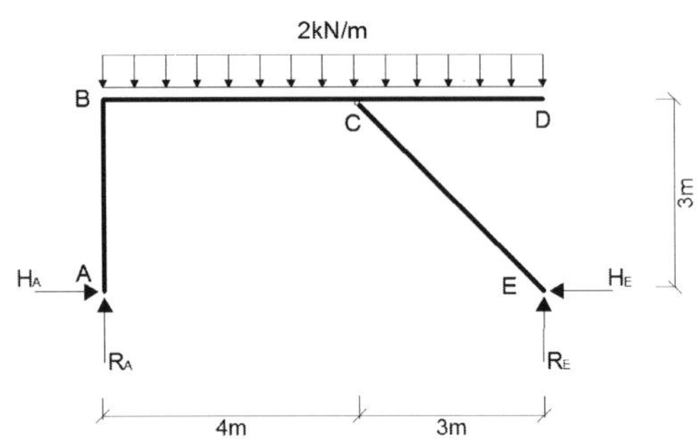

取 CE 桿件自由體如右圖，

取 C 點彎矩平衡 $\sum M_C = 0$

$R_E \times 3 = H_E \times 3$，得 $H_E = 7kN$

整體結構水平力平衡，得 $H_A = 7kN$

【CE 桿件為二力桿，只承受軸力】

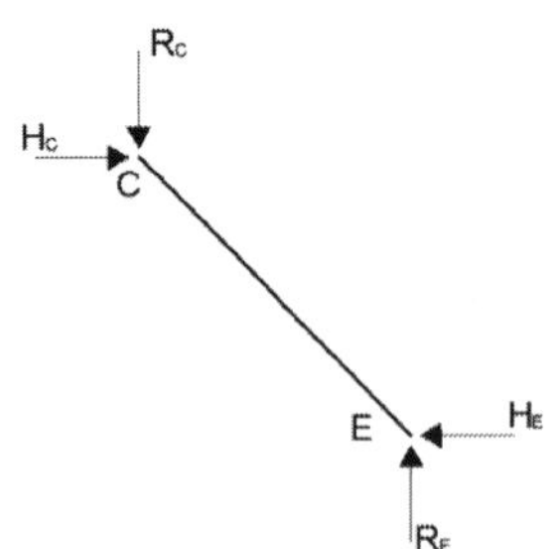

（二）分別繪軸力圖、剪力圖、彎矩圖

1. 軸力圖：(拉力為正)

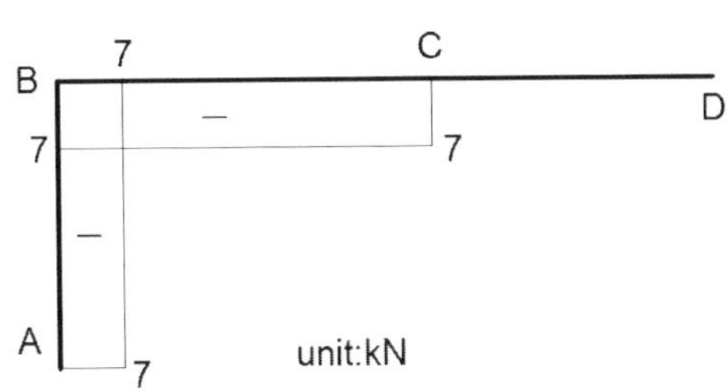

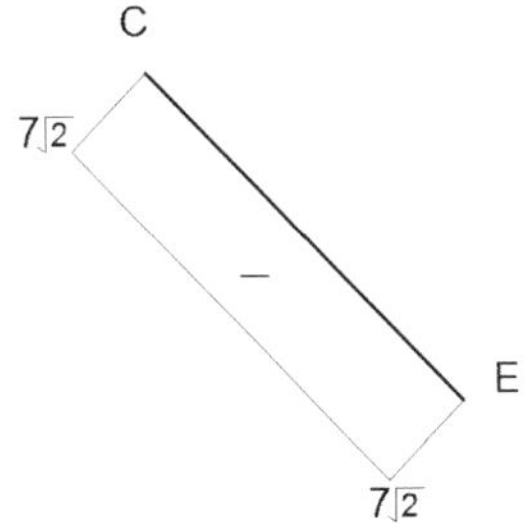

2. 剪力圖：(順時為正)

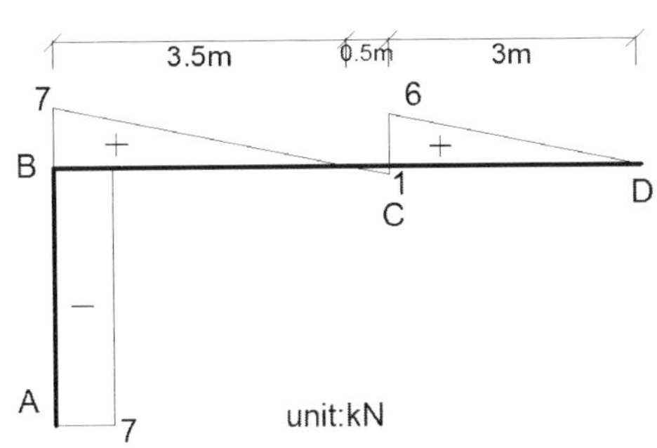

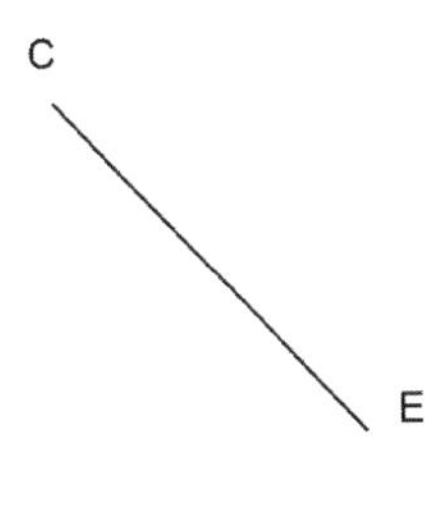

3. 彎矩圖：(繪於壓力側)

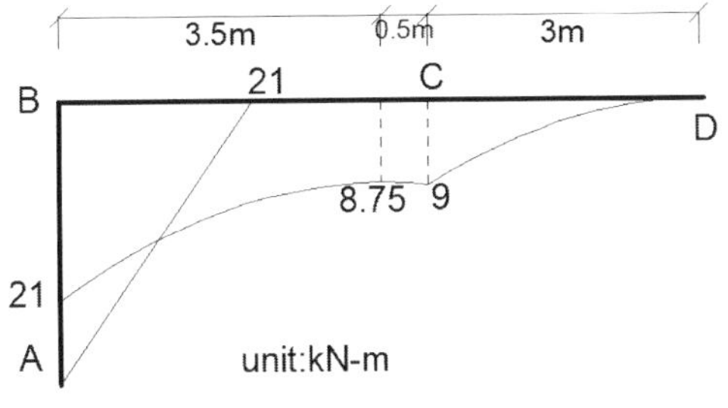

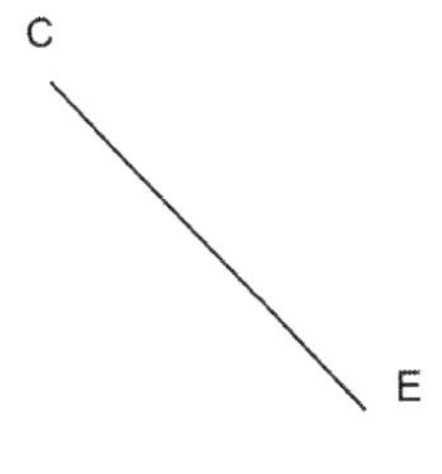

三、如下圖之三鉸拱，試繪其反力及彎矩圖。（10 分）

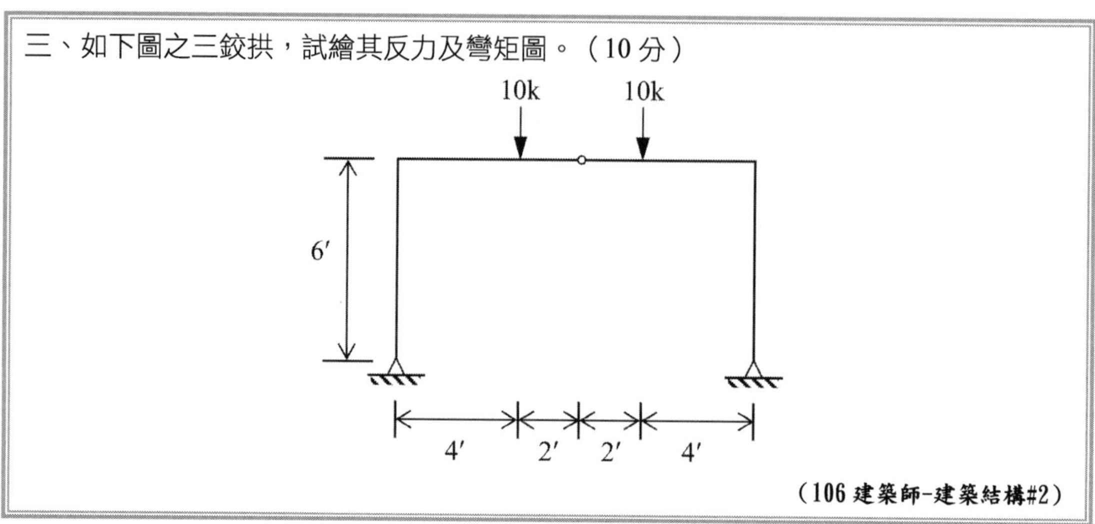

（106 建築師-建築結構#2）

參考題解

（一）支承點反力假設如圖，

取 A 點彎矩平衡，$\sum M_A = 0$

$R_B \times 12 = 10\times 4 + 10\times 8$

得 $R_B = 10k\,(\uparrow)$

（二）取如圖 BC 自由體如圖，

取 C 點彎矩平衡，$\sum M_C = 0$

$10\times 2 + H_B \times 6 = R_B \times 6$ ，$R_B = 10\,k$ 代入

得 $H_B = 6.667k\,(\leftarrow)$

整體垂直力平衡，得 $R_A = 10\,k\,(\uparrow)$

整體水平力平衡，得 $H_A = 6.667\,k\,(\rightarrow)$

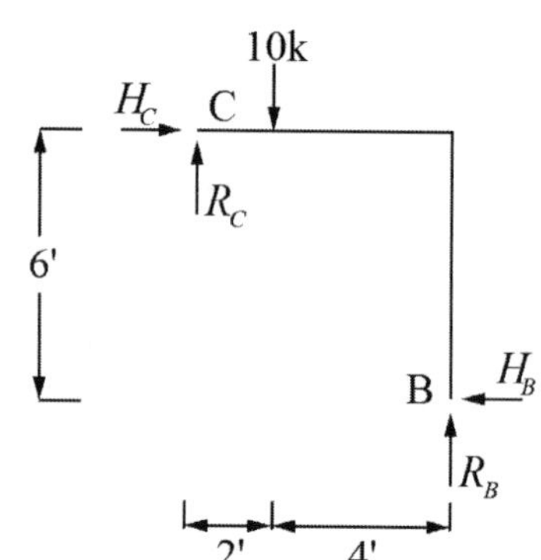

1. 繪支承反力如下圖：

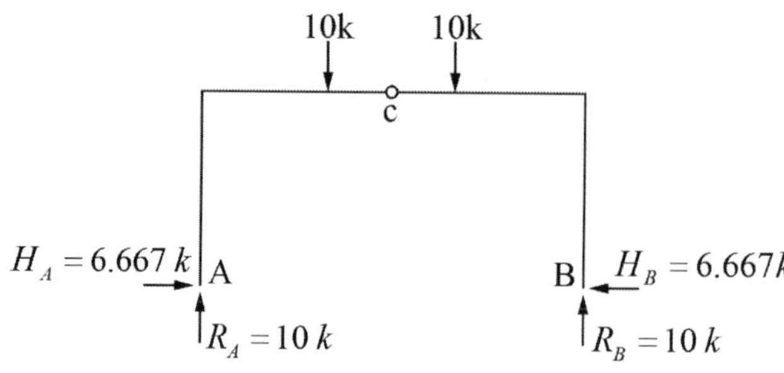

2. 繪剪力圖及彎矩圖如下：

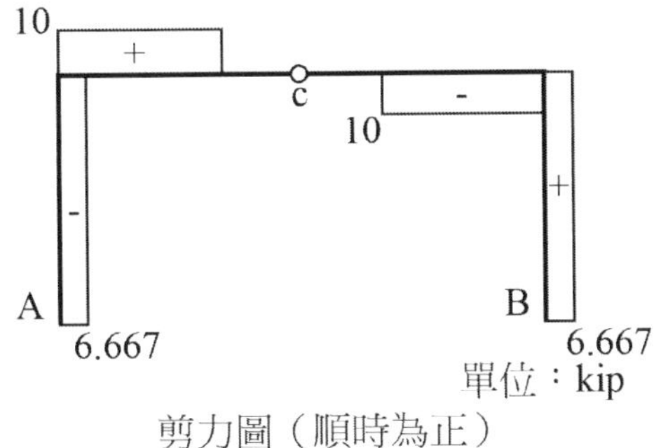

剪力圖（順時為正）

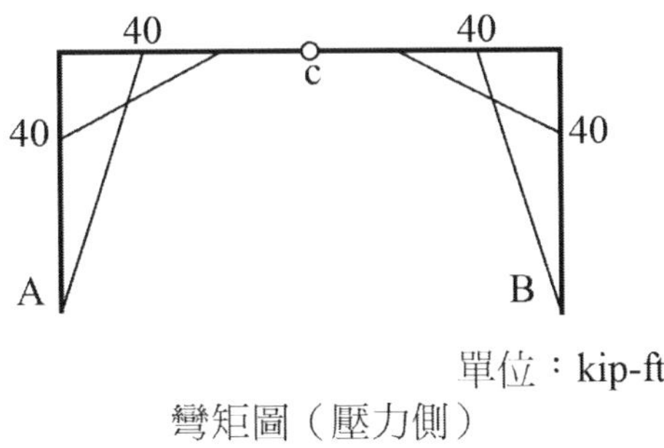

彎矩圖（壓力側）

四、如下圖所示之外伸梁結構 ABC（B 為鉸支承，C 為滾支承），若 AB 間承受均佈載重 q = 2.0 kN/m，且 BC 之中點承受一集中彎矩 M = 15.0 kN · m，試回答下列問題：

（一）B 及 C 點之支承反力為何？（10 分）

（二）試繪此外伸梁結構之剪力與彎矩圖及其變形曲線。（15 分）

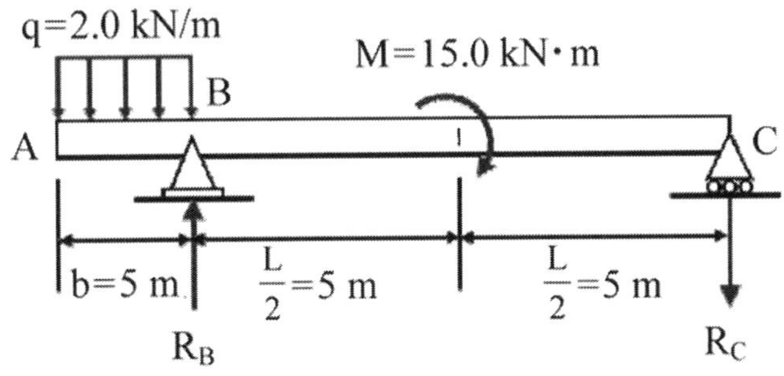

（107 公務高考-建築結構系統#1）

參考題解

（一）取 B 點力矩平衡，$\sum M_B = 0$，$R_C\times L + M = q\times b\times b/2$

$R_C\times 10 + 15 = 2\times 5\times 5/2$，得$R_C = 1kN(\downarrow)$

垂直力平衡，$\sum F_y = 0$，$R_B = qb + R_C = 2\times 5 + 1 = 11kN(\uparrow)$

B 點之支承反力 $R_B = 11kN(\uparrow)$；C 點之支承反力$R_C = 1kN(\downarrow)$

（二）繪剪力、彎矩圖及變形曲線如下：

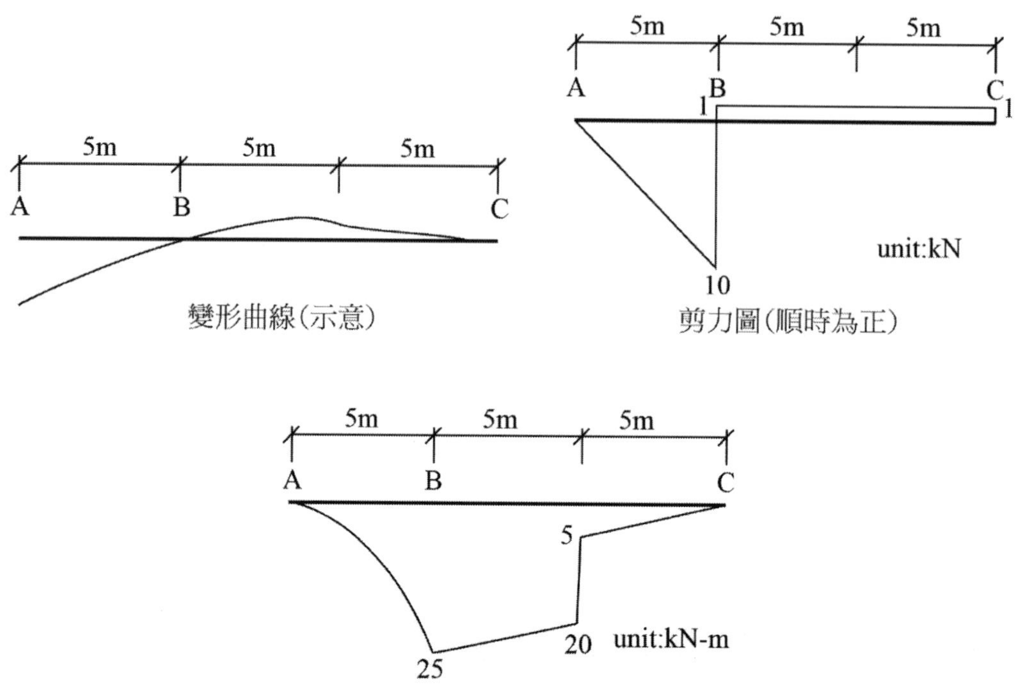

變形曲線(示意)

剪力圖(順時為正)

彎矩圖(繪於壓力側)

五、如圖所示之剛構架，試繪出其剪力圖及彎矩圖。（20 分）

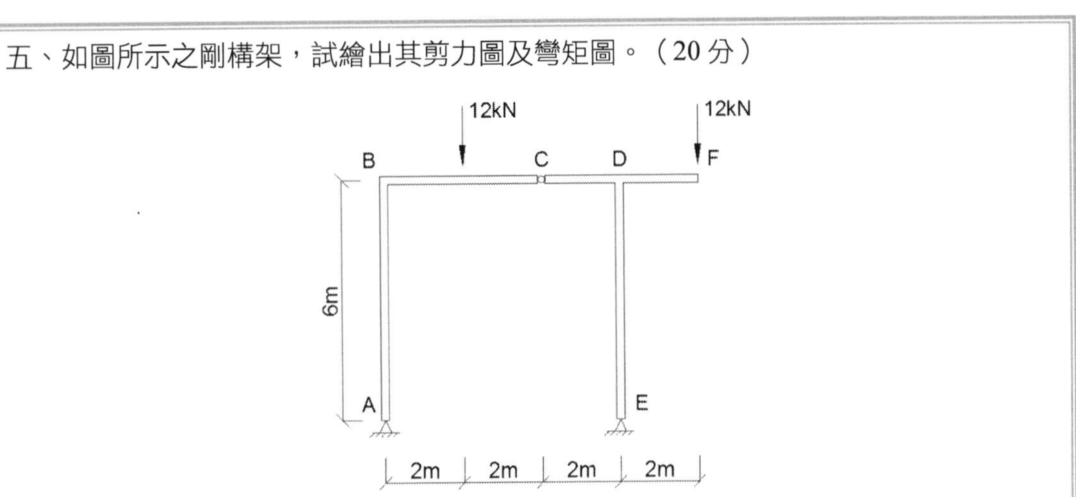

（107 建築師-建築結構#1）

參考題解

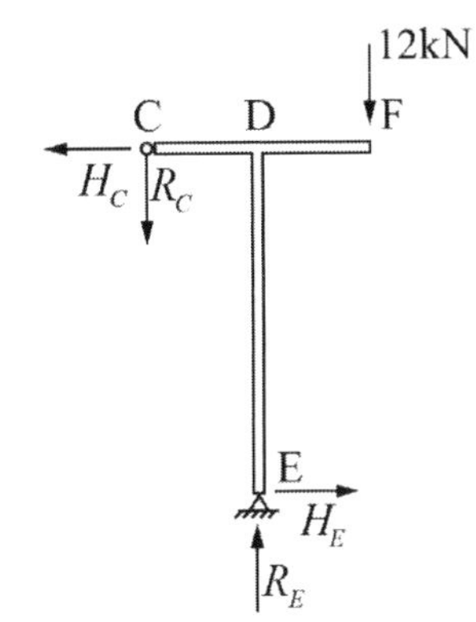

取整體結構，A 點彎矩平衡，$\sum M_A = 0$

$R_E \times 6 = 12 \times 2 + 12 \times 8$，得 $R_E = 20kN(\uparrow)$

取部分自由體圖（CDEF，如圖），H_E

C 點彎矩平衡，$\sum M_C = 0$

$H_E \times 6 + R_E \times 2 = 12 \times 4$，得$H_E = 4/3\ kN(\rightarrow)$

整體結構垂直力平衡，得$R_A = 4kN(\uparrow)$

整體結構水平力平衡，得$H_A = 4/3\ kN(\leftarrow)$

依計算結果，繪剪力圖及彎矩圖如下：

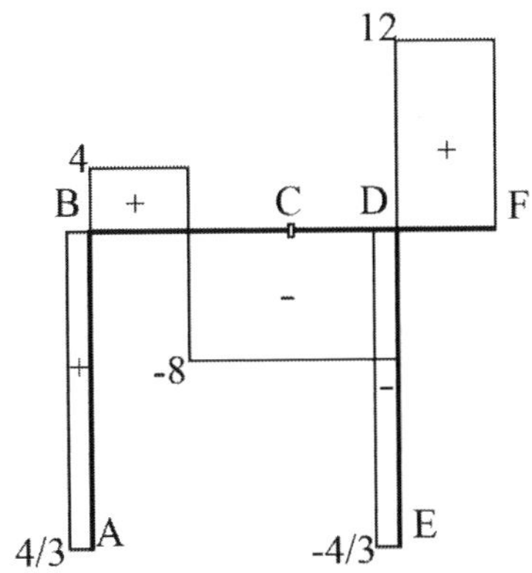

剪力圖(順時為正，單位：kN)

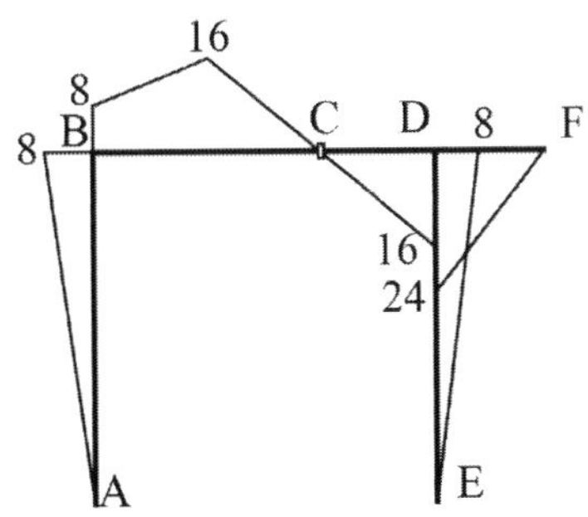

彎矩圖(繪於壓力側，單位：kN-m)

六、試分析下圖所示梁結構，並回答下列問題：

（一）繪出剪力圖與彎矩圖。（20 分）

（二）若此梁為鋼筋混凝土構造，*CD* 段因圖中所示載重造成之剪力發生開裂，請以圖文說明剪力裂縫之形態。（5 分）

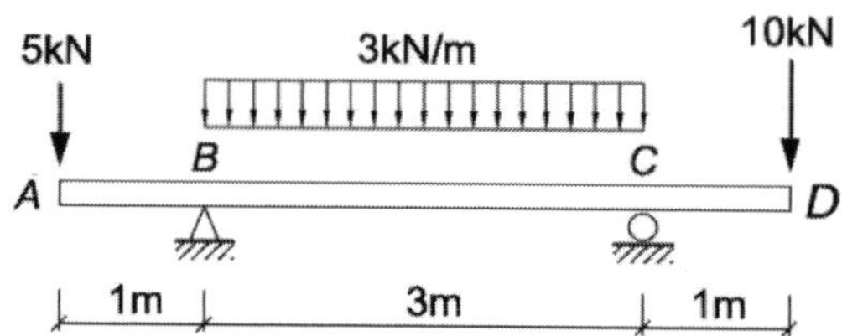

（109 公務高考-建築結構系統#1）

參考題解

（一）設 C 點垂直向支承力 R_C，B 點垂直向支承力 R_B，如圖

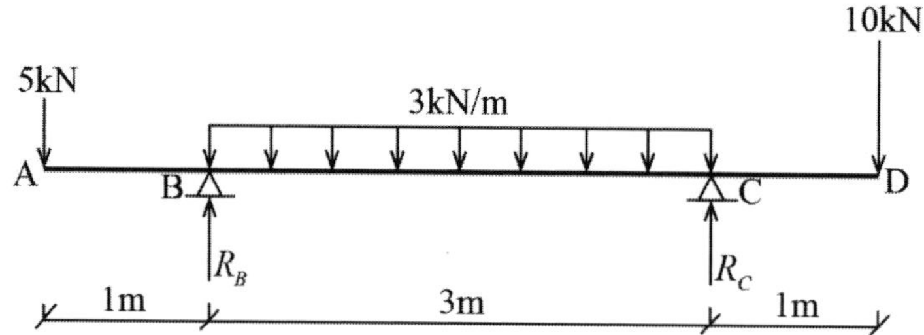

靜定結構，取 B 點彎矩平衡，$R_C \times 3 + 5 \times 1 = 3 \times 3 \times 3/2 + 10 \times 4$

得 $R_C = 16.17\ kN(\uparrow)$

垂直力平衡，$R_B + R_C = 5 + 3 \times 3 + 10$，得 $R_B = 7.83\ kN(\uparrow)$

繪得剪力圖及彎矩圖如下：

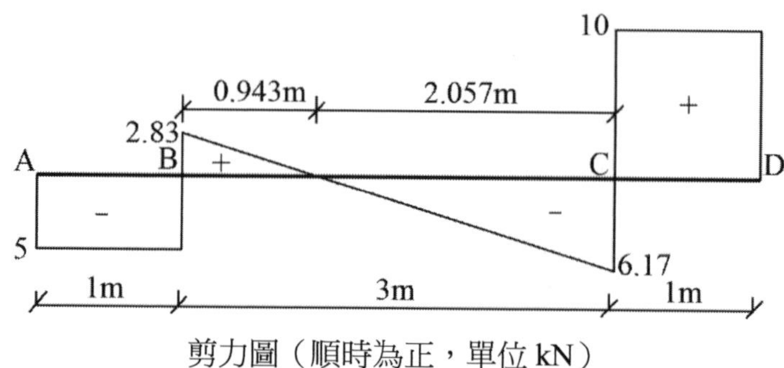

剪力圖（順時為正，單位 kN）

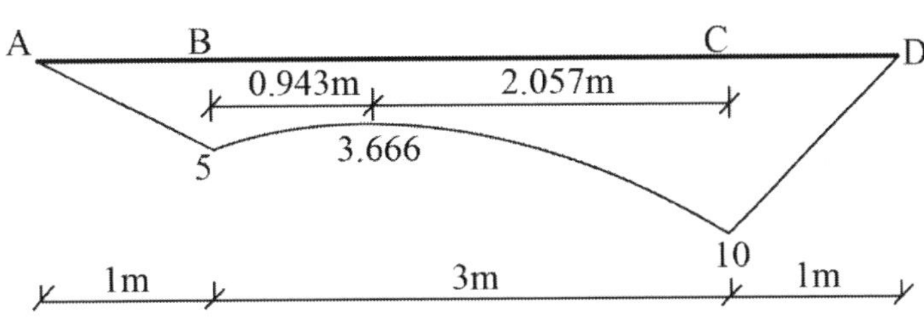

彎矩圖（繪於壓力側，單位 kN-m）

（二）由剪力圖知 CD 段剪力為定值，依題意該段因剪力發生開裂，由材料力學之斷面剪應力 $\tau = (VQ)/It$ 分布的公式來看，近中性軸處剪應力較大，另依混凝土受拉能力較差之特性與平面應力轉換概念，剪力所產生為腹剪裂縫（Web-shear crack），於近中性軸處開始發生斜向裂縫，向兩端延伸，假設簡化應力態為純剪應力作用來看，由主應力態知理論上裂縫走向與樑軸向夾 45 度角，故由 CD 段剪力方向可知其應力態，並判斷產生剪力斜拉裂縫及方向如圖。

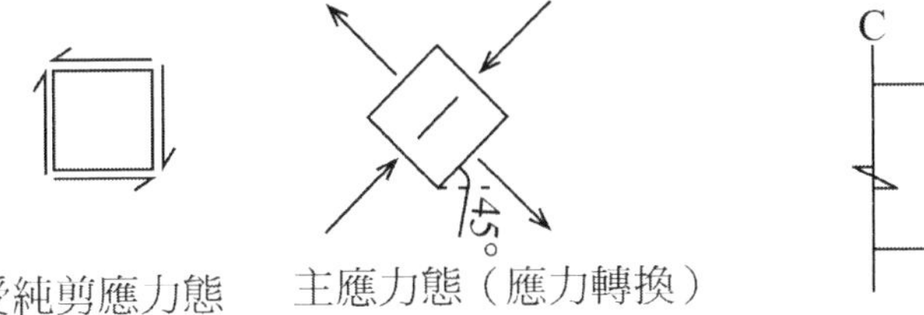

受純剪應力態　主應力態（應力轉換）

受純剪應力態及主應力態

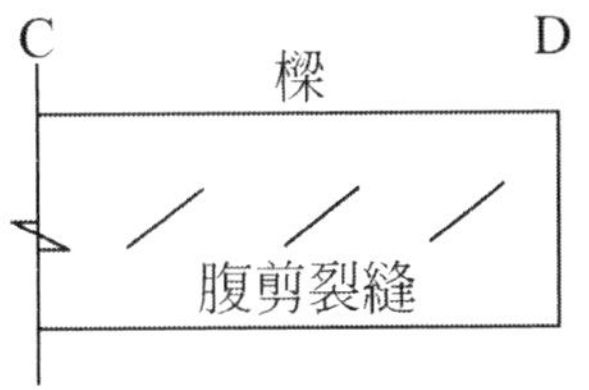

CD段產生腹剪裂縫示意圖

七、下圖所示簡支構架，A 支承為鉸支承，D 支承為滾動支承，跨度 8m（A–D），中央對稱，高度 8 m（A–B），受水平載重 8 N 之作用，試繪製所有構件之軸力、剪力與彎矩圖。（軸力請標明壓力或拉力、剪力請標明正剪力或負剪力、彎矩請標明正彎矩或負彎矩）。（30 分）

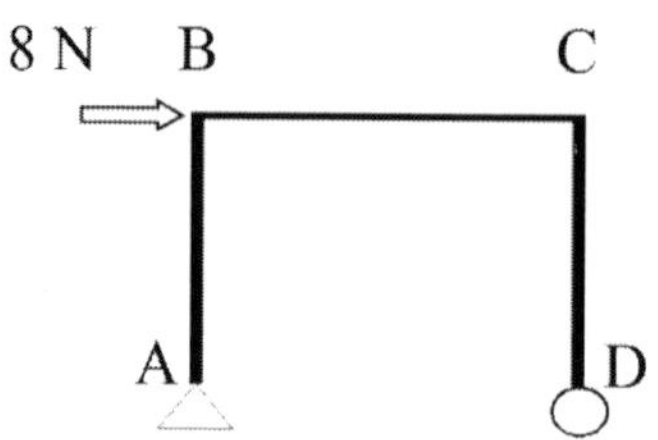

（109 地方三等-建築結構系統#4）

參考題解

靜定構架，支承反力假設如圖，

整體結構取 A 點彎矩平衡，$\sum M_A = 0$

$R_D \times 8 = 8 \times 8$，得$R_D = 8N(\uparrow)$，

垂直力平衡，得$R_A = 8N(\downarrow)$

水平力平衡，得$H_A = 8N(\leftarrow)$

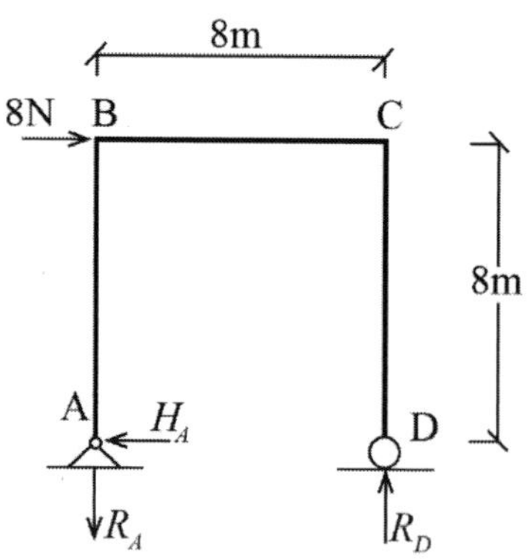

依計算結果，

分別繪軸力圖（拉力為正）、剪力圖（順時為正）及彎矩圖（繪於壓力側）如下：

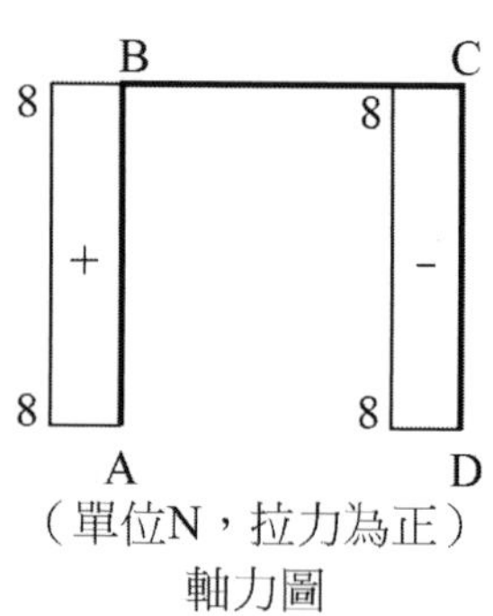

（單位N，拉力為正）
軸力圖

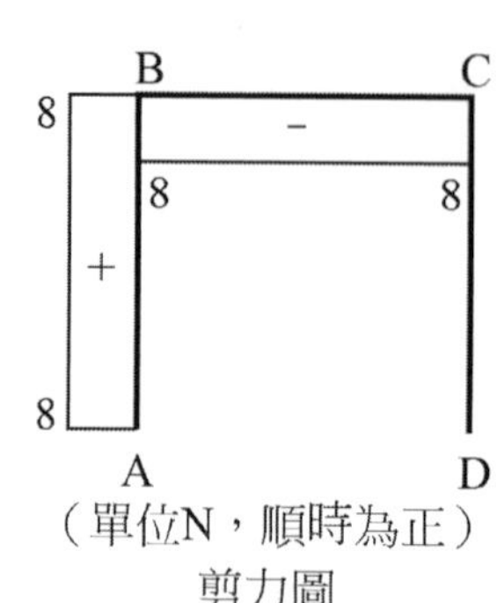

（單位N，順時為正）
剪力圖

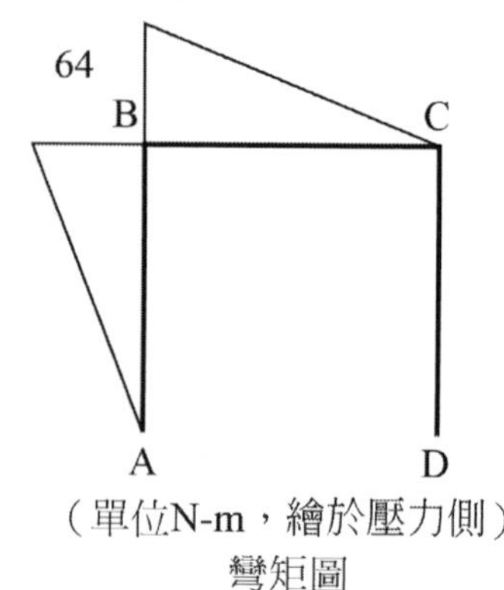

（單位N-m，繪於壓力側）
彎矩圖

八、試分析下圖所示梁結構，其中 A 點為一固定端，B 點為一內鉸點，而 C 點為一滾支承，依圖示載重回答下列問題：

（一）求 A 點及 C 點之支承反力（須標示大小及方向）。（10 分）

（二）繪出此梁結構之剪力圖與彎矩圖（須標示圖中各轉折點之數值大小）。（15 分）

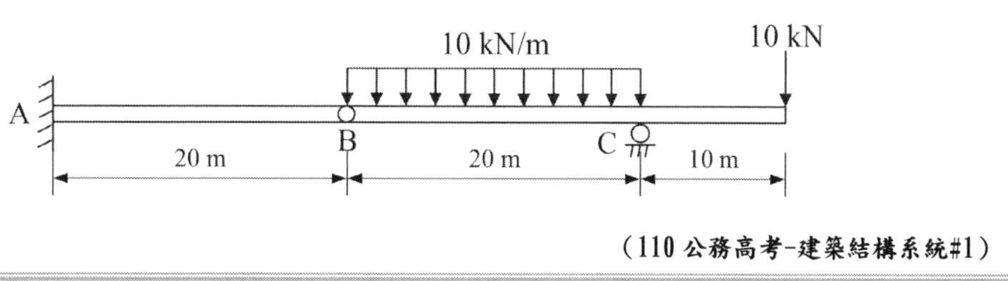

（110 公務高考-建築結構系統#1）

參考題解

（一）設 C 點垂直向支承力R_C，A 點垂直向支承力 R_A，水平向支承力 H_A，彎矩 M_A，如圖

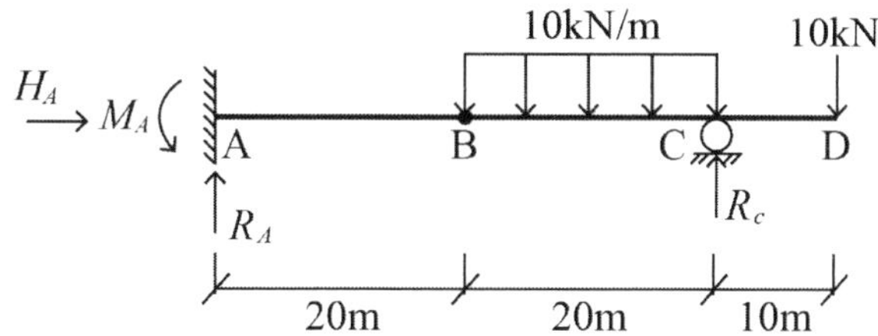

取桿件 BCD 為分離體如圖

取 B 點彎矩平衡，

$R_C \times 20 = 10 \times 20 \times 20/2 + 10 \times 30$

得 $R_C = 115kN(\uparrow)$

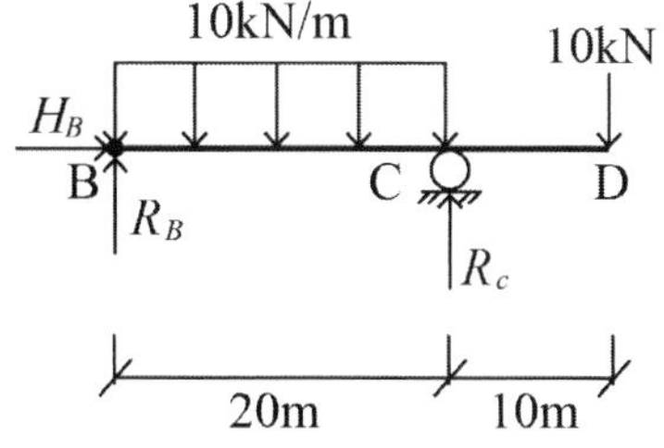

取整體結構垂直力平衡，$R_A + R_C = 10 \times 20 + 10$，得 $R_A = 95kN(\uparrow)$

水平力平衡，$H_A = 0kN$

A 點彎矩平衡，$M_A + R_c \times 40 = 10 \times 20 \times 30 + 10 \times 50$

得 $M_A = 1900kN - m(\circlearrowleft)$

（二）繪得剪力圖及彎矩圖如下

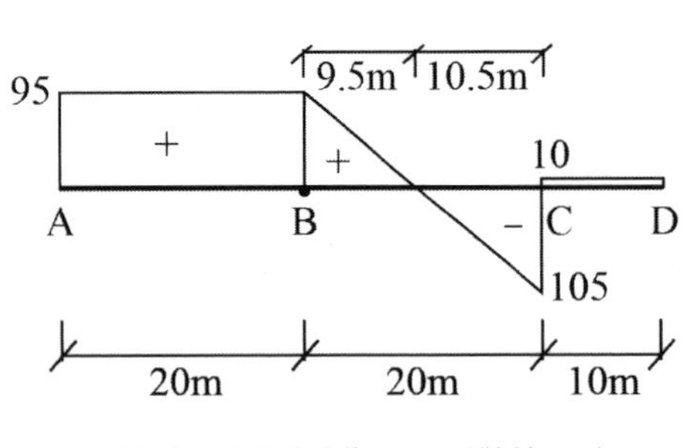

剪力圖(順時為正，單位kN)

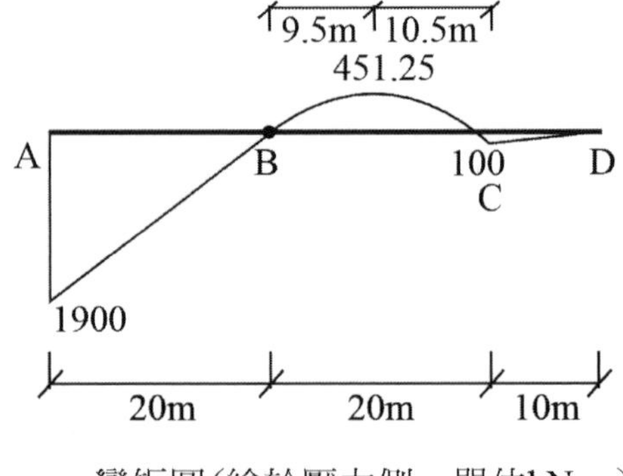

彎矩圖(繪於壓力側，單位kN-m)

九、試繪製圖 1，圖 2，圖 3 在各受到兩種不同外力作用時之彎距圖。（24 分）

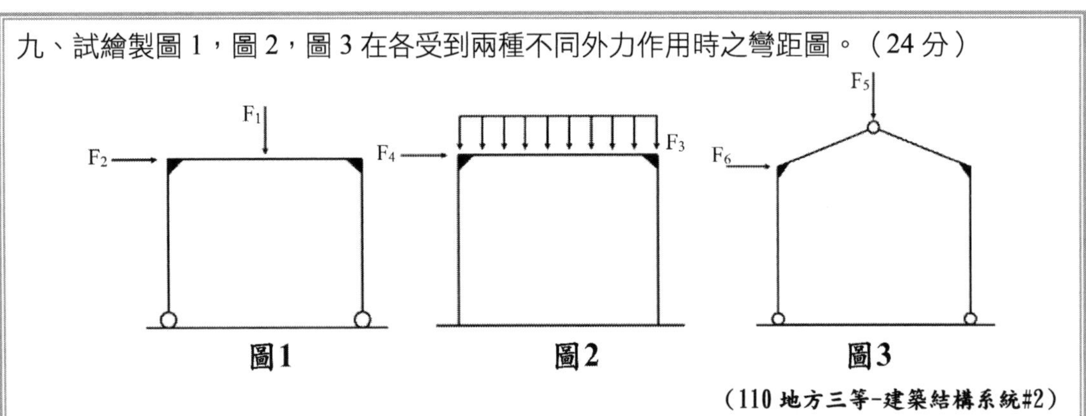

圖1　圖2　圖3

（110 地方三等-建築結構系統#2）

參考題解

依題意分別依各圖結構配置及各受力繪製彎矩示意如下（繪於壓力側）

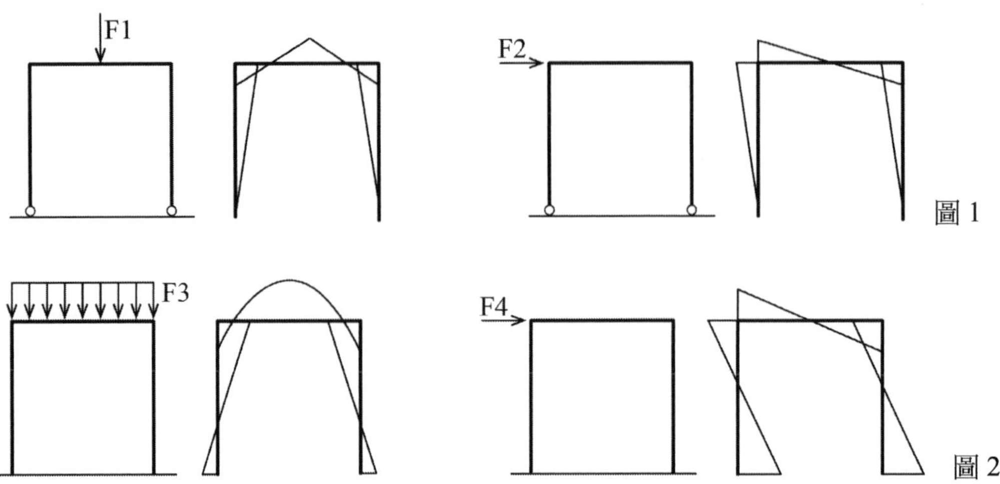

圖 1

圖 2

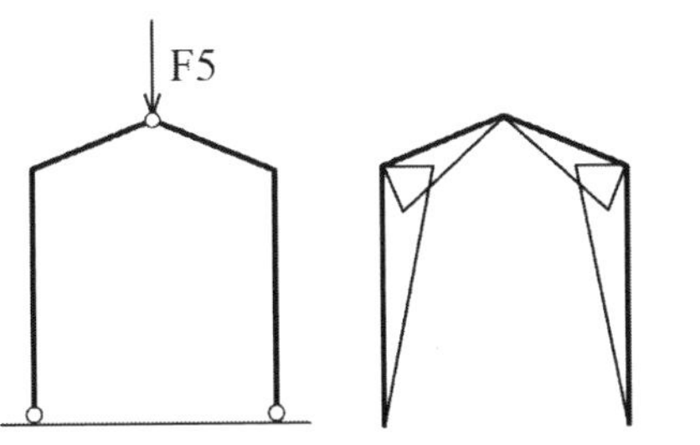

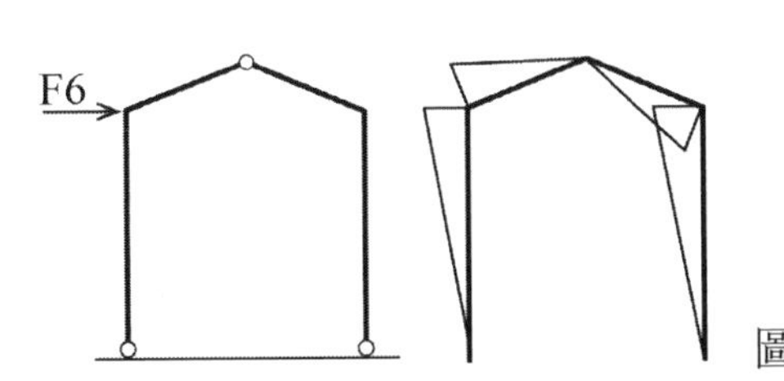

圖 3

十、下圖梁受部分均布載重，試繪其剪力圖及彎矩圖。（20 分）

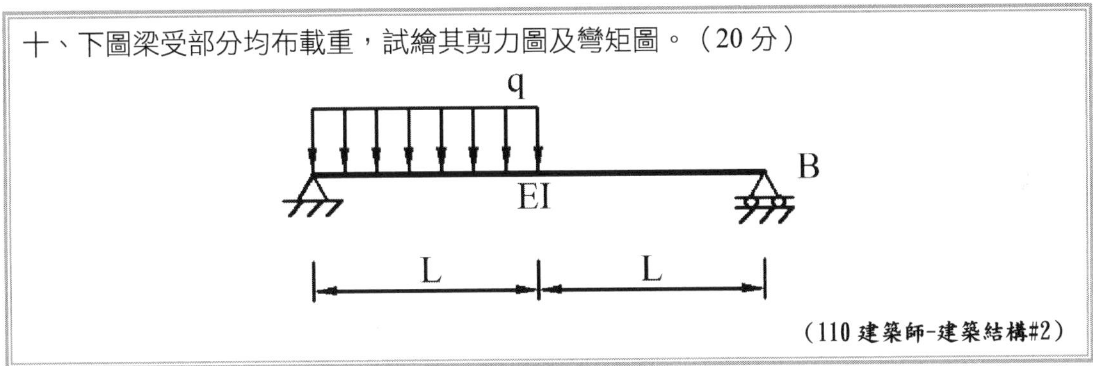

（110 建築師-建築結構#2）

參考題解

（一）計算支承反力

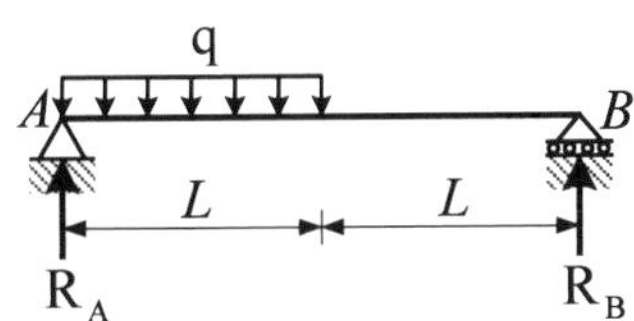

1. $\sum M_A=0$，$R_B\times 2L=qL\times\frac{L}{2}$ $\therefore R_B=\frac{1}{4}qL$

2. $\sum F_y=0$，$R_A+R_B^{\frac{1}{4}qL}=qL$ $\therefore R_A=\frac{3}{4}qL$

（二）繪製剪力彎矩圖

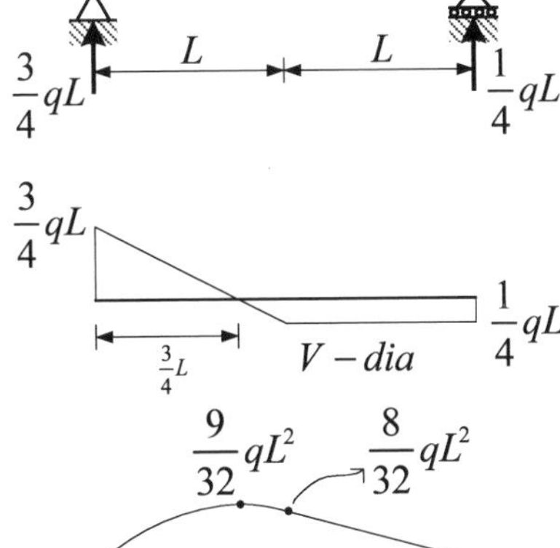

4 梁內應力

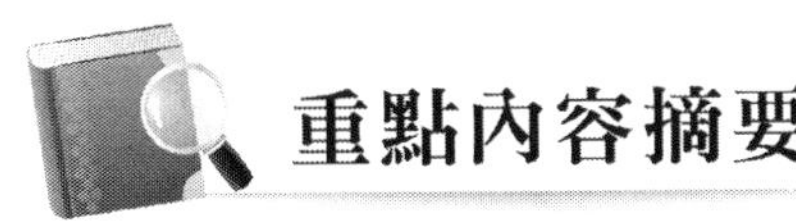

重點內容摘要

（一）應力：單位面積上的力量；應力=$\frac{\text{力量}}{\text{面積}}$

應力的種類：

1. 彎矩應力 $\rightarrow \sigma = \frac{My}{I} = \frac{M}{S}$

2. 剪應力 τ $\rightarrow \tau = \frac{V}{A} = \frac{VQ}{Ib} = G\gamma$：$\begin{cases}\text{方形斷面：}\tau = \frac{3V}{2A} \\ \text{圓形斷面：}\tau = \frac{4V}{3A}\end{cases}$

（二）應變：**單位長度內長度的變化量**（無單位）

1. 正向應變 $\varepsilon \rightarrow \varepsilon = \frac{\delta}{L}$

2. 剪應變 $\gamma \rightarrow \gamma = r \times \frac{\phi}{L}$

（三）軸向桿件變形量 $\delta \rightarrow \delta = \frac{PL}{EA}$

（四）扭力桿件：扭轉剪應力：$\tau = \frac{T\rho}{J}$　　扭轉角：$\phi = \frac{TL}{GJ}$

（五）其他：

1. 柏松比（poisson ratio）：$v = -\frac{\text{與應力方向垂直的正應變}}{\text{應力方向的正應變}}$

2. E、G 與 v 的關係：$G = \frac{E}{2(1+v)}$

3. 常見斷面的 I 值

方形：$I = \frac{1}{12}bh^3$；圓形：$I = \frac{\pi}{64}d^4 = \frac{\pi}{4}r^4$（d 直徑、r 半徑）

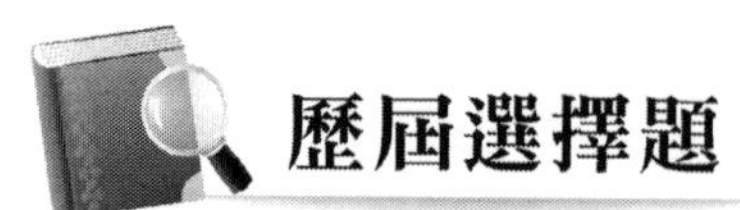

（B）1. 下圖受軸力之桿件，ab 段的斷面積為 2A，bc 段的斷面積為 A，則 ab 段所受應力為何？

(A) (3P)/(2A)的張應力　(B) P/A 的張應力

(C) P/(2A)的壓應力　(D) P/A 的壓應力

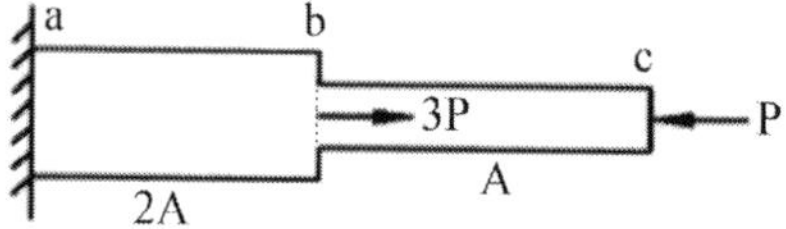

（105 建築師-建築結構#8）

【解析】參考九華講義-建築結構 第四章

Ab 段受力 = 3P − P = 2P（張力）

應力 = 力量／面積 = $\frac{2P}{2A} = \frac{P}{A}$（張力）

（C）2. 對矩形斷面梁而言，寬度為 b，高度為 h，則其斷面模數（section modulus）S 為：

(A) $\frac{bh^2}{3}$　(B) $\frac{bh^2}{4}$　(C) $\frac{bh^2}{6}$　(D) $\frac{bh^2}{12}$

（105 建築師-建築結構#11）

【解析】參考九華講義-建築結構 第五章

$S = \frac{I}{y}$

慣性矩 $I = \frac{bh^3}{12}$

形心距離 $y = \frac{h}{2}$

$S = \frac{bh^2}{6}$

（A）3. 有一承受均佈載重之簡支梁，其最大拉應力在何處？

(A)梁中央位置的下方　(B)梁中央位置的上方

(C)梁支承位置的下方　(D)梁支承位置的上方

（106 建築師-建築結構#15）

【解析】參考九華講義-結構系統 第三章

承受均佈載重之簡支梁最大彎矩在梁中央下方，上方受壓，下方受拉。

（B）4. 下圖桿件之自由端 a 點受 2P 力作用，a 點垂直向下伸長量為 $\delta_{av} = \dfrac{KPL}{AE}$，則 K 值為：

(A) 4/3 (B) 1

(C) 2/3 (D) 1/3

b

4AE

2L

a

2P

（106 建築師-建築結構#24）

【解析】參考九華講義-建築結構 第四章

伸長量 $= \dfrac{2P \times 2L}{4AE} = \dfrac{KPL}{AE}$，K = 1

（B）5. 有一矩形梁斷面，梁寬 30 cm，梁高 60 cm。已知材料之彈性係數為 20,000 kgf/cm^2。如欲使得該斷面於梁頂與梁底處分別產生 0.003 的壓應變與張應變，則該斷面所須施加的彎矩力應為多少 kgf-cm？

(A) 960,000 (B) 1,080,000 (C) 1,200,000 (D) 1,360,000

（106 建築師-建築結構#25）

【解析】參考九華講義-建築結構 第六章

依據彎矩公式：

彎曲應力 σ = 彈性係數 Ex 彎曲應變 ε =（彎矩 Mx 中性軸至應力點垂直距離 y）／形心慣性矩 I

題目數據代入：

E = 20,000

ε = 0.003

y = 60 ÷ 2 = 30

$I = \dfrac{(30 \times 60^3)}{12} = 540{,}000$

↓

$20{,}000 \times 0.003 = \dfrac{(30Mx)}{540{,}000}$

M = 1,080,000 (kgf-cm)

（D）6. 下列何者為面積慣性矩（I）之單位？

(A) cm (B) cm^2 (C) cm^3 (D) cm^4

（107 建築師-建築結構#1）

【解析】

慣性矩為面積二次矩，故單位為長度四次方。

（B）7. 如圖所示之 AB 及 BC 桿件，桿件之彈性係數 E 均相同，AB 及 BC 之斷面積分別為 40 cm^2 及 20 cm^2，該組合桿件於 B 點及 C 點分別承受 800 N 和 400 N 之作用力，下列敘述何者正確？

(A) AB 桿件及 BC 桿件所受之應力相等
(B) AB 桿件所受之應力大於 BC 桿件所受之應力
(C) AB 桿件之伸長量等於 BC 桿件之伸長量
(D) AB 桿件之伸長量小於 BC 桿件之伸長量

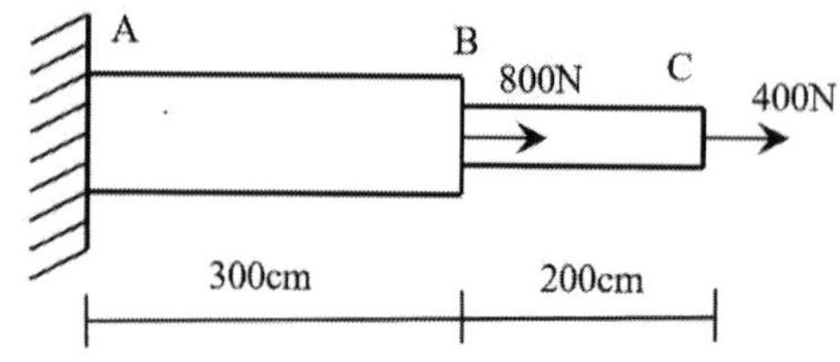

（107 建築師-建築結構#9）

【解析】

（1）AB 桿軸力：$N_{AB}=800+400=1200N$

AB 桿應力：$\sigma_{AB}=\dfrac{N_{AB}}{A_{AB}}=\dfrac{1200}{40}=30N/cm^2$

AB 桿伸長量：$\delta_{AB}=\dfrac{N_{AB}L_{AB}}{E_{AB}A_{AB}}=\dfrac{(1200)(300)}{E(40)}=\dfrac{9000}{E}$

（2）BC 桿軸力：$N_{BC}=400N$

BC 桿應力：$\sigma_{BC}=\dfrac{N_{BC}}{A_{BC}}=\dfrac{400}{20}=20N/cm^2$

BC 桿伸長量：$\delta_{BC}=\dfrac{N_{BC}L_{BC}}{E_{BC}A_{BC}}=\dfrac{(400)(200)}{E(20)}=\dfrac{4000}{E}$

（3）AB 桿應力大於 BC 桿應力，答案為(B)。

（D）8. 圖示桿件在中央 b 點及自由端 a 點分別承受 2P 及 P 之軸力作用，若 a 點垂直向下之伸長量為 $\delta=KPL/(EA)$，試問 K 值為何？

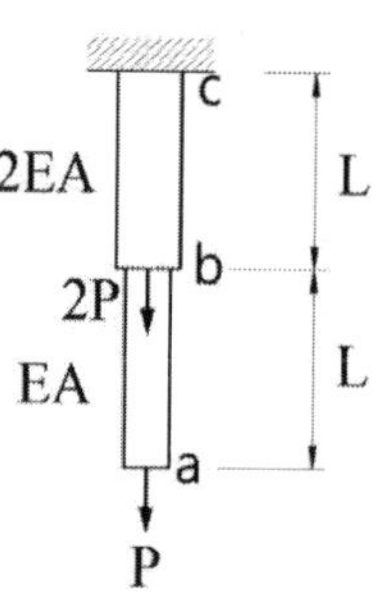

(A) 3/5　　(B) 1
(C) 2　　(D) 2.5

（107 建築師-建築結構#12）

【解析】

（1）ab 桿伸長量：$\delta_{ab}=\dfrac{N_{ab}L_{ab}}{E_{ab}A_{ab}}=\dfrac{(P)(L)}{EA}=\dfrac{PL}{EA}$

（2）bc 桿伸長量：$\delta_{bc}=\dfrac{N_{bc}L_{bc}}{E_{bc}A_{bc}}=\dfrac{(3P)(L)}{2EA}=\dfrac{3}{2}\dfrac{PL}{EA}$

（3）a 點垂直向下之伸長量 $\delta=\delta_{ab}+\delta_{bc}=\dfrac{PL}{EA}+\dfrac{3}{2}\dfrac{PL}{EA}=\dfrac{5}{2}\dfrac{PL}{EA}$　$\therefore K=2.5$

（C）9. 鋼筋混凝土斷面寬度 b = 30 cm，有效深度 d = 50 cm，拉力筋之 As = 22.5 cm^2，fc' = 210 kgf/cm^2，fy = 4200 kgf/cm^2，當梁斷面達到其彎矩計算強度（Mn）時，中性軸距受壓面之距離約為多少公分？

(A) 15　(B) 18　(C) 21　(D) 24

（107 建築師-建築結構#13）

【解析】

$C_c=0.85f_c'ba=0.85(210)(30)(0.85x)=4551.75x$

$T=A_sf_y=22.5(4200)=94500\ kgf$

$C_c=T\Rightarrow 4551.75x=94500\ \ \therefore x=20.76cm\approx 21cm$

∴答案選(C)。

（B）10.承上題，該梁斷面的彎矩計算強度（Mn）約為多少 tf-m？

(A) 30　(B) 39　(C) 48　(D) 57

（107 建築師-建築結構#14）

【解析】

$$M_n=C_c\left(d-\frac{a}{2}\right)=4551.75x\left(50-\frac{0.85x}{2}\right)$$

$$=4551.75\times21\left(50-\frac{0.85\times21}{2}\right)=3926226\ kgf-cm\approx39.26tf-m$$

答案選(B)。

（B）11.結構材料之承載效率可利用強度除以比重來評估，則在建築結構常用之鋼鐵、混凝土及木材中，三者抗拉承載效率之大小順序為何？

(A)鋼鐵>混凝土>木材　(B)鋼鐵>木材>混凝土

(C)木材>鋼鐵>混凝土　(D)木材>混凝土>鋼鐵

（107 建築師-建築結構#15）

【解析】

鋼鐵抗拉強度最佳（如鋼筋），混凝土抗拉強度最差，木材抗拉強度居中。故答案選(B)。

（C）12.鋼製桿件其彈性係數 E = 200 GPa，長度 L = 3 m，斷面積 A = 300 mm^2，受拉力 P = 120 kN 作用，桿件之伸長量 δ 為多少 mm？

(A) 2 (B) 4 (C) 6 (D) 8

（107 建築師-建築結構#16）

【解析】

$$\delta = \frac{PL}{EA} = \frac{(120)(3\times10^3)}{(200)(300)} = 6mm$$

（B）13.正方形斷面面積為 A，承受剪力 V，則此斷面之最大剪應力為何？

(A) 1.0 V/A (B) 1.5 V/A (C) 2.0 V/A (D) 2.5 V/A

（107 建築師-建築結構#22）

【解析】

矩形（含方形）斷面的最大剪應力為 $\frac{3}{2}\frac{V}{A}$

PS：圓形則為 $\frac{4}{3}\frac{V}{A}$

（D）14.如圖所示之懸臂柱構件頂端承受軸壓力 N 與側力 V，構件斷面寬與深分別為 B 與 D。若忽略自重，當軸壓應力可剛好抵銷柱底最大撓曲拉應力，使斷面完全受壓時，N 與 V 之比值為何？

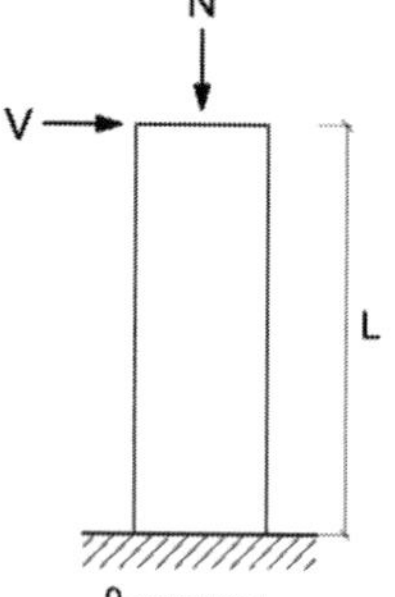

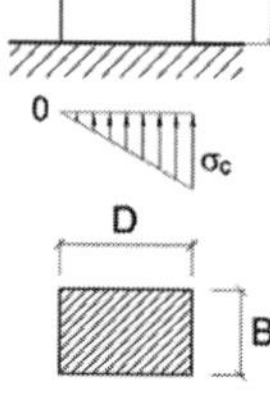

(A) 2D/3L (B) 3L/2D

(C) 3D/L (D) 6L/D

（107 建築師-建築結構#26）

【解析】

$$\sigma = \frac{P}{A} + \frac{My}{I} \Rightarrow 0 = \frac{-N}{BD} + \frac{(VL)\left(\frac{D}{2}\right)}{\frac{1}{12}BD^3} \Rightarrow N = V\frac{1}{6}\frac{L}{D} \quad \therefore \frac{N}{V} = \frac{1}{6}\frac{L}{D}$$

（B）15.下列單位中，何者不適合用於混凝土抗壓強度 f_c'？

(A) Mpa (B) kgf/cm (C) psi (D) N/m^2

（107 建築師-建築結構#29）

【解析】

混凝土的抗壓強度為應力單位，應力單位為 $\frac{力量}{面積}$。

故(B)答案不適用於混凝土抗壓強度 f_c'。

（D）16.如圖所示，不同材料之矩形斷面梁在彎矩作用下，其撓曲應力分布之敘述何者錯誤？

(A)圖(a)係鋼骨斷面在線彈性階段之撓曲應力

(B)圖(b)係鋼骨斷面在完全塑性階段之撓曲應力

(C)圖(c)係鋼筋混凝土斷面在極限狀態時混凝土之等效矩形應力

(D)圖(d)係木材斷面在線彈性階段之撓曲應力

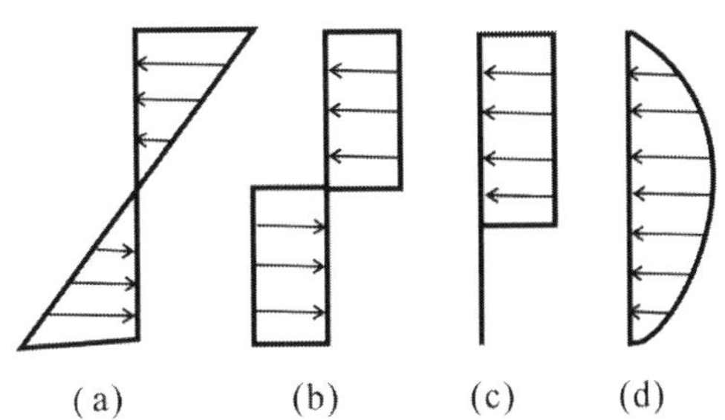

（107 建築師-建築結構#37）

【解析】

（1）鋼骨斷面（韌性材料）在撓曲應力在線彈性階段時，中性軸上下方會是三角形的線形分布，如圖(a)，故(A)對。

（2）鋼骨斷面（韌性材料）到了塑性的全斷面降伏階段時，中性軸上下方會呈現矩形分布，如圖(b)，故(B)對。

（3）鋼筋混凝土的混凝土斷面在極限狀態下，混凝土的應力會被模擬成 whitney 的矩形應力塊，如圖(c)，故(C)對。

（4）木材斷面在線彈性階段之撓曲應力，也會是三角形的線形分布，如(a)圖般，故(D)答案是錯誤的。

（D）17.由三塊寬度 $b = 200$ mm，厚度 $t = 22$ mm 之鋼板組成 I 型鋼斷面，則該鋼斷面之強軸慣性矩約為多少 mm^4？

(A) 1.01×10^7　(B) 5.61×10^7　(C) 8.46×10^7　(D) 12.35×10^7

（108 建築師-建築結構#8）

（A）18.承上題，試求該鋼斷面之斷面模數約為多少 mm^3？

(A) 1.01×10^6　(B) 5.61×10^6　(C) 8.46×10^6　(D) 12.35×10^6

（108 建築師-建築結構#9）

【解析】

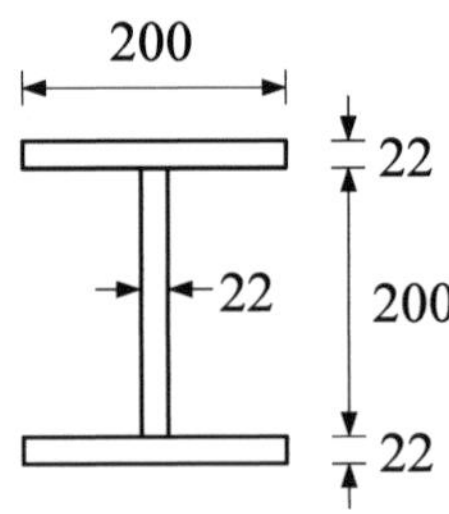

（1）$I=\frac{1}{12}\left(200\times244^3\right)-\frac{1}{12}\left(178\times200^3\right)=123446400\ mm^4$ ⇒第 17 題答案選(D)

（2）$S=\frac{I}{y_{\max}}=\frac{123446400}{122}=1011856\ mm^4$ ⇒第 18 題答案選(A)

（C）19.工程上，常以英制 psi（lb/in^2）來稱呼所需混凝土之規定抗壓強度，則 4000 psi 混凝土約合多少公制（kgf/cm^2）之抗壓強度？

(A) 180　(B) 210　(C) 280　(D) 350

（108 建築師-建築結構#24）

【解析】

$1psi=0.07\ kgf/cm^2 \Rightarrow 4000psi=280\ kgf/cm^2$

（B）20.如圖所示之 C 型斷面，對通過其形心之 X 軸轉動時，斷面慣性矩（Moment of inertia）I 之大小為下列何者？

(A) 6.667×10^7 mm^4　(B) 3.936×10^7 mm^4　(C) 2.731×10^7 mm^4　(D) 1.344×10^7 mm^4

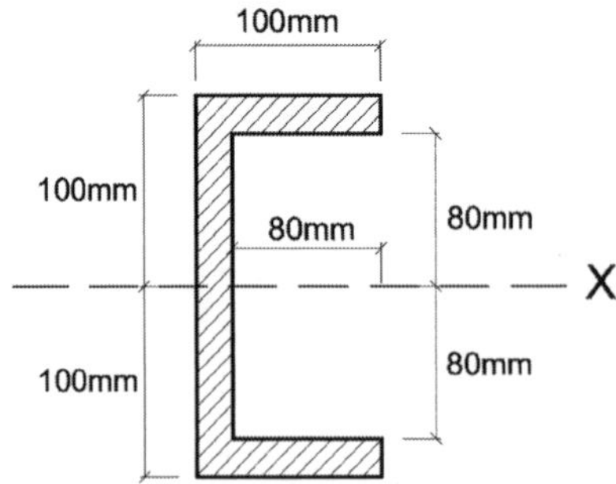

（108 建築師-建築結構#33）

【解析】

$I=\frac{1}{12}\times100\times200^3-\frac{1}{12}\times80\times160^3=39360000\ mm^4$

∴答案選(B)

（D）21.圖示具斜拉索 BC 之懸臂梁 AB 構造，當載重通過矩形梁之斷面形心，則何者不是固定端 As 所承受之應力？

(A)軸應力（axial stress）

(B)彎曲應力（bending stress）

(C)剪應力（shear stress）

(D)翹曲應力（warping stress）

（108 建築師-建築結構#35）

【解析】

固定端 A 處斷面內力有：
- 軸力 ⇒ 軸應力
- 剪力 ⇒ 剪應力
- 彎矩 ⇒ 彎曲應力

故 A 點不會有翹曲應力 ∴答案選(D)

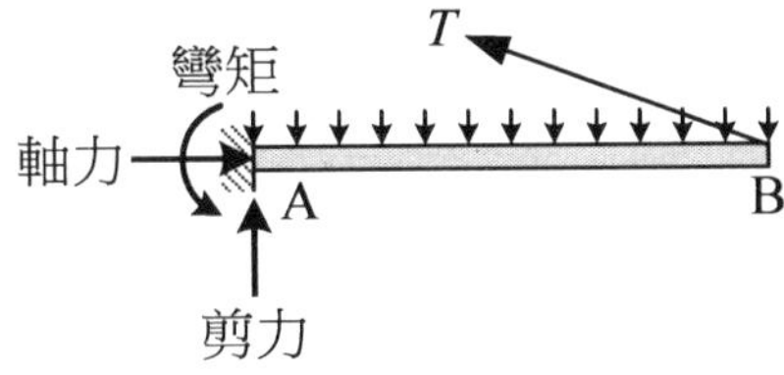

（D）22.有一圓形斷面原木，因乾縮出現斷面開裂，若擬作為簡支梁承受垂直向下載重，在考慮彎矩強度時下列何種擺放方式最不佳？

(A) 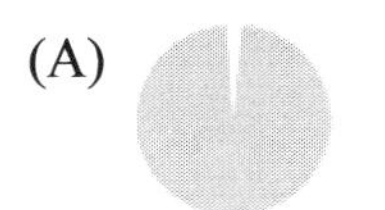 (B)  (C) 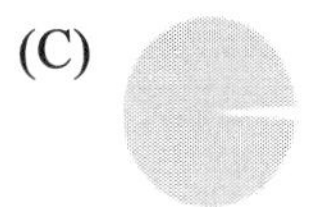 (D) 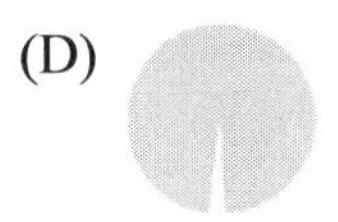

（109 建築師-建築結構#1）

【解析】

依木構造建築物設計及施工技術規範 5.2 受拉構材說明，在木材邊緣形成切口時，會引起應力偏心，軸向拉伸強度會顯著降低，依同規範 5.4.3 單一受彎構材之撓曲應力計算，受拉側有切口者，有效斷面模數變小甚多，致計算之設計應力變大，簡支梁受垂直向下載重之彎矩造成梁上受壓，梁下受拉，缺口擺在拉力側為最不佳之設計，選項(D)。

（A）23.若一懸臂梁為實心圓桿，下列何者受力情況，桿件斷面不會產生剪應力？

(A)軸向壓力　　(B)垂直向均佈載重

(C)垂直向集中載重　　(D)扭矩使繞其縱軸扭轉

（109 建築師-建築結構#25）

【解析】

(A)軸向壓力所造成的應力為正向應力。

(B)垂直均佈載重會對斷面造成剪力 V 與彎矩 M，其中剪力 V 會造成剪應力。

(C)集中載重會對斷面造成剪力 V 與彎矩 M，其中剪力 V 會造成剪應力。

(D)扭矩會對斷面造成扭力，扭力會對斷面造成扭轉剪應力。

故答案選(A)

【特別說明】

本題具有爭議性，因為若考慮「應力轉換」，則軸力造成的正向應力經「應力轉換」後，也會出現剪應力，本題會無解。

（B）24.如圖示之均質矩形斷面，對於形心水平軸 x 之面積慣性矩記為 I_{xx}，而對於矩形底邊水平軸 X 之面積慣性矩記為 J_{XX}，則 J_{XX}/I_{xx}=？

(A) 3　　(B) 4　　(C) 6　　(D) 8

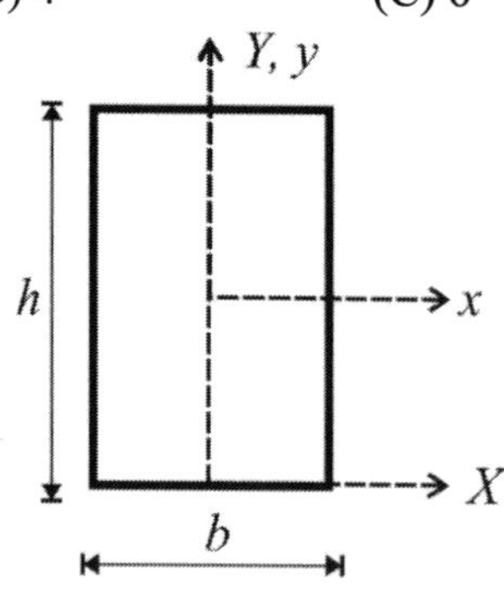

（109 建築師-建築結構#26）

【解析】

$$\left.\begin{aligned} I_{xx} &= \frac{1}{12}bh^3 \\ J_{xx} &= \frac{1}{3}bh^3 \end{aligned}\right\} \Rightarrow \frac{J_{xx}}{I_{xx}} = \frac{\frac{1}{3}bh^3}{\frac{1}{12}bh^3} = 4$$

（C）25.下列何者最不適合視為等向性（isotropic）材料？

(A)鋁　(B)鋼鐵　(C)木材　(D)混凝土

（109 建築師-建築結構#28）

【解析】

木材與混凝土，理應都是「非等向性材料」，但題目說「**最不適合視為等向性材料**」，因此答案選(C)木材。

（A）26.均質材料之柏松比（poisson ratio）定義為構件受拉伸或壓縮力時，其橫向應變與縱向應變的絕對比值，以符號 ν 表示，則其範圍為何？

(A)$0 < \nu < 0.5$　(B)$0 < \nu < 1.0$　(C)$0.5 < \nu < 1.0$　(D)$0.3 < \nu < 0.8$

（109 建築師-建築結構#29）

【解析】

(1)「材料力學」中有一項參數稱為體積模數 k，其定義為：

$k = \dfrac{E}{3(1-2\nu)}$（有興趣的同學可參閱材料力學相關書籍）

因為 k 不可能為負值，故 $(1-2\nu) > 0 \Rightarrow$ 因此 $\nu < 0.5$

(2) 柏松比 ν 必定大於 $0 \Rightarrow$ 因此 $\nu > 0$

(3) 綜合前述：柏松比 ν 的理論範圍為 $0 < \nu < 0.5$

（C）27.一受均布載重的簡支矩形梁，若承載能力由梁斷面的開裂應力所控制，當梁寬不變而梁深加倍，且不計梁自重時，則梁深增加後均布載重的承載能力為原梁的幾倍？

(A) 1 倍　(B) 2 倍　(C) 4 倍　(D) 8 倍

（110 建築師-建築結構#21）

【解析】

$M_a = \sigma_a \cdot S = \sigma_a \cdot \dfrac{1}{6} bh^2$，當梁深 h 增加一倍為 2h 時，斷面模數 S 會增大 4 倍，故承載能力為原梁的 4 倍。

（C）28.以下關於材料力學中常用物理量之單位，何者錯誤？

(A)彈性模數：MPa　(B)應力：Mpa

(C)應變：cm　(D)波松比：無因次量

（110 建築師-建築結構#22）

【解析】

正應變 ε 為長度變化百分比，為無因次項。

剪應變 γ 為角度變化量，單位為徑度 rad，亦為無因次項。

故應變為無因次項，(C)答案錯誤。

（A）29.一簡支梁跨距為 5 m，分別受到以下兩種載重形式：（A）跨距中央受到集中載重 10 kN（B）全梁受到均布載重 2 kN/m。試問 A 載重形式下所產生的最大變形為 B 所產生的最大變形的幾倍？

(A) 8/5 倍　(B) 4/3 倍　(C) 1.5 倍　(D) 3/4 倍

（110 建築師-建築結構#26）

【解析】

（1）A 受力形式：$\Delta_A = \frac{1}{48}\frac{PL^3}{EI} = \frac{1}{48}\frac{10\times5^3}{EI} = \frac{1}{48}\frac{1250}{EI}$

B 受力形式：$\Delta_B = \frac{5}{384}\frac{wL^4}{EI} = \frac{5}{384}\frac{2\times5^4}{EI} = \frac{1}{384}\frac{6250}{EI}$

$$\frac{\Delta_A}{\Delta_B} = \frac{\frac{1}{48}\frac{1250}{EI}}{\frac{1}{384}\frac{6250}{EI}} = \frac{8}{5}$$

（2）$M_a = \sigma_a \cdot S$

$$\Rightarrow M_y = \sigma_y \cdot S = 50 \cdot \frac{1}{6}(60)(120)^2 = 7200000N-mm = 7.2\ kN-m$$

① A 受力形式的最大彎矩：

$$(M_A)_{\max} = \frac{1}{4}PL = \frac{1}{4}(10\times5) = 12.5\ kN-m > M_y$$

∴A受力形式會導致彎矩降伏

② B 受力形式的最大彎矩：

$$(M_B)_{\max} = \frac{1}{8}wL^2 = \frac{1}{8}(2\times5^2) = 6.25\ kN-m < M_y$$

∴B受力形式不會導致彎矩降伏

（A）30.承上題，若材料的降伏強度為 50 MPa，梁斷面寬度與深度分別為 6 cm 及 12 cm，則上述兩種載重造成下列何種結果？

(A)僅 A 載重造成彎矩降伏　(B)僅 B 載重造成彎矩降伏

(C)兩種載重都造成梁彎矩降伏　(D)兩種載重下梁都維持彈性

（110 建築師-建築結構#27）

（B）31.某材料應力與應變關係如圖所示，試問其彈性模數為何？

(A) 25 GPa (B) 50 Gpa (C) 150 MPa (D) 250 Mpa

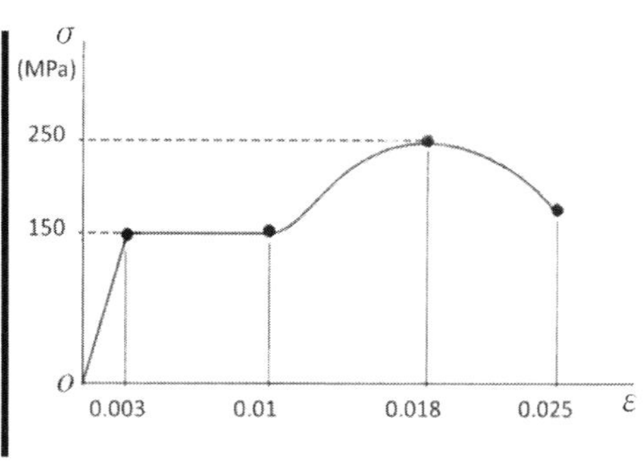

（111 建築師-建築結構#1）

【解析】

$$E = \frac{150}{0.003} = 50 \times 10^3 \, MPa = 50GPa$$

（A）32.下列混凝土抗壓強度：甲、3000 psi，乙、280 kgf/cm^2，丙、30 MPa，丁、35 N/mm^2，其大小順序為何？

(A)甲＜乙＜丙＜丁 (B)丙＜甲＜乙＜丁

(C)乙＜丁＜丙＜甲 (D)丙＜乙＜丁＜甲

（111 建築師-建築結構#3）

【解析】

甲：$3000\,psi = 210\;kgf/cm^2 = 210 \times 9.81\;N/(10mm)^2 = 20.601\;N/mm^2$

乙：$280\;kgf/cm^2 = 280 \times 9.81\;N/(10mm)^2 = 27.468\;N/mm^2$

丙：$30MPa = 30\;N/mm^2$

丁：$35\;N/mm^2$

（D）33.下圖為一鋼結構的梁柱接頭所使用鋼材之拉力試驗結果，於 C 點發生材料斷裂，下列敘述何者正確？

(A) AB 兩點的應力差異越小越好

(B) C 點的應變與 A 點越接近，耗能能力越佳

(C) 測試件斷裂後長度除上原來長度為伸長率

(D) C 點的應變越大延性越佳

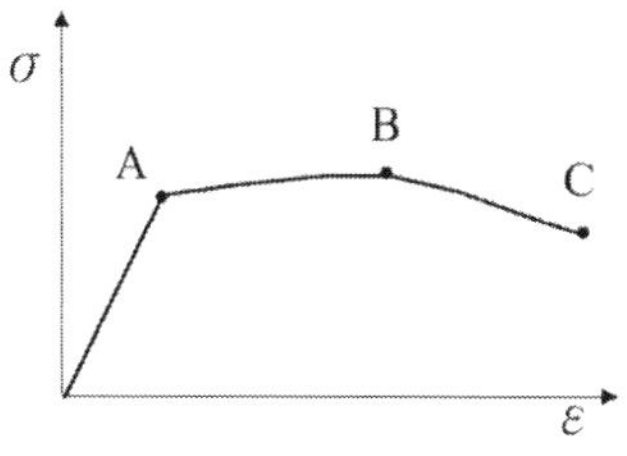

（111 建築師-建築結構#7）

【解析】

(A)AB 兩點應力差異越**大**越好

(B)C 點的應變與 A 點越**遠**，耗能能力越佳

(C)$\dfrac{\text{斷裂後長度}-\text{原長}}{\text{原長}}=\text{伸長率}$

（C）34.有關一般混凝土材料的敘述，下列何者正確？

(A)水灰比越大抗壓強度越大　(B)澆置 7 天後約可得 28 天強度 90%

(C)強度越高混凝土破壞越偏向脆性　(D)相較於鋼材，混凝土潛變不明顯

（111 建築師-建築結構#8）

【解析】

(A)水灰比越大，強度越**低**

(B)澆置 7 天後強度約為 28 天強度的 60%~70%

(D)混凝土的潛變比鋼材**明顯**

（C）35.有一長度為 L，直徑為 d 之圓桿，彈性模數為 E，波松比（Poisson's ratio）為 v，受到軸向拉力 P，下列敘述何者正確？

(A)剪力彈性模數 G = E/(1+2v)　(B)直徑的變化量為 2vPd/EA

(C)體積改變量為(π/4d^2 LP(1-2v))/AE　(D)體積減少

（111 建築師-建築結構#9）

【解析】

(A)$G=\dfrac{E}{2(1+\nu)}$

(B)軸向應變 $\varepsilon_x=\dfrac{\sigma}{E}=\dfrac{P}{EA}$（伸長）

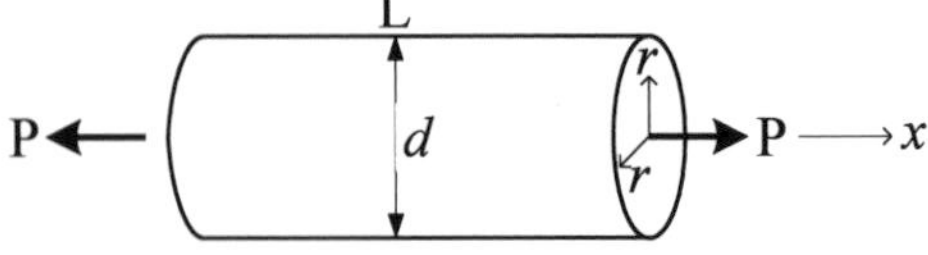

根據波松比的定義：

$\nu=-\dfrac{\text{與受力垂直向應變}}{\text{受力方向應變}}\Rightarrow\nu=-\dfrac{\text{徑向應變}\varepsilon_r}{\text{軸向應變}\varepsilon_x}$

$\therefore$ 徑向應變 $\varepsilon_r=-\nu\cdot\varepsilon_x=-\nu\cdot\dfrac{P}{EA}$

$\therefore$ 直徑變化量 $=\varepsilon_r\cdot d=-\nu\cdot\dfrac{Pd}{EA}$

(C)體積改變量

$$\text{體積變化率}e=\varepsilon_x+\varepsilon_r+\varepsilon_r=\varepsilon_x+2\varepsilon_r=\frac{P}{EA}+2\left(-\nu\cdot\frac{P}{EA}\right)=\frac{P(1-2\nu)}{EA}$$

$$\Delta V=V\times\text{體積變化率}e=\left(\frac{\pi d^2}{4}L\right)\frac{P(1-2\nu)}{EA}$$

(D)體積變化率$e=\dfrac{P(1-2\nu)}{EA}\geq 0\Rightarrow$體積增加（因為$\nu\leq 0.5$）

（B）36. 下圖之實線為混凝土的應力-應變曲線，圖中 A 線為通過原點的初始切線剛度，B、C、D 分別為原點通過圖示特定點之割線剛度。就混凝土結構設計規範的定義，混凝土之彈性模數是以那一條線為代表？

(A) A 線 (B) B 線 (C) C 線 (D) D 線

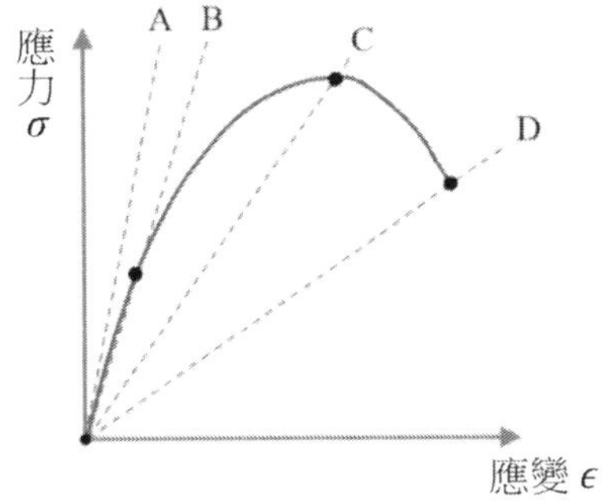

（111 建築師-建築結構#21）

【解析】

混凝土的彈性模數為通過原點的割線剛度，其上限約在範圍約在$0.45f_c'$左右，因此選(B)。

（#）37. 如圖所示桿件受軸向外力作用，F_1 = 100 kN，F_2 = 500 kN，則 A、B 處反力大小為何？【一律給分】

(A) R_A = 250 kN, R_B = 350 kN (B) R_A = 270 kN, R_B = 330 kN

(C) R_A = 290 kN, R_B = 310 kN (D) R_A = 350 kN, R_B = 250 kN

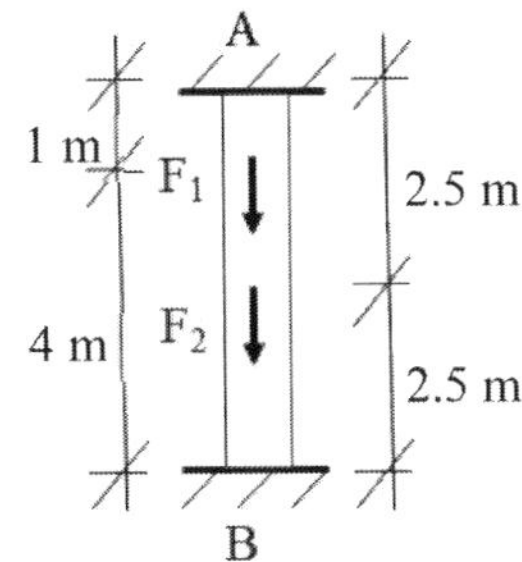

（111 建築師-建築結構#24）

【解析】

無解

$R_A = 500 \times \frac{1}{2} + 100 \times \frac{4}{5} = 330\ kN(\uparrow)$　　$R_B = 500 \times \frac{1}{2} + 100 \times \frac{1}{5} = 270\ kN(\uparrow)$

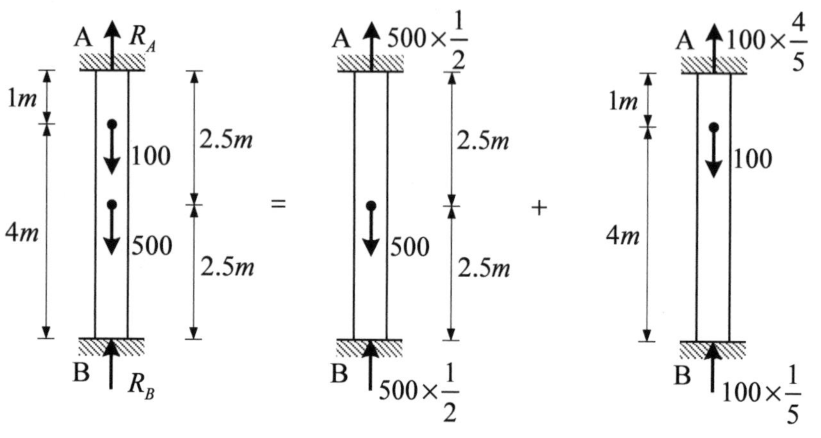

【近年無相關申論考題】

5 撓度計算

重點內容摘要

（一）

載重情形	變位與旋轉角
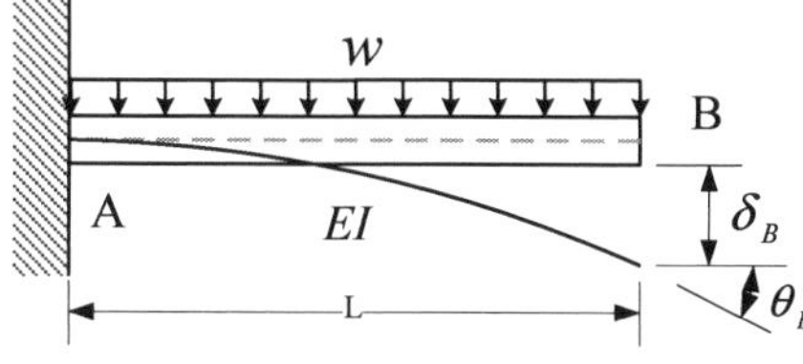	$\delta_B=\dfrac{wL^4}{8EI}$ ，$\theta_B=\dfrac{wL^3}{6EI}$
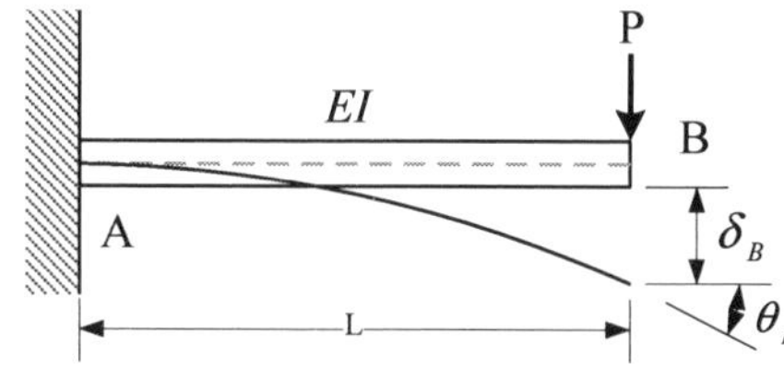	$\delta_B=\dfrac{PL^3}{3EI}$ ，$\theta_B=\dfrac{PL^2}{2EI}$
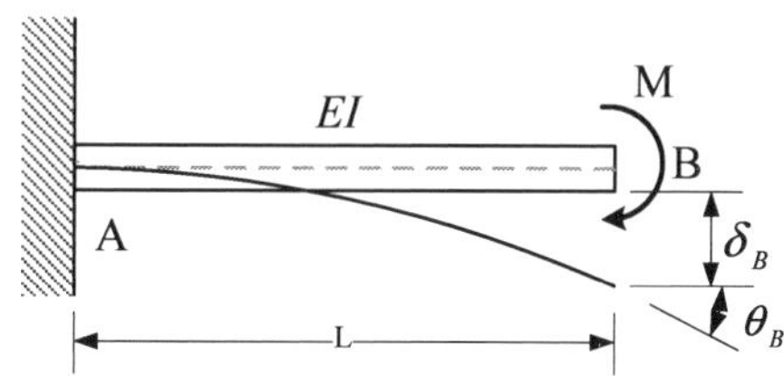	$\delta_B=\dfrac{ML^2}{2EI}$ ，$\theta_B=\dfrac{ML}{EI}$
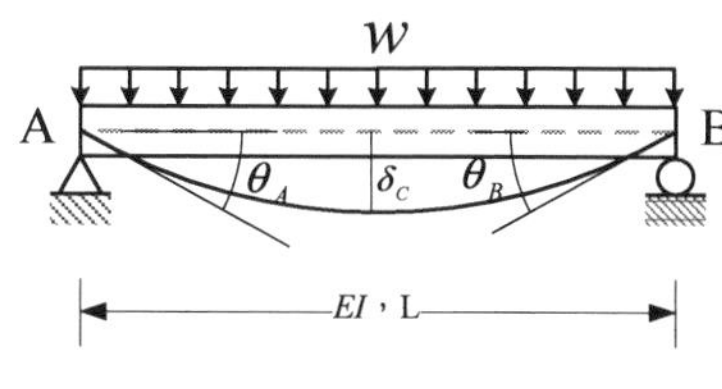	$\delta_C=\dfrac{5wL^4}{384EI}$ ，$\theta_A=\theta_B=\dfrac{wL^3}{24EI}$
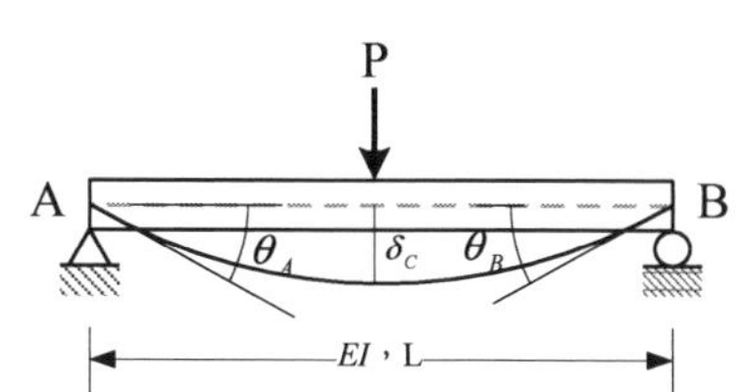	$\delta_C=\dfrac{PL^3}{48EI}$ ，$\theta_A=\theta_B=\dfrac{PL^2}{16EI}$
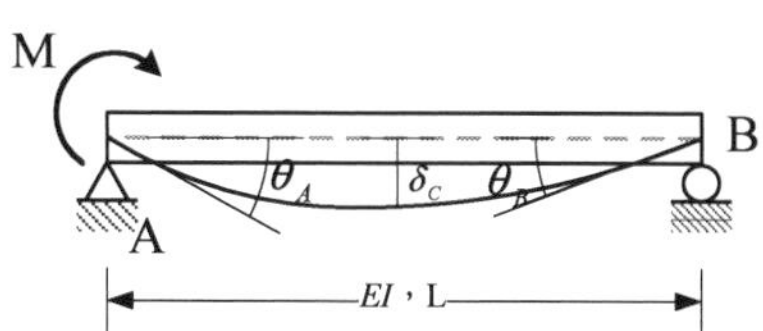	$\delta_C=\dfrac{ML^2}{16EI}$ ，$\theta_A=\dfrac{ML}{3EI}$ ，$\theta_B=\dfrac{ML}{6EI}$

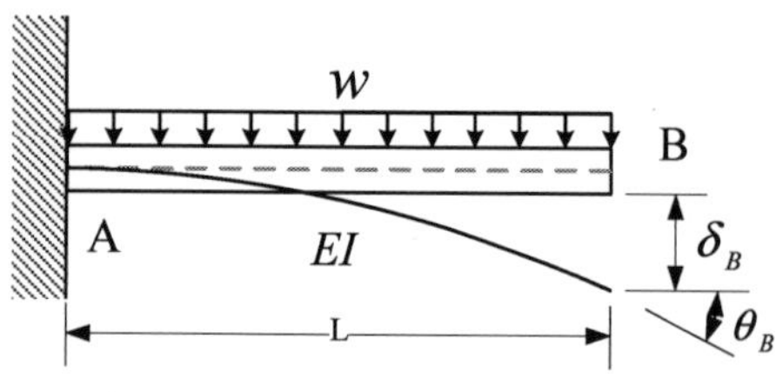

$$\delta_B = \frac{wL^4}{8EI} \quad , \theta_B = \frac{wL^3}{6EI}$$

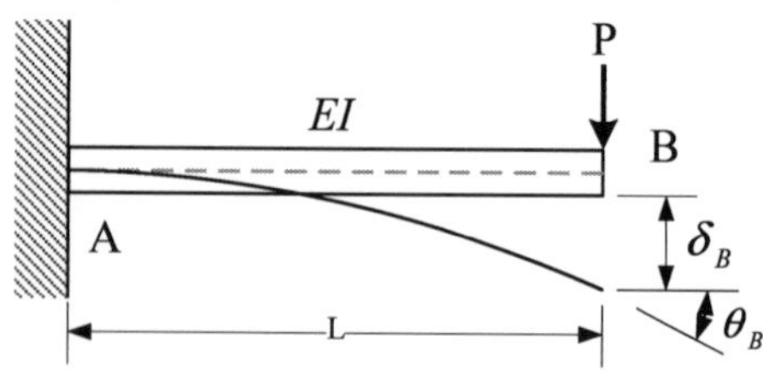

$$\delta_B = \frac{PL^3}{3EI} \quad , \theta_B = \frac{PL^2}{2EI}$$

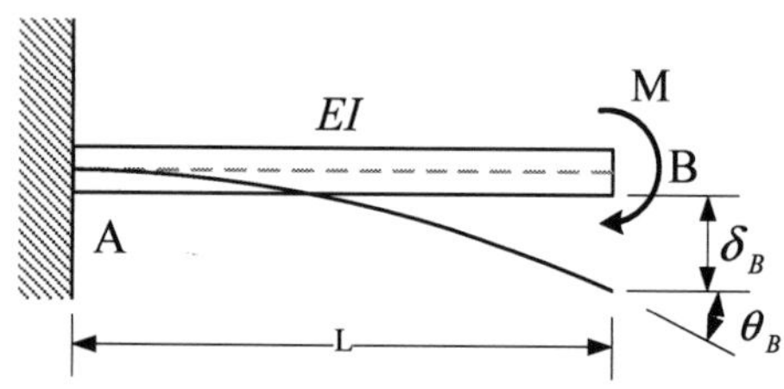

$$\delta_B = \frac{ML^2}{2EI} \quad , \theta_B = \frac{ML}{EI}$$

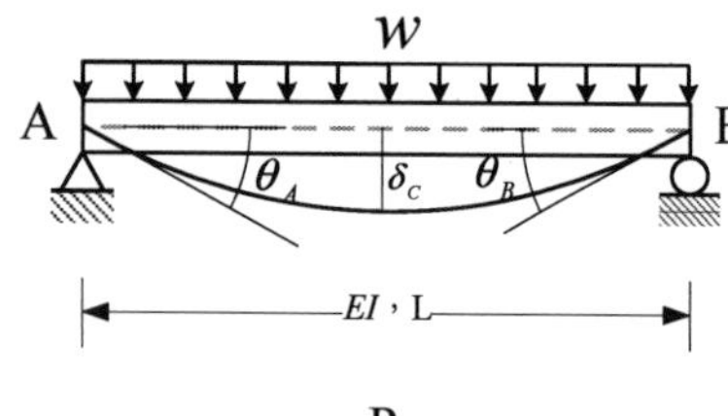

$$\delta_C = \frac{5wL^4}{384EI} \quad , \theta_A = \theta_B = \frac{wL^3}{24EI}$$

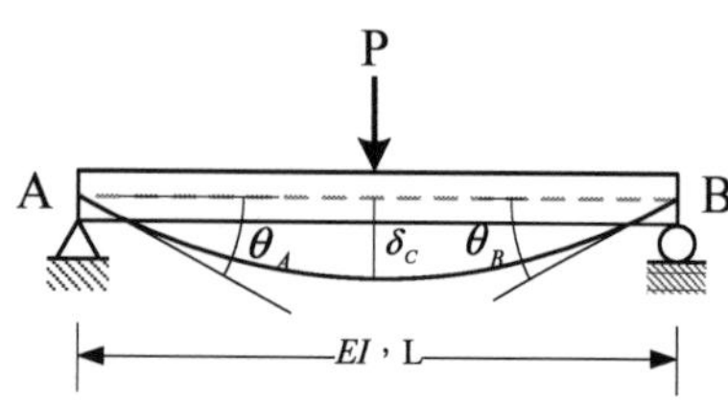

$$\delta_C = \frac{PL^3}{48EI} \quad , \theta_A = \theta_B = \frac{PL^2}{16EI}$$

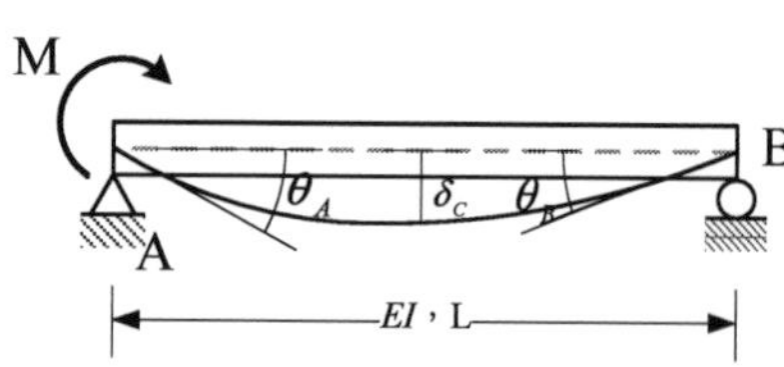

$$\delta_C = \frac{ML^2}{16EI} \quad , \theta_A = \frac{ML}{3EI} \quad , \theta_B = \frac{ML}{6EI}$$

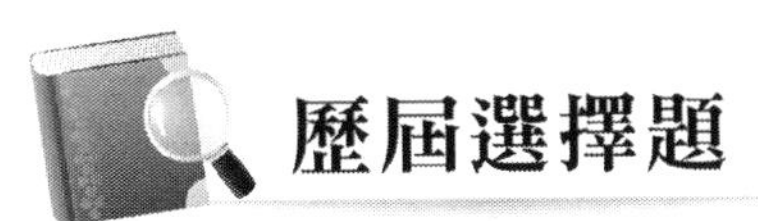

歷屆選擇題

（B）1. 圖(a)所示懸臂梁在自由端承受 P 的集中載重，梁的斷面分別選用正方形斷面以及圓形斷面，如圖(b)所示。當使用相同材料，且兩者的斷面積相等時，正方形斷面梁的最大變位為圓形斷面梁的多少倍？

(A) 1.047　(B) 0.955　(C) 0.846　(D) 1.182

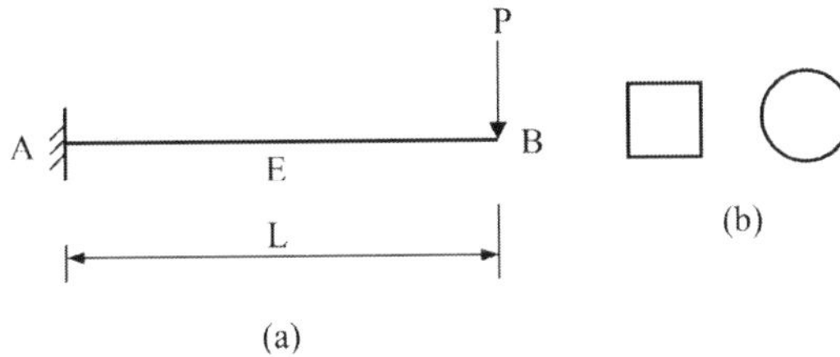

(a)

（106 建築師-建築結構#9）

【解析】參考九華講義-建築結構 第四章

懸臂梁變位公式 $\triangle = \frac{PL^3}{3EI}$

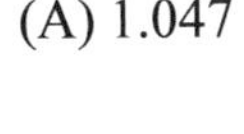

方形與圓形慣性矩 I 值不同

I（方形）$= \frac{bh^3}{12} = \frac{1 \times 1^3}{12} = 0.083$

I（圓形）$= \frac{\pi d^4}{64} = \frac{3.14 \times (2 \times 0.56)^4}{64} = 0.077$

(1 ÷ I (方形)　÷ (1 ÷ I (圓形)) = (1 ÷ 0.083) ÷ (1 ÷ 0.077) = 0.077 ÷ 0.083 = 0.9277

得出來的數字與選項(B) 0.955 最接近

（D）2. 承上題，正方形斷面梁的最大應力為圓形斷面梁的多少倍？

(A) 1.047　(B) 0.955　(C) 1.182　(D) 0.846

（106 建築師-建築結構#10）

【解析】參考九華講義-建築結構 第四章

應力 $= \frac{M}{S}$

$b = \frac{(\sqrt{\pi})}{2} \times D$

S（方形）$= \frac{(b \times b^2)}{6}$

代入公式 $M \div \frac{(b \times b^2)}{6} = \frac{6M}{b^3}$

S（圓形）$= \frac{(\pi D^3)}{32}$

代入公式 $\frac{M}{(\pi D^3) \div 32} = \frac{32M}{\pi D^3}$

$\frac{6M \div (\sqrt{\pi} \div 2 \times D) \times 3}{32M \div \pi D^3} = 0.846$

（D）3. 下圖簡支梁之跨度為 L。已知材料之彈性係數為 E，梁斷面之慣性矩為 I。今於跨度中央處施加一集中荷重 P，則該梁於跨度中央處之撓度應為：

(A) $PI/(48EL^3)$　(B) $PL/(48EI^3)$　(C) $PE/(48IL^3)$　(D) $PL^3/(48EI)$

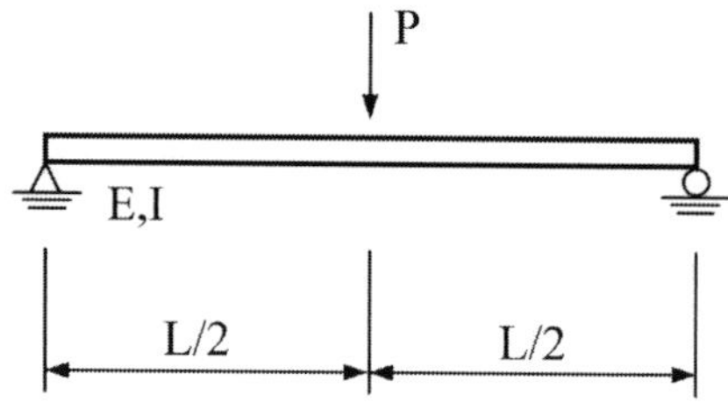

（106 建築師-建築結構#26）

【解析】參考九華講義-建築結構 第六章

桿件中央之饒度 $= \frac{(PL^3)}{48EI}$

（D）4. 下圖之懸臂梁，端點 B 承受一集中載重 P，則 B 點之垂直位移為：

(A) $\frac{PL^2}{2EI}$　(B) $\frac{PL^2}{3EI}$　(C) $\frac{PL^3}{2EI}$　(D) $\frac{PL^3}{3EI}$

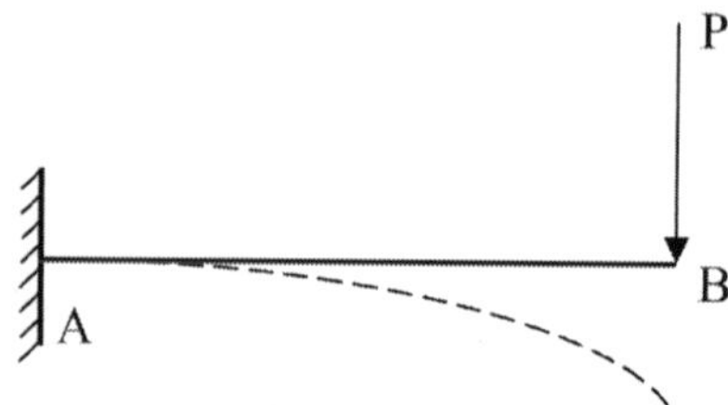

（106 建築師-建築結構#27）

【解析】參考九華講義-建築結構 第六章

B 點之垂直位移 $= PL \times \frac{L}{EI} \times \frac{L}{3} = \frac{(PL^3)}{3EI}$

（D）5. 一簡支梁跨距長 L，受到均勻分布載重 w 之作用。若其他條件不變，載重改為梁中央受集中外力 P = wL 作用，則梁中央之彎矩為原來的幾倍？

(A) 2/3　(B) 1　(C) 5/8　(D) 2

（107 建築師-建築結構#3）

【解析】

受均佈載重時，中點彎矩為 $M_1 = \frac{wL^2}{8}$

受集中外力時，中點彎矩為 $M_2 = \frac{PL}{4} = \frac{wL(L)}{4} = \frac{wL^2}{4}$

$$\frac{M_2}{M_1} = \frac{\frac{wL^2}{4}}{\frac{wL^2}{8}} = 2$$

（C）6. 承上題，則梁中央之撓度為原來的幾倍？

(A) 2/3　(B) 1　(C) 8/5　(D) 2

（107 建築師-建築結構#4）

【解析】

受均佈載重時，中點撓度為 $\Delta_1 = \frac{5}{384}\frac{wL^4}{EI}$

受集中外力時，中點撓度為 $\Delta_2 = \frac{1}{48}\frac{PL^3}{EI} = \frac{1}{48}\frac{(wL)L^3}{EI} = \frac{1}{48}\frac{wL^4}{EI}$

$$\frac{\Delta_2}{\Delta_1} = \frac{\frac{1}{48}\frac{wL^4}{EI}}{\frac{5}{384}\frac{wL^4}{EI}} = \frac{8}{5}$$

（C）7. 如圖所示的剛構架，AB 及 BC 之材質與斷面均相同，A 點承受一垂直力 P 之作用，下列有關 A 點處之水平位移 Δ_{AH} 及垂直位移 Δ_{AV} 之敘述，何者正確？

(A) $\Delta_{AH}=0, \Delta_{AV}=0$　　(B) $\Delta_{AH}=0, \Delta_{AV}\neq 0$

(C) $\Delta_{AH}<\Delta_{AV}$　　(D) $\Delta_{AH}>\Delta_{AV}$

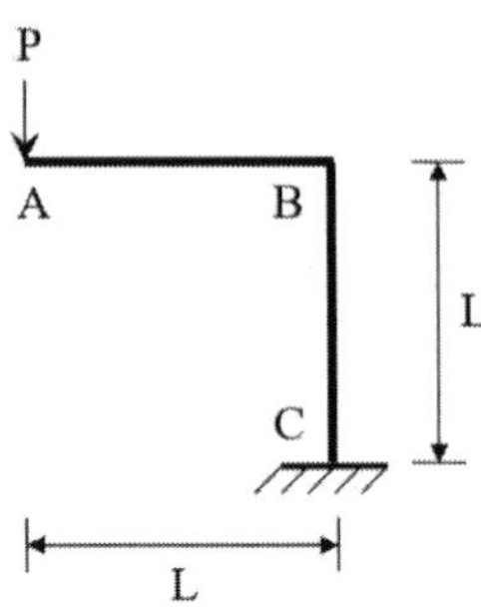

（108 建築師-建築結構#1）

【解析】

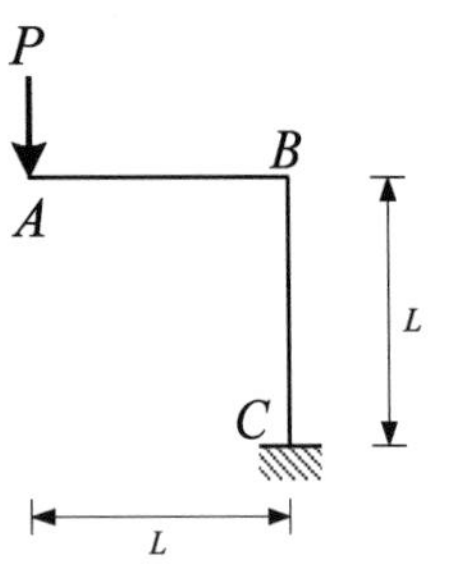

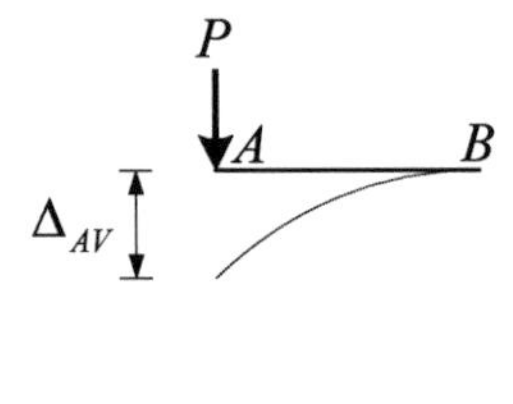

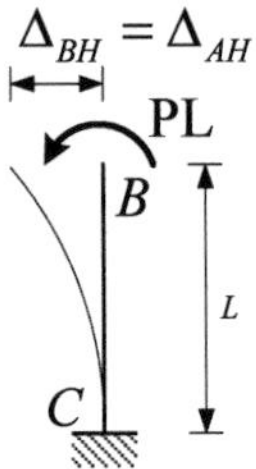

$$\Delta_{AV}=\frac{1}{3}\frac{PL^3}{EI}$$

$$\Delta_{BH}=\frac{1}{2}\frac{(PL)L^2}{EI}=\frac{1}{2}\frac{PL^3}{EI}=\Delta_{AH}$$

$\Rightarrow \Delta_{AH}<\Delta_{AV}$，故答案選(C)

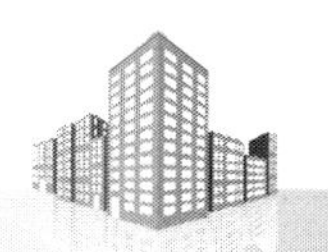

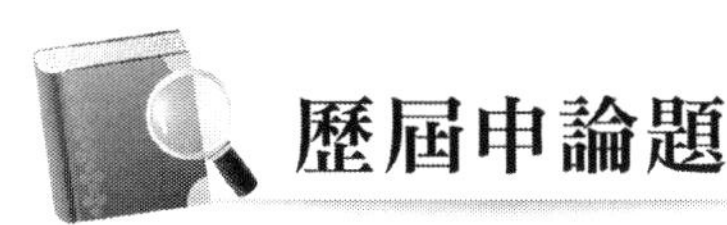

歷屆申論題

一、現有一簡支小梁，欲選用如下圖所示的 A、B、C 三種斷面。若因淨高及材料用量限制，三種斷面的梁高同為 60 cm，且斷面積相同，而 B、C 斷面的上下翼板與腹板厚度皆為 10 cm。當矩形斷面 A 之梁寬 $b_1 = 30$ cm 時，試問：

（一）斷面 B、C 的梁寬 b_2 及 b_3 分別為何？（6 分）

（二）A、B、C 三者斷面中心橫軸的慣性矩 I 值分別為何？（6 分）

（三）若選用箱形斷面 B 及 H 形斷面 C 時，則小梁最大撓度分別為矩形斷面 A 的多少百分比？（8 分）

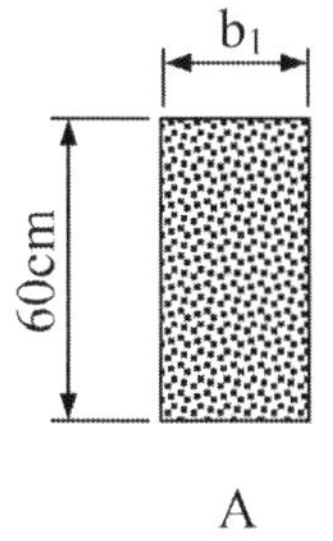

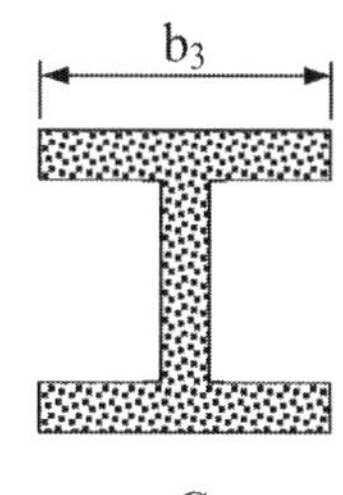

A　　B　　C

（106 建築師-建築結構#3）

參考題解

（一）已知 $b_1 = 30\ cm$，斷面 A 面積 $A_1 = 60 \times 30 = 1800\ cm^2$

依題意知斷面 B 與斷面 C 之斷面積與斷面 A 相同

斷面 B 面積 $A_2 = 10 \times b_2 \times 2 + 40 \times 10 \times 2 = 1800\ cm^2$，得 $\underline{b_2 = 50\ cm}$

斷面 C 面積 $A_3 = 10 \times b_3 \times 2 + 40 \times 10 = 1800\ cm^2$，得 $\underline{b_3 = 70\ cm}$

（二）依矩形面積慣性力矩公式及平行軸原理可得各斷面之慣性矩 I 值：

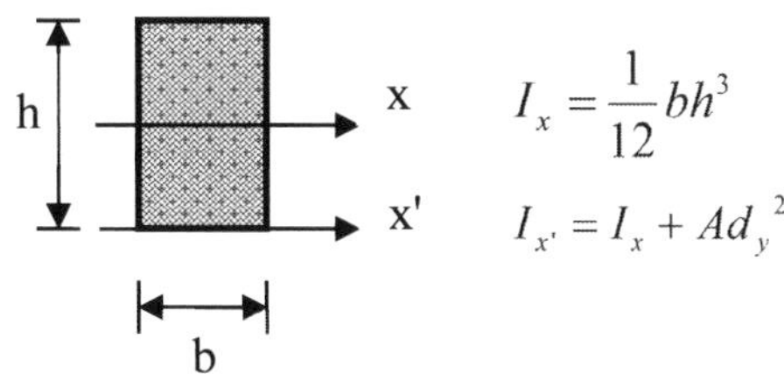

$$I_x = \frac{1}{12} bh^3$$

$$I_{x'} = I_x + Ad_y^{\ 2}$$

斷面 A：$I_A = \frac{1}{12} \times 30 \times 60^3 = \underline{540000\ cm^4}$

斷面 B：$I_B = \frac{1}{12} \times 10 \times 40^3 \times 2 + \frac{1}{12} \times 50 \times 10^3 \times 2 + 50 \times 10 \times 25^2 \times 2 = \underline{740000\ cm^4}$

斷面 C：$I_C = \frac{1}{12} \times 10 \times 40^3 + \frac{1}{12} \times 70 \times 10^3 \times 2 + 70 \times 10 \times 25^2 \times 2 = \underline{940000\ cm^4}$

（三）不同斷面簡支小梁之最大撓度比較：

簡支梁受均布載之最大撓度 $\delta = \frac{5wL^4}{384EI}$，可知 $\delta \propto \frac{1}{I}$

採用斷面 B 與斷面 A 之撓度比較：$\frac{\delta_B}{\delta_A} = \frac{1/I_B}{1/I_A} = \frac{1/740000}{1/540000} = 72.97\%$

採用斷面 C 與斷面 A 之撓度比較：$\frac{\delta_C}{\delta_A} = \frac{1/I_C}{1/I_A} = \frac{1/940000}{1/540000} = \underline{57.45\%}$

二、如下示意圖，ABD 為均勻矩形斷面的簡支梁、BC 為拉索段、A 與 D 為簡支端、B 為梁中點與拉索接合、E＝彈性模數；EI＝梁斷面的撓曲剛度（flexural rigidity）；EA_c＝拉索斷面軸向剛度（axial rigidity），已知 $H = L/3$。基於小變形 Euler-Bernoulli 梁理論，不計梁自重，在圖示 P 力通過梁中點 B 之斷面形心下。

（一）計算拉索 BC 之內力。（10 分）

（二）計算 B 點之位移。（10 分）

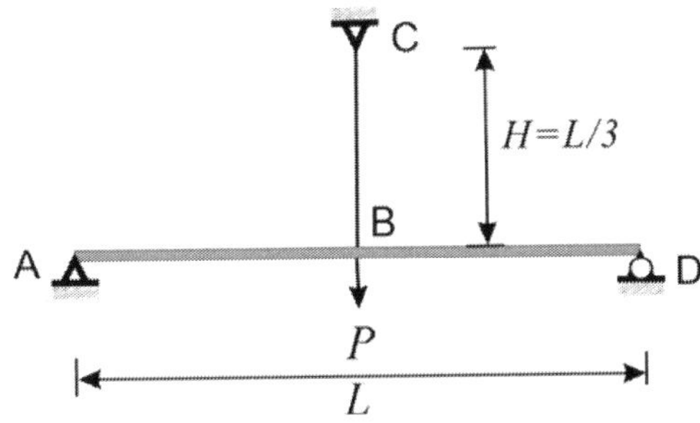

（107 地方三等-建築結構系統#1）

參考題解

（一）簡支梁中點受集中載 N，中點 B 向下位移，$\delta_{B1} = \frac{NL^3}{48EI}$

可知該點產生向下單位變形所需的力，即勁度 $K_1 = \frac{48EI}{L^3}$

BC 拉索受拉力產生向下單位變形所需的力，即勁度 $K_2 = \frac{EA_c}{H}$

B 為梁中點與拉索接合，該處兩者變位相同，受力依勁度分配

拉索 BC 受力 $S = \frac{K_2}{K_1+K_2}P = \frac{\frac{EA_c}{H}}{\frac{48EI}{L^3}+\frac{EA_c}{H}} = \frac{EA_cL^3}{48EIH+EA_cL^3}P$，$H = \frac{L}{3}$ 代入

得 $S = \frac{EA_cL^2}{16EI+EA_cL^2}P$

（二）B 點位移，$\delta_B = \frac{H}{EA_c}S = \frac{L/3}{EA_c} \times \frac{EA_cL^2}{16EI+EA_cL^2}P = \frac{PL^3}{48EI+3EA_cL^2}$

6 柱的挫曲

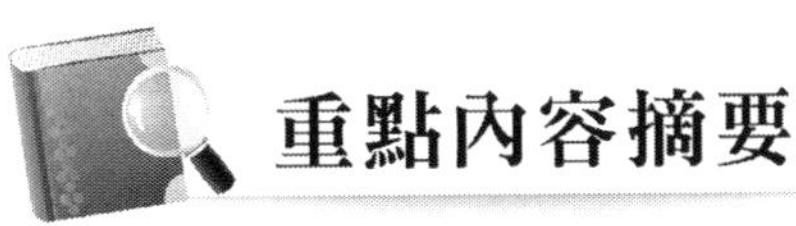

重點內容摘要

（一）桿件受「軸向壓力」才有挫曲現象。

（二）柱的挫曲強度：臨界載重 P_{cr}

公式：$P_{cr}=\dfrac{\pi^2 EI}{(kL)^2}$

E：彈性模數 → E **值大**→材料越硬→ P_{cr} 越**大**

I：斷面慣性矩 → I **值大**→斷面越大，越不易挫曲

L：柱長 → 細長比概念→越**短胖**越不易挫曲，越細長越容易挫曲

K：有效彈性係數→ 與桿件兩端束制性有關：

→柱端束制越強，其 k **值小**→則 P_{cr} 越**大**

（三）有效長度係數 k：

Step1：分類 $\begin{cases}\text{柱端是否可相對側移}\\ \text{柱端是否可旋轉}\end{cases}$

Step2：判斷柱端是否可以旋轉

1. 柱端無相對側移情況時

ⓐ兩端皆不可旋轉

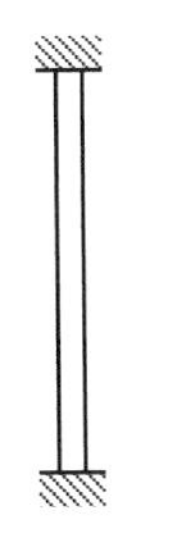

$k=0.5\ (0.65)$

ⓑ一端可旋轉

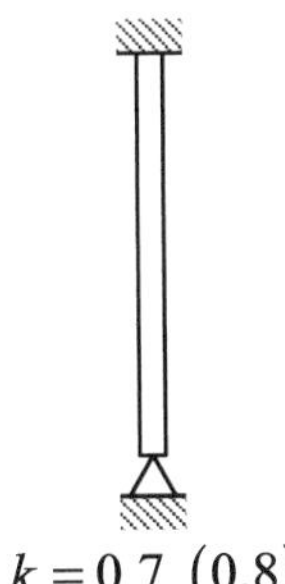

$k=0.7\ (0.8)$

ⓒ兩端皆可旋轉

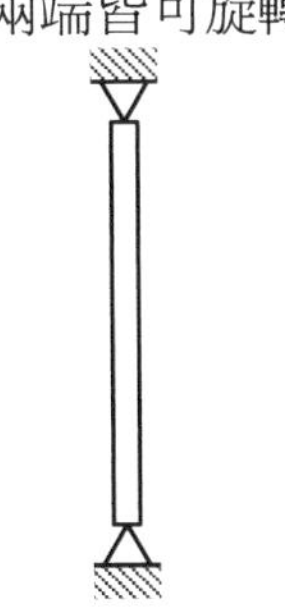

$k=1\ (1)$

2. 柱端可相對側移情況時

ⓐ兩端皆不可旋轉

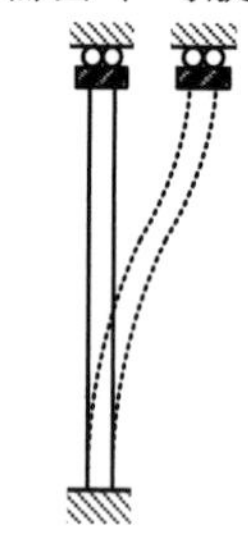

$k=1\ (1.2)$

ⓑ一端可旋轉 - A

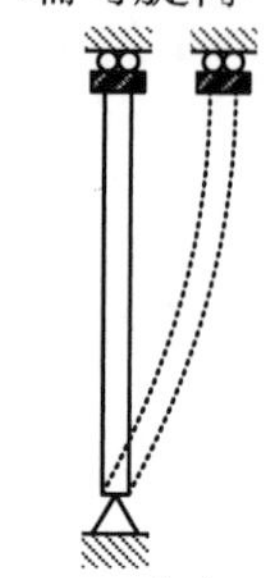

$k=2\ (2)$

一端可旋轉 - B

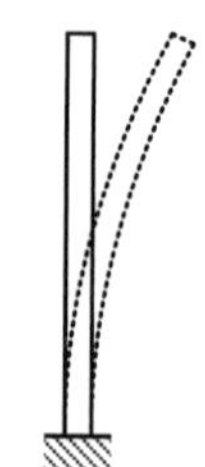

$k=2\ (2.1)$

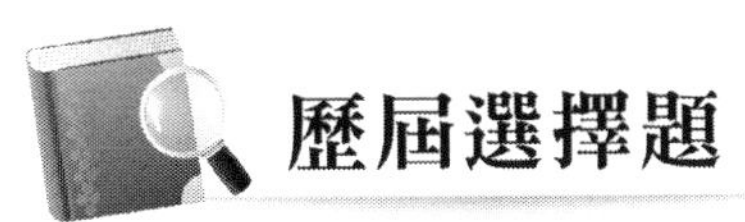

（B）1. 有一柱，若其有效長度及挫屈載重分別為 KL 與 P_{cr}，今將其有效長度增加一倍為 2KL，則該柱之挫屈載重為：

(A) $P_{cr}/2$　(B) $P_{cr}/4$　(C) $P_{cr}/8$　(D) $P_{cr}/16$

（105 建築師-建築結構#15）

【解析】參考九華講義-建築結構 第五章

$$Pcr = \frac{\pi^2 EI}{2KL}$$

代入：

$$Pcr' = \frac{\pi^2 EI}{4(KL)^2} = \frac{Pcr}{4}$$

（C）2. 下圖剛架中，若梁的勁度趨近於無限大，則柱挫屈的有效長度係數 K 值為何？

(A) 0.5　(B) 0.7　(C) 1　(D) 2

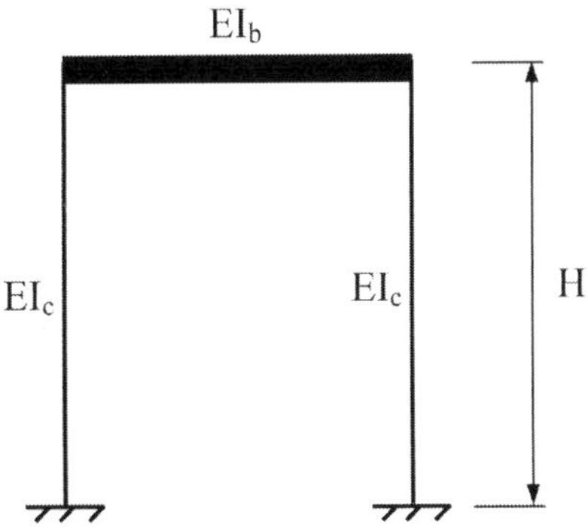

（106 建築師-建築結構#19）

【解析】參考九華講義-建築結構 第五章

題目所述剛架為柱端可相對側移，兩端皆不可旋轉，k = 1.0。

（B）3. 如圖示之剛構架，AB、BC、CD 之長度均為 L 且為相同斷面，EI =撓曲剛度，B、C 均為鉸接。當 P 作用在 BC 梁之中間位置時，此剛架之彈性挫曲載重（elastic buckling load）為 $P_{cr} = k \times EI(\pi/L)^2$，則 k 值為何？

(A) 1　　(B) 1/2

(C) 1/4　　(D) 1/8

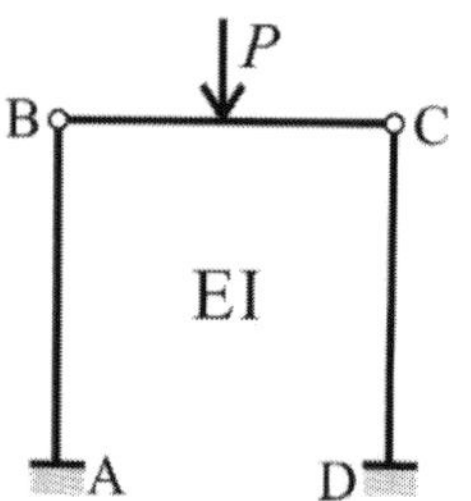

（109 建築師-建築結構#32）

【解析】

ABCD 構架可側移，故 AB 桿與 CD 桿的有效長度係數 $K=2$

每根柱子的 $P_{cr}=\dfrac{\pi^2 EI}{(KL)^2}=\dfrac{\pi^2 EI}{(2L)^2}=\dfrac{1}{4}\dfrac{\pi^2 EI}{L^2}$

整體構架的 $(P_{cr})_{剛架}=2\left(\dfrac{1}{4}\dfrac{\pi^2 EI}{L^2}\right)=\dfrac{1}{2}\dfrac{\pi^2 EI}{L^2}$

根據題意，$P_{cr}=k\times EI(\pi/L)^2$，因此 $k=\dfrac{1}{2}$，故答案選(B)。

（A）4. 柱 1、柱 2、柱 3 之長度、材料、斷面均同，其最小挫屈載重分別為 P_1、P_2、P_3，則：

(A) $P_3 > P_1 > P_2$　　(B) $P_1 > P_2 > P_3$　　(C) $P_2 > P_1 > P_3$　　(D) $P_3 > P_2 > P_1$

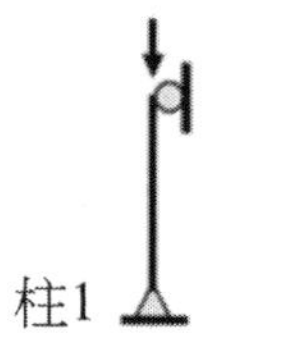

（111 建築師-建築結構#13）

【解析】

柱 1：$P_{cr}=\dfrac{\pi^2 EI}{L^2}$　　柱 2：$P_{cr}=\dfrac{\pi^2 EI}{(2L)^2}$　　柱 3：$P_{cr}=\dfrac{\pi^2 EI}{(0.7L)^2}$

【近年無相關申論考題】

7 靜定穩定分析

（一）**結構靜定度**之判定公式：$R=b+r-2j+S$

（二）R > 0　靜不定結構（超靜定）

　　R = 0　靜定結構

　　R < 0　不穩定結構

（三）靜定不一定穩定→結構穩定與否與靜不定度無關

（四）**結構穩定性**之判定

1. R < 0
2. 外部幾何不穩定
3. 內部幾何不穩定
4. 三鉸共線
5. 任意載重法

（五）簡易判定二次應力

靜定結構→不會產生二次應力；**靜不定結構→會產生二次應力。**

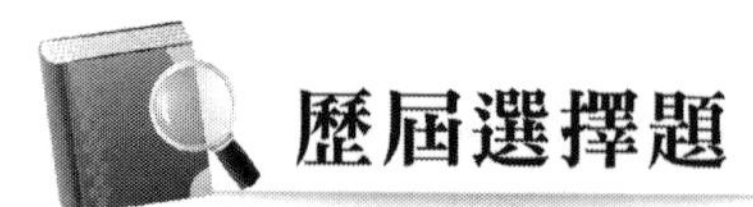

歷屆選擇題

（D）1. 圖示結構之穩定與靜不定性質為何？

(A)不穩定　(B)靜定　(C)一次靜不定　(D)二次靜不定

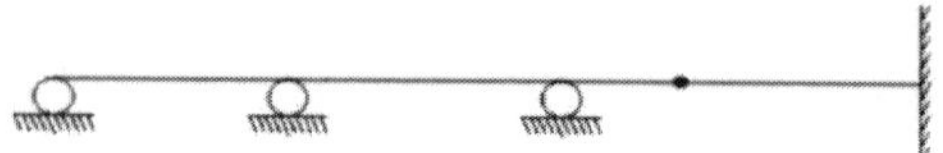

（105 建築師-建築結構#1）

【解析】參考九華講義-建築結構 第七章

沒有三鉸共線；反力 $R = b + r + s - 2j$，$R = 4 + 6 + 2 - 2 \times 5 = 2$，2 次超靜定

（C）2. 二懸臂梁在同一平面上，於自由端以連桿連接成鉸點之系統，則此結構之穩定與靜不定性質為何？

(A)靜定　(B)一次靜不定　(C)二次靜不定　(D)三次靜不定

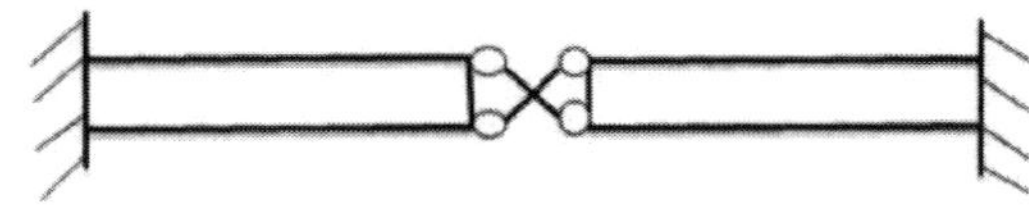

（105 建築師-建築結構#14）

【解析】參考九華講義-建築結構 第七章

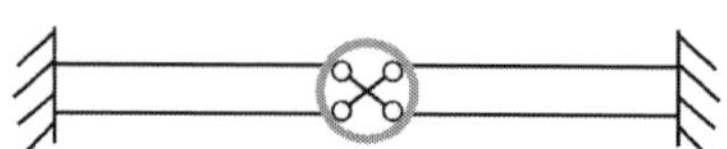

此桿件中間視為一個鉸接

$R = 3 + 2 + 3 - (2 \times 3) = 2$ 次靜不定

（B）3. 下圖剛架結構之靜不定度為：

(A) 1　(B) 2

(C) 3　(D) 4

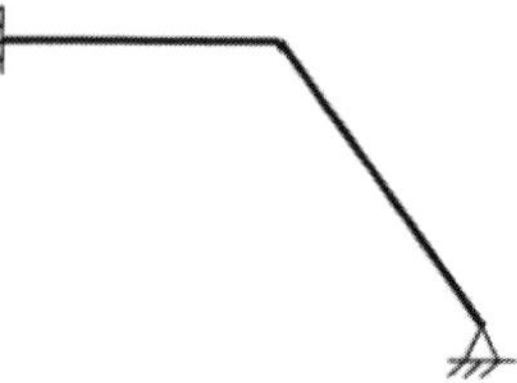

（105 建築師-建築結構#18）

【解析】參考九華講義-建築結構 第七章

$R = b + r + s - 2j = 2 + 5 + 1 - (2 \times 3) = 2$ 次靜不定

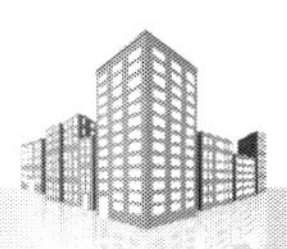

（D）4. 下圖結構原為不穩定，擬於各節點間增加兩根桿件進行改善，則下列選項何者仍為不穩定結構？

(A) ac 和 ce　(B) ad 和 bd　(C) ad 和 be　(D) ae 和 ce

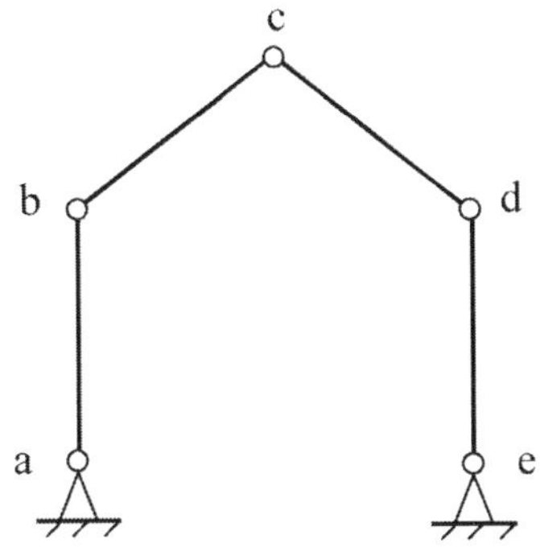

（106 建築師-建築結構#21）

【解析】參考九華講義-建築結構 第七章

AE 桿件兩端都是鉸支承為恆零桿件，AE 桿件無效，本題答案(D)。

（D）5. 下圖桁架的穩定與可定性質為何？

(A)不穩定　(B)靜定　(C) 1 次靜不定　(D) 2 次靜不定

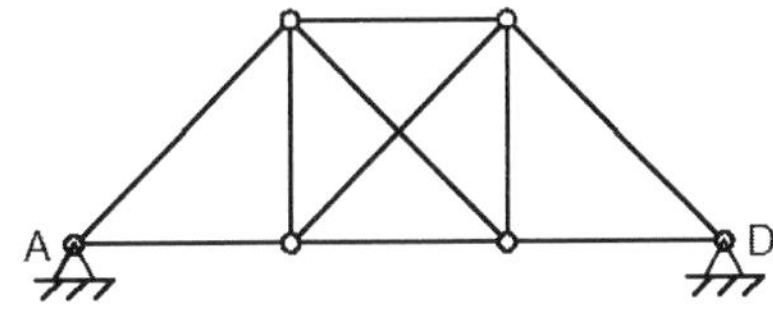

（107 建築師-建築結構#38）

【解析】

（1）此桁架結構為穩定結構。

（2）靜不定度：$R=b+r+s-2j=10+4+0-2(6)=2$

∴為 2 次靜不定。

（#）6. 靜定結構與靜不定結構受溫度變化之影響比較，下列敘述何者錯誤？**【一律給分】**

(A)溫度變化時，靜定結構桿件會有應變及應力的改變

(B)溫度變化時，靜定結構的形狀會改變，但其桿件內力不變

(C)溫度變化時，靜不定結構的形狀會改變，其桿件內力也會改變

(D)溫度變化時，靜不定結構桿件會有應變及應力的改變

（108 建築師-建築結構#13）

【解析】

溫度變化時，桿件產生變形(熱脹冷縮)，若桿件受到束制不能自由變形，使桿件產生應力，以結構學探討範疇而言，通常靜定結構受到束制較小容許自由變形，溫差時形狀改變，桿件內力不變，而靜不定結構受溫差時則形狀及桿件內力皆改變，但其實可能都還是有例外，本題選項有討論空間，故一律給分。

（D）7. 下列結構系統中，何者在基礎差異沉陷時，不致造成桿件內力變化？

(A)固定支承的門形剛架系統　(B)固定拱（fixed arch）系統

(C)兩鉸拱（two-hinge arch）系統　(D)三鉸拱（three-hinge arch）系統

（108 建築師-建築結構#26）

【解析】

靜定結構在基礎差異沉陷時，不致造成桿件內力變化。

三鉸拱系統為靜定結構，故答案選(D)。

（B）8. 圖示結構物為幾度靜不定？

(A) 1　(B) 2

(C) 3　(D) 4

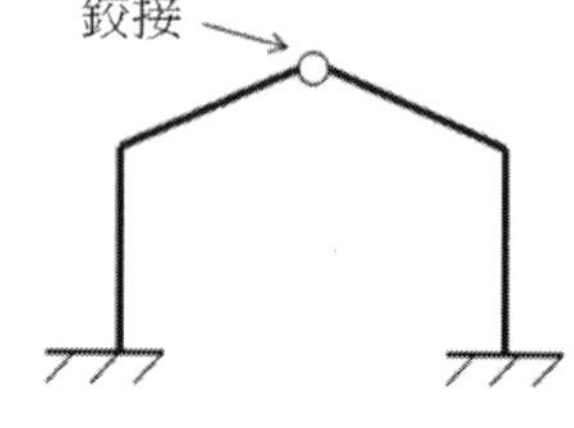

（109 建築師-建築結構#12）

【解析】

$$\left.\begin{array}{l} b=4 \\ r=6 \\ s=2 \\ j=5 \end{array}\right\} \Rightarrow R=b+r+s-2j=2$$ ∴為2度靜不定，故答案選(B)

（A）9. 下圖結構的穩定與可定性質為何？

(A)不穩定　(B)靜定　(C) 1 次靜不定　(D) 2 次靜不定

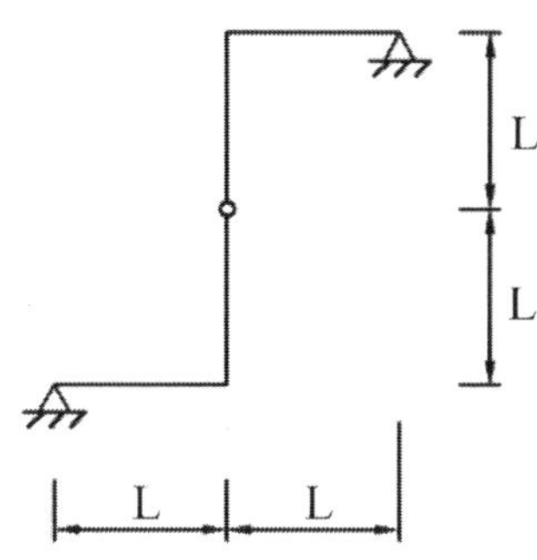

(110 建築師-建築結構#9)

【解析】

三鉸共線，為不穩定結構

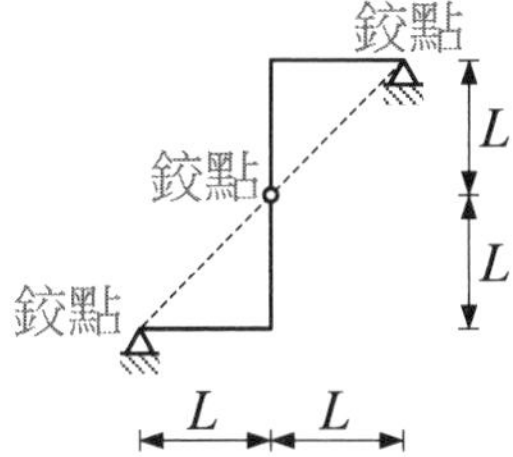

（B）10. 原有一剛構架進行耐震補強，在兩側增設圖示之桿件，其中 A、D 為固端，B、C 為鉸接。請問原本之構架在補強後，靜不定度增加了多少？

(A) 2 (B) 4 (C) 6 (D) 8

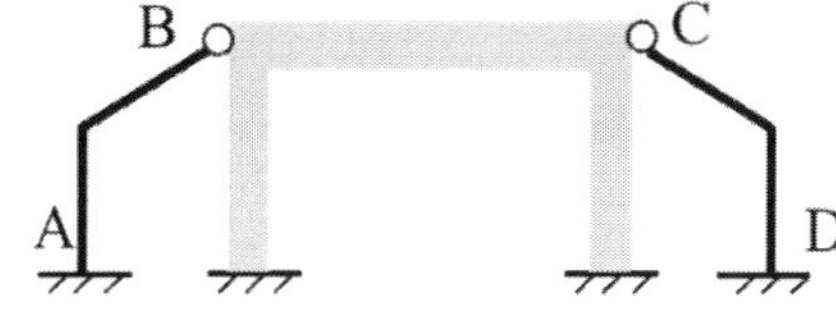

(110 建築師-建築結構#31)

【解析】

$$\text{補強前}\left.\begin{matrix} b=3 \\ r=6 \\ s=2 \\ j=4 \end{matrix}\right\} \Rightarrow R=b+r+s-2j=3$$

靜不定度增加了 4 度

$$\text{補強後}\left.\begin{matrix} b=7 \\ r=12 \\ s=4 \\ j=8 \end{matrix}\right\} \Rightarrow R=b+r+s-2j=7$$

（C）11.下圖為一遮陽棚的結構示意圖。該遮陽棚的水平遮陽板與垂直結構柱之間並未進行任何固定，且兩者接觸面間的摩擦力可忽略。水平遮陽板為均質材料所製，其質心可假設位於斷面的正中央處；纜索的重量則可忽略不計。關於此遮陽棚結構，下列敘述何者正確？

(A)此結構為靜不定結構

(B)此結構為內部不穩定結構

(C)在僅考慮水平遮陽板自重而無其他外力的情況下，則較長的纜索（i）內的拉力將會是 0

(D)外力作用下，較短纜索（ii）內的拉力與較長纜索（i）內的拉力永遠維持 2：1

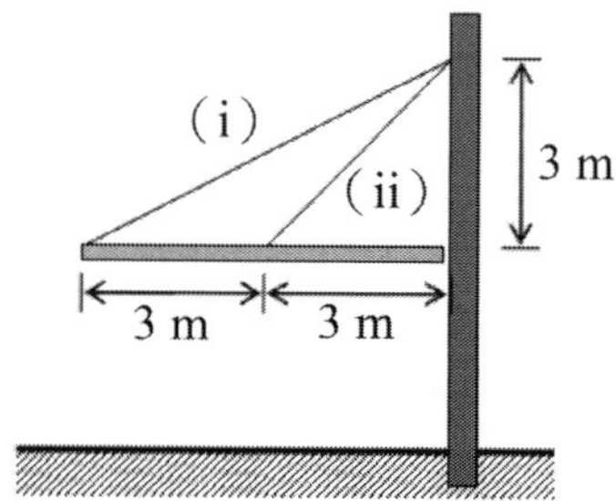

（111 建築師-建築結構#18）

【解析】

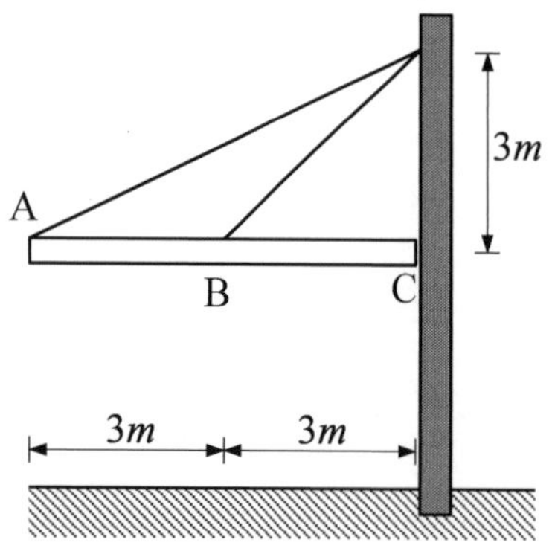

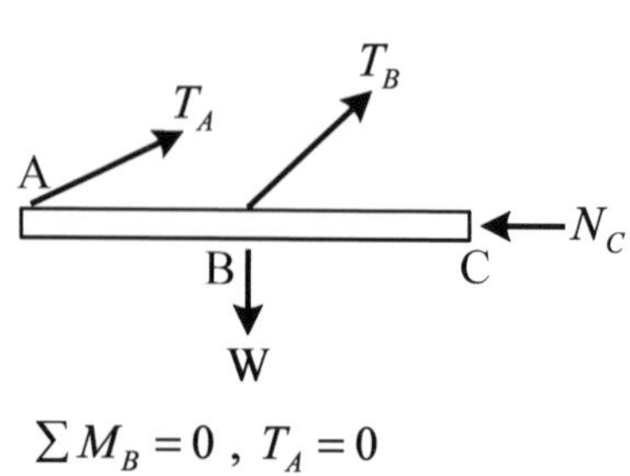

$\Sigma M_B = 0$，$T_A = 0$

【近年無相關申論考題】

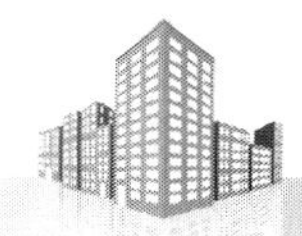

8 傾角變位法

重點內容摘要

（一）正負規則：$\begin{cases}\text{順時針}\rightarrow\text{正}\\\text{逆時針}\rightarrow\text{負}\end{cases}$

（二）傾角變位式－**兩端固定**

$$M_{AB}=2K_{AB}\left(2\theta_A+\theta_B-3R_{AB}\right)+M_{AB}^F$$

$$M_{BA}=2K_{AB}\left(\theta_A+2\theta_B-3R_{AB}\right)+M_{BA}^F$$

（三）修正的傾角變位式－**一端鉸接**

$$M_{AB}=2K_{AB}\left(1.5\theta_A-1.5R_{AB}\right)+H_{AB}^F$$

1. $K_{AB}=\dfrac{\mathrm{EI}}{\mathrm{L}}$

2. 兩端旋轉角：θ_A、θ_B→固定端$\theta=0$

3. 構材角：$R_{AB}=\dfrac{\Delta_{AB}}{L}$→$\Delta_{AB}$為 AB 兩端的相對位移，R 為變形前節點連線夾角值。

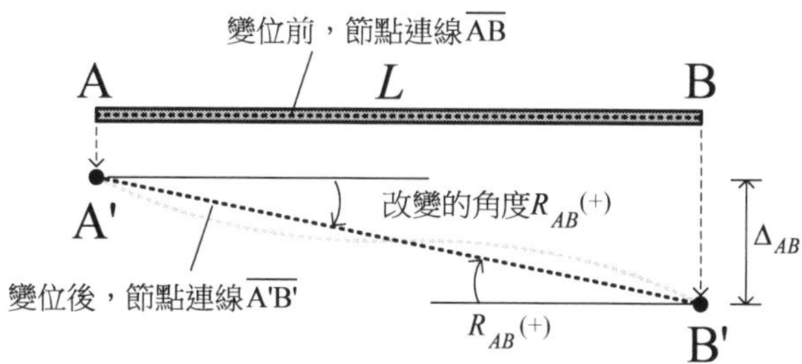

4. 固端彎矩：M^F_{AB} & M^F_{BA} & H^F_{AB}

M^F_{AB} & M^F_{BA}　　　　　　　　$= H^F_{AB}$

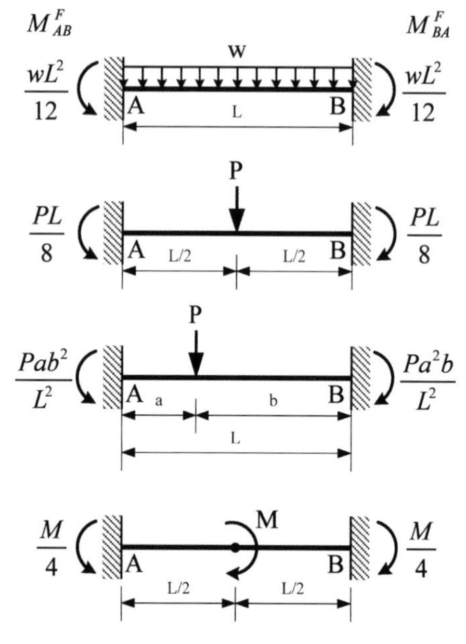

⇒

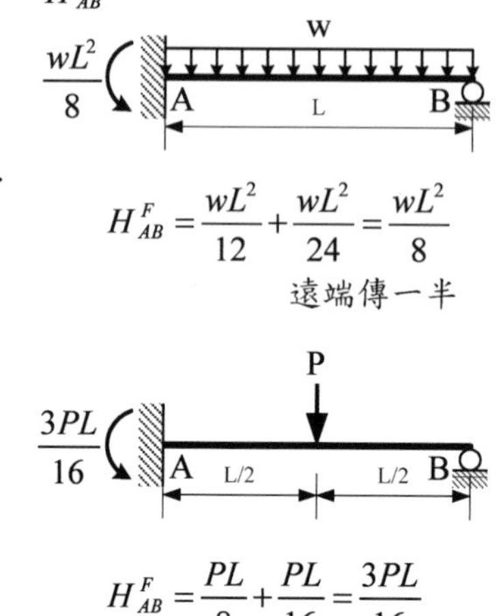

$$H^F_{AB} = \frac{PL}{8} + \frac{PL}{16} = \frac{3PL}{16}$$

遠端傳一半

5. 桿件勁度：$\begin{cases}\text{側移勁度}\\ \text{旋轉勁度}\end{cases}$

（1）側移勁度：

①兩端皆不可轉動：$P = \frac{12EI}{L^3}$　　②一端（A或B端）可轉動：$P = \frac{3EI}{L^3}$

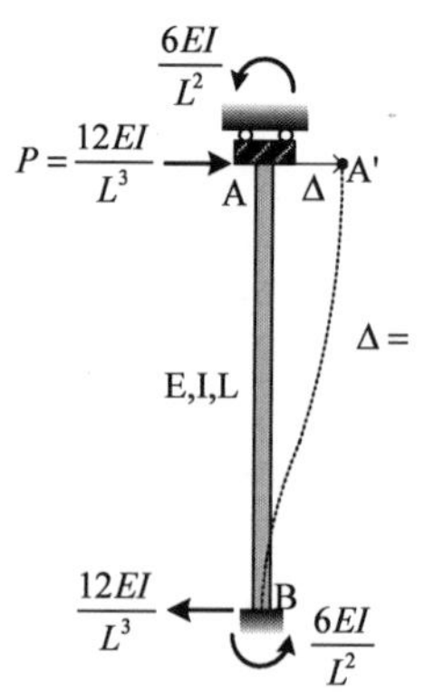

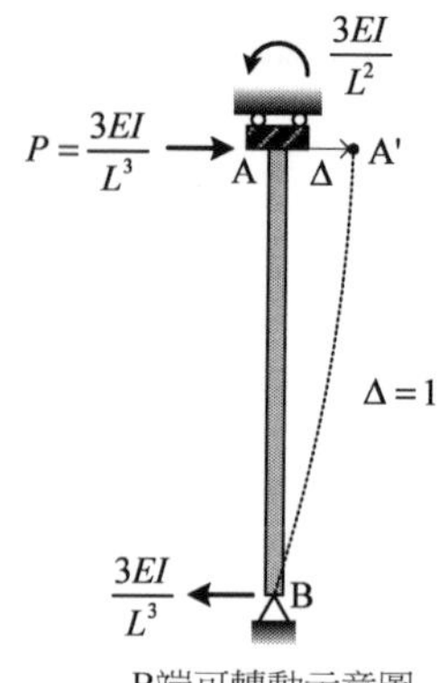

B端可轉動示意圖

（2）旋轉勁度：

①一端可轉動：$M=\dfrac{4EI}{L}$　②兩端可轉動：$M=\dfrac{3EI}{L}$

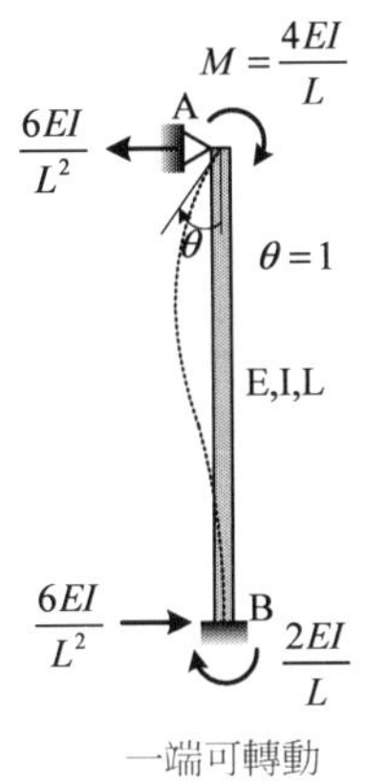

一端可轉動

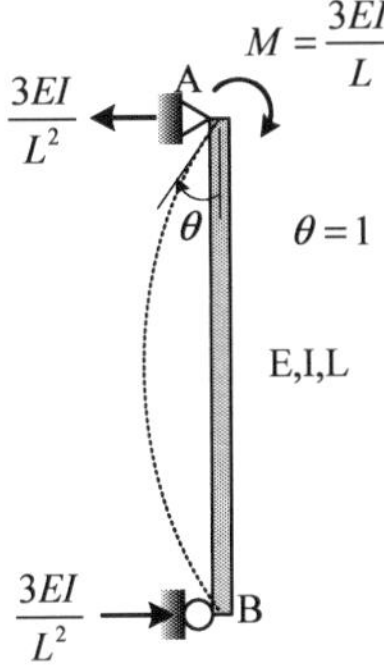

兩端可轉動

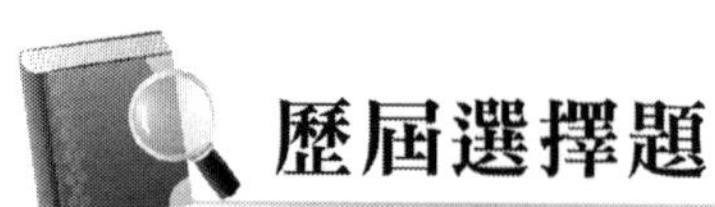

（C）1. 簡支梁兩端承受力矩作用後變形如下圖所示，若梁左右兩端轉角 θ_a、θ_b 皆為 $\frac{L}{2EI}$，則梁右端力矩 M_b 為：（假定力矩方向順時針為正）

(A) 0　(B) 1　(C) −1　(D) 2

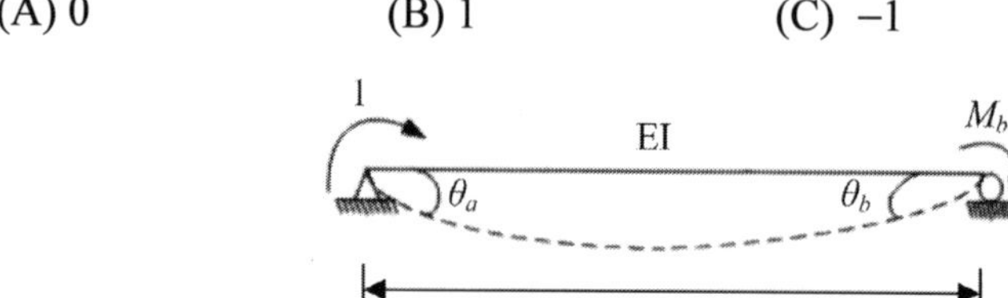

（105 建築師-建築結構#12）

【解析】參考九華講義-建築結構 第八章

設左端為 A 點，右端為 B 點

A 點順時針彎矩 M：$\theta a = \frac{ML}{3EI}$，$\theta b = \frac{ML}{6EI}$

B 點逆時針彎矩 M：$\theta a = \frac{ML}{6EI}$，$\theta b = \frac{ML}{3EI}$

二者相加：

$\theta a = (\frac{ML}{3EI}) + (\frac{ML}{6EI}) = \frac{ML}{2EI}$

$\theta b = (\frac{ML}{6EI}) + (\frac{ML}{3EI}) = \frac{ML}{2EI}$

此時，A 點彎矩 M = 1（順時針），B 點彎矩 M = −1（逆時針）

（C）2. 已知圖示系統之固端彎矩值分別為 M_1 及 M_2，

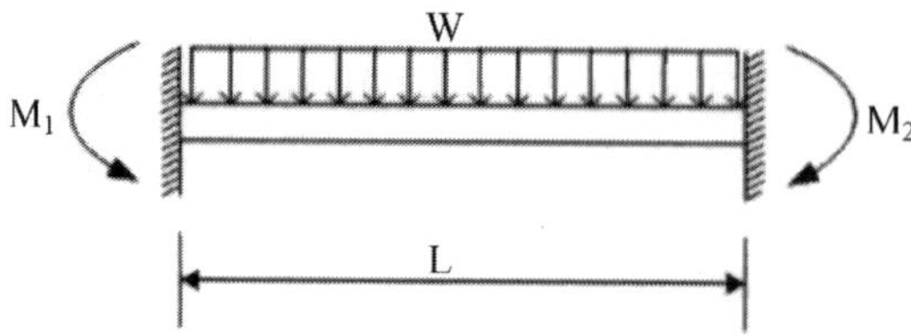

若其一端由固端改為鉸支承如下圖示，則新系統之固端彎矩 M 為：

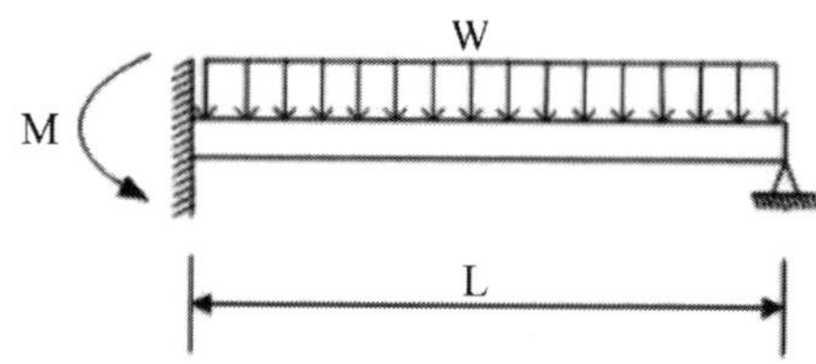

(A) $M_1 + M_2$　　(B) $\frac{M_1}{2} + M_2$　　(C) $M_1 + \frac{M_2}{2}$　　(D) $\frac{M_1}{2} + \frac{M_2}{2}$

（105 建築師-建築結構#27）

【解析】參考九華講義-建築結構 第八章

傾角變位法公式中的其一端由固端改為鉸支承則反力傳一半至新系統之固端。

（A）3. 圖示構架中 BC 桿之 I＝∞，AB 及 CD 兩桿之 I 值為定值，則 A、D 兩點之彎矩反力為何？

(A) $M_A = \frac{4P\ell}{9}$（逆針向）、$M_D = \frac{16P\ell}{9}$（逆針向）

(B) $M_A = \frac{4P\ell}{9}$（逆針向）、$M_D = \frac{16P\ell}{9}$（順針向）

(C) $M_A = \frac{2P\ell}{9}$（順針向）、$M_D = \frac{10P\ell}{9}$（逆針向）

(D) $M_A = \frac{5P\ell}{9}$（順針向）、$M_D = \frac{16P\ell}{9}$（逆針向）

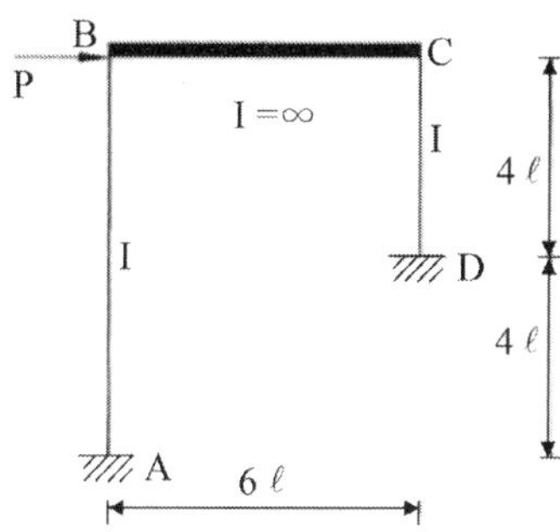

（105 建築師-建築結構#29）

【解析】參考九華講義-建築結構 第八章

依傾角變位法

左側：$\frac{12EI}{L^3} = \frac{12EI}{(8L)^3}$

右側：$\frac{12EI}{L^3} = \frac{12EI}{(4L)^3}$

$\frac{12EI}{(8L)^3} + \frac{12EI}{(4L)^3} = \frac{27EI}{128L^3} = P$

$MA = [\frac{12EI}{(8L)^3} \div \frac{27EI}{128L^3}] \times P = \frac{4PL}{9}$（逆時針）

$MB = [\frac{12EI}{(4L)^3} \div \frac{27EI}{128L^3}] \times P = \frac{16PL}{9}$（逆時針）

（C）4. 對 RC 建築而言，施工後窗台常與柱相連而形成「短柱效應」，於強烈地震時下列有關「短柱效應」之敘述何者錯誤？

(A)柱之中央部位易形成斜張開裂

(B)柱較易達到剪力破壞

(C)柱會同時達到剪力及彎矩破壞

(D)柱上常出現 “X” 字形之開裂

（106 建築師-建築結構#1）

【解析】

以學校建築為例，多數學校建築柱的旁邊多會有由地面算起高度約 1 米左右之窗台，而緊鄰窗台的柱子在地震（外力）作用下，下部約 1/3 受到窗台束制，可動長度減少為原來 2/3 左右，由於可動長度減少，柱所受剪力則大為提昇，若大於期所能負荷範圍，則易造成剪力破壞，常見的會是柱子產生 X 型裂縫。

（B）5. 下圖之構架在 B 點受 4 tf-m 力矩作用，令材料性質 EI 為常數，則 BC 桿件所受之剪力為多少 tf？

(A) 1　　(B) $\frac{3}{7}$　　(C) 3　　(D) $\frac{3}{14}$

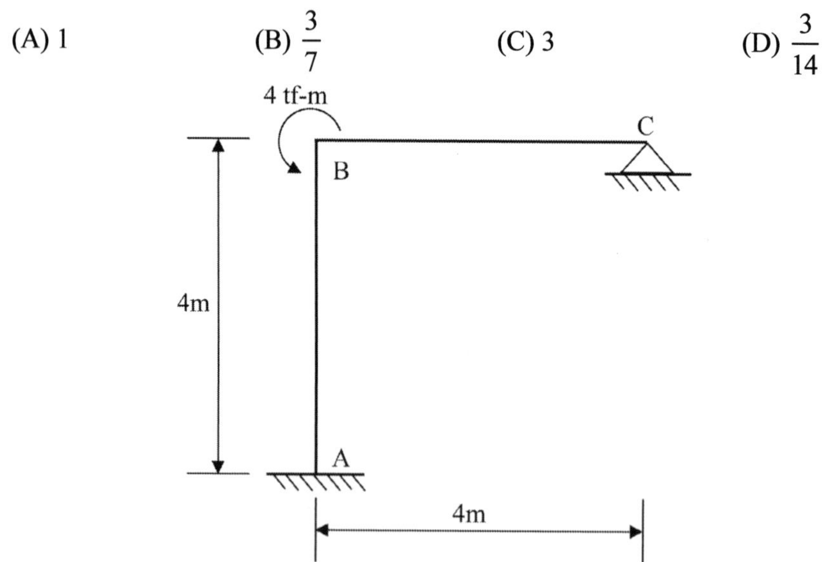

（106 建築師-建築結構#32）

【解析】參考九華講義-建築結構 第六章

B 點受 4 tf-m 力矩作用，令材料性質 EI 為常數，則 BC 桿件所受之剪力

鉸接 $\frac{3EI}{L}$

固定端 $\frac{4EI}{L}$

所以 BC 桿件為 $\frac{3}{7}$

（D）6. 下列四個具相同長度及斷面之梁承受相同集中力作用，則集中力作用處之撓度其大小順序為何？

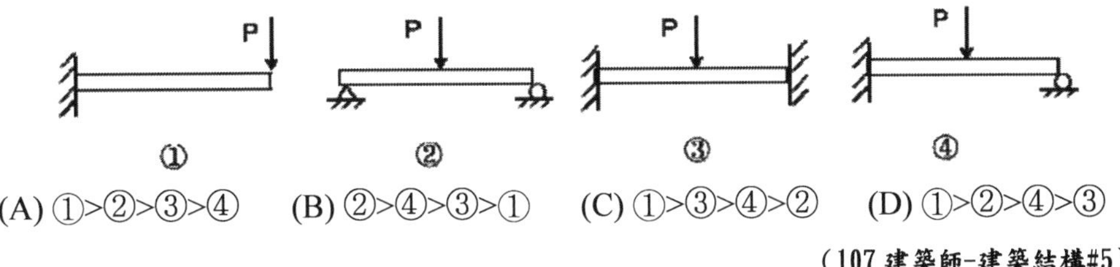

(A) ①>②>③>④　(B) ②>④>③>①　(C) ①>③>④>②　(D) ①>②>④>③

（107 建築師-建築結構#5）

【解析】

靜不定度越高，撓度會越小：③最小，④次小，故答案為 D。

（D）7. 下列有關傾角變位法之敘述，何者錯誤？

(A) 此法係以節點的傾角與變位為未知量，將每一構件桿端的力矩用傾角與變位來表示，並利用其相互的關係作成未知量（即傾角與變位）的聯立方程式，來求出未知量

(B) 傾角變位法可用於分析各種靜不定剛架

(C) 傾角變位法可用於分析各種靜不定梁

(D) 此法亦適用於解析桁架結構物

（107 建築師-建築結構#24）

【解析】

(D) 錯誤，傾角變位法僅適用於梁、剛架結構物，不可用於「含有二力桿」的結構物（如桁架結構）。

（B）8. 如圖所示之 4 個結構，柱的材料相同，梁為剛體。若欲使 4 個結構的頂部均產生 1 單位水平位移時，則何者所需施加之外力最大？

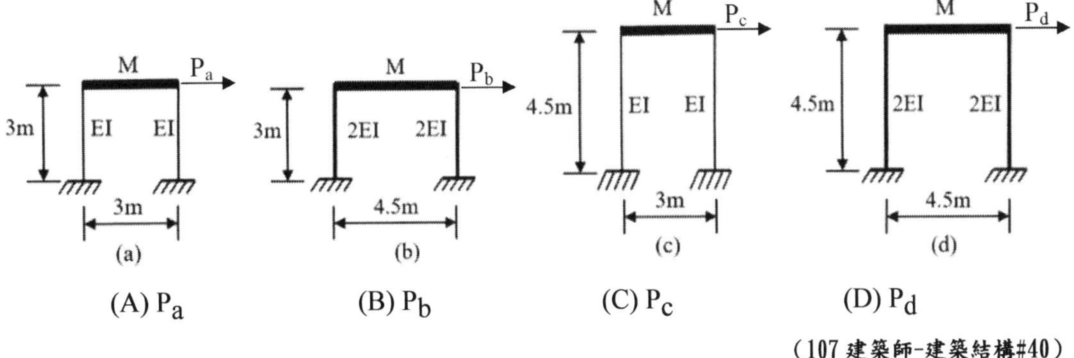

(A) P_a　(B) P_b　(C) P_c　(D) P_d

（107 建築師-建築結構#40）

【解析】

（1）柱越短，需要施加的外力越大 ∴(a)、(b) > (c)、(d)

（2）EI 越大，需要施加的外力越大 ∴(b) > (a)

（C）9. 若有一簡支梁與一兩端固定梁，兩者跨距相同，承受相同垂直載重時，下列何者在固定梁較大？

(A)梁端剪力 (B)梁中點剪力

(C)梁端彎矩的絕對值 (D)梁中點彎矩的絕對值

（108 建築師-建築結構#14）

【解析】

簡支梁的梁端彎矩值為 0，故固定梁的梁端彎矩值會大於簡支梁，答案選(C)。

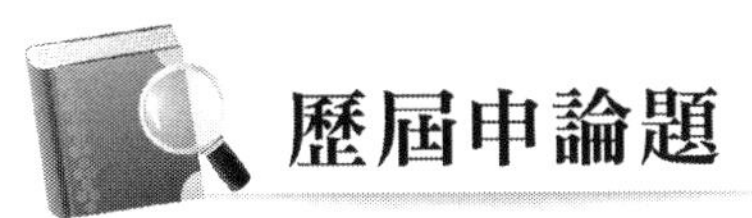

歷屆申論題

一、下圖為一均勻斷面之 RC 連續樑示意圖，假定此樑承受垂直之均布載重時，試繪出其受彎矩作用時之彎矩圖（10 分）及主筋配置圖。（10 分）

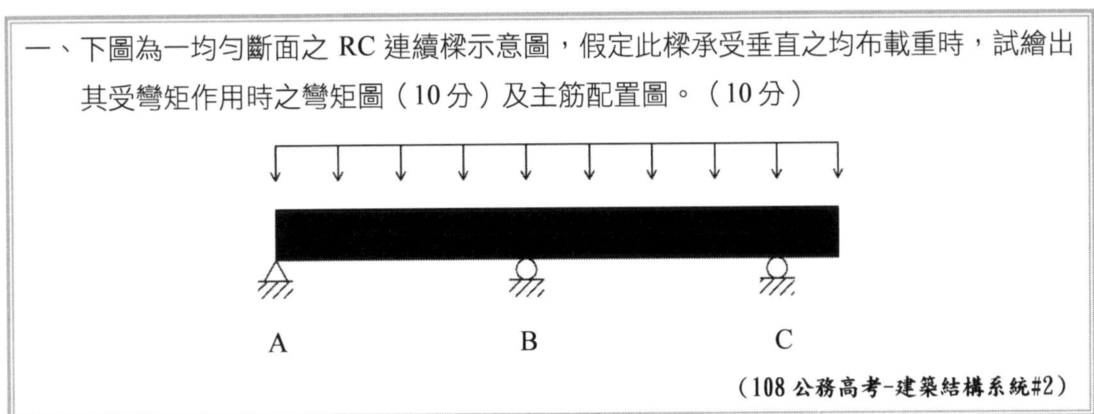

（108 公務高考-建築結構系統#2）

參考題解

（一）題目未給梁跨度資料，假設 AB 跨與 BC 跨長度接近，C 處懸挑跨度不大，依梁受均布載狀況，可繪得彎矩圖型式概略如下（繪於壓力側）：

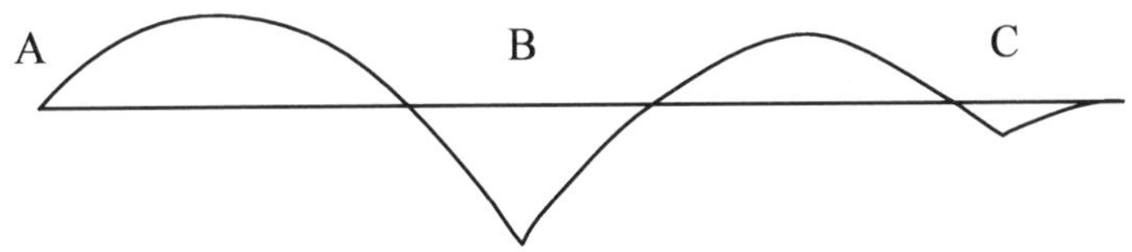

（二）可依彎矩圖，於拉力側配置主筋，繪圖如下：

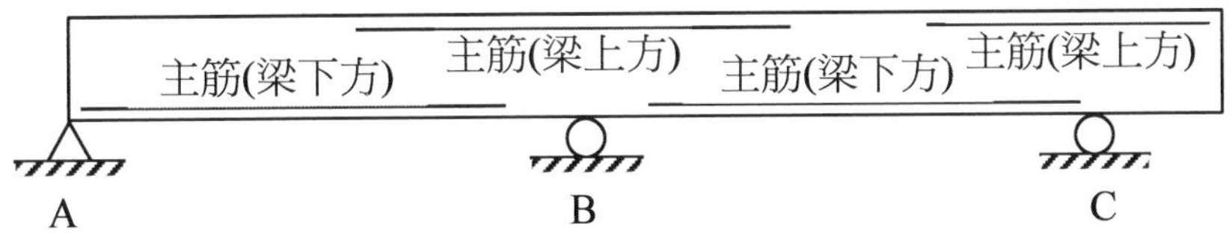

二、下圖構架中 C 點為鉸接，承受水平力 P1 = 100 kN，垂直載重 P2 = 200 kN 作用於 BC 桿之跨度中央，各桿剛度均為 EI，請計算構架之各桿端彎矩，並繪出彎矩圖及剪力圖。（20 分）

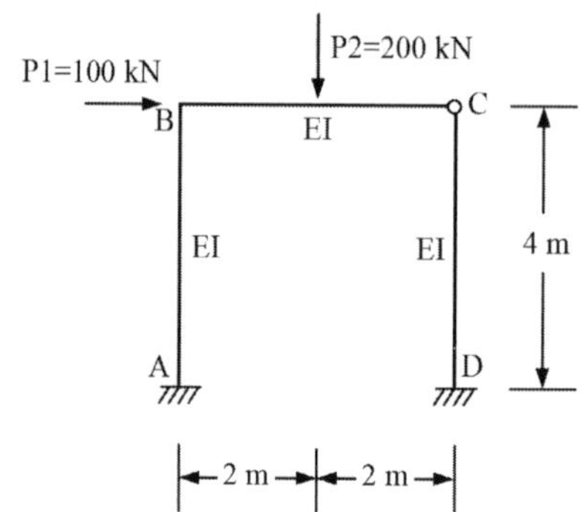

（108 建築師-建築結構#1）

參考題解

靜不定結構，採傾角變位法解題為

各桿勁度比：$K_{AB}:K_{BC}:K_{CD}=\frac{EI}{4}:\frac{EI}{4}:\frac{EI}{4}=1:1:1$

列出各桿端彎矩（順時）

$M_{AB}=\theta_B-3R$　　；　$M_{BA}=2\theta_B-3R$

$M_{BC}=1.5\theta_B-\frac{3}{2}\times\frac{1}{8}\times 200\times 4$　；　$M_{DC}=-1.5R$

B 點彎矩平衡，$M_{BA}+M_{BC}=0$，得 $3.5\theta_B-3R=150$ ⋯⋯⋯⋯⋯⋯(1)

設支承 A 點水平力$V_A(\leftarrow)$，設支承 D 點水平力$V_D(\leftarrow)$

取 AB 桿自由體，$V_A\times 4+M_{AB}+M_{BA}=0$，得$V_A=(-3\theta_B+6R)/4$

取 CD 桿自由體，$V_D\times 4+M_{DC}=0$，得 $V_D=(1.5R)/4$

整體結構水平力平衡，$V_A+V_D=100$，得 $-0.75\theta_B+1.875R=100$⋯(2)

聯立(1)、(2)，得 $\theta_B=134.78$，$R=107.25$

解得 $M_{AB}=-186.97\ kN-m$　；　$M_{BA}=-52.19\ kN-m$

$M_{BC}=52.19\ kN-m$　；　$M_{DC}=-160.88\ kN-m$

依各桿端彎矩可計算得各桿端剪力，並繪剪力圖及彎矩圖如下：

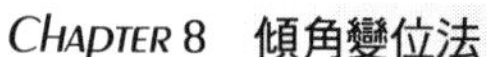

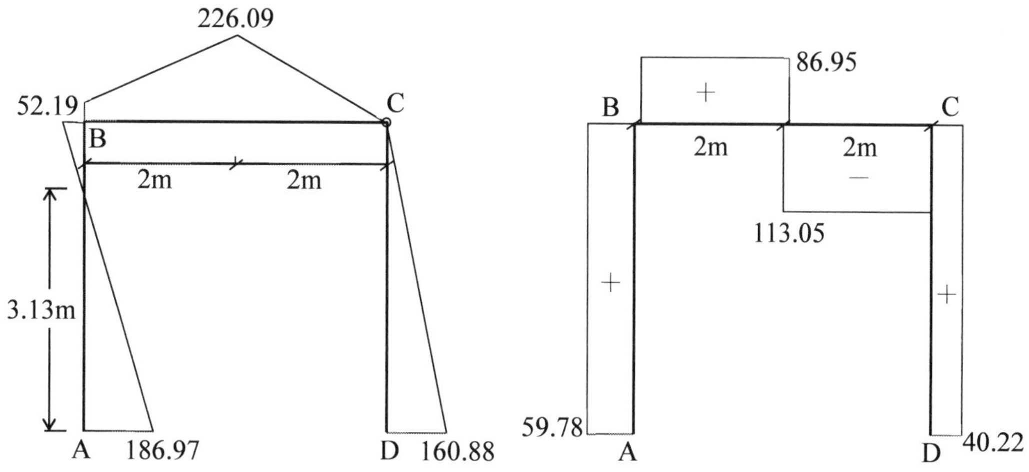

彎矩圖（繪在壓力側）單位：kN-m　　剪力圖（順時為正）單位：kN

9 附 錄

（D）1. 圖中為一平面纜索系統的部分簡圖，其中 B 為支壓材，A、C 為連接纜索。A 索拉力為 T_A、B 桿壓力為 C_B、C 索拉力為 T_C。試從頂端之角度判斷 T_A、C_B、T_C 之相對大小（不計正負）？

(A) $T_A>C_B>T_C$　(B) $C_B>T_A>T_C$　(C) $T_A>T_C>C_B$　(D) $C_B>T_C>T_A$

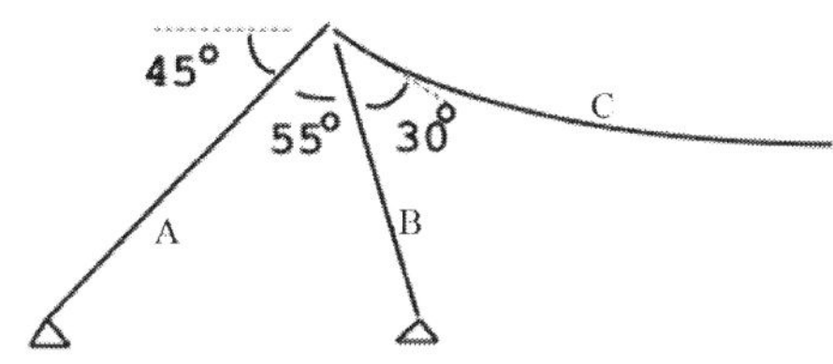

（108 建築師-建築結構#6）

【解析】

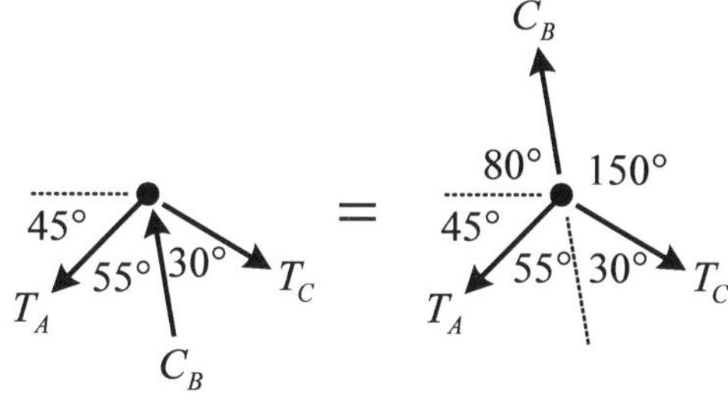

根據正弦定理

$$\frac{T_A}{\sin 150^\circ}=\frac{C_B}{\sin(55^\circ+30^\circ)}=\frac{T_C}{\sin(45^\circ+80^\circ)}\Rightarrow\frac{T_A}{\sin 150^\circ}=\frac{C_B}{\sin 85^\circ}=\frac{T_C}{\sin 125^\circ}$$

$$\Rightarrow \sin 85^\circ>\sin 125^\circ>\sin 150^\circ\ \therefore C_B>T_C>T_A$$

（B）2. 如圖所示之 ABCD 為一均質之預鑄混凝土構件，長度為 6 m，寬度為 4 m，重量為 1440 kgf。今以 4 條相等長度之纜索分別連接至構件的 A、B、C、D 四個端點，此四條纜索交會於中心點 G 以方便吊車吊掛施工，圖中 OG 長度為 6 m，O 為預鑄混凝土構件之形心，試問每條繩索之張力為何？

(A) 360 kgf　(B) 420 kgf　(C) 450 kgf　(D) 600 kgf

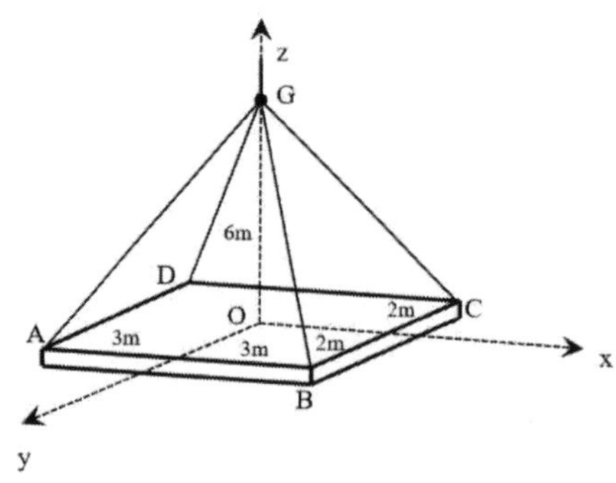

（108 建築師-建築結構#30）

【解析】

（1）結構纜索對稱配置，故每條纜索需分擔的垂直力為

$$\frac{1440}{4}\ kgf = 360\ kgf$$

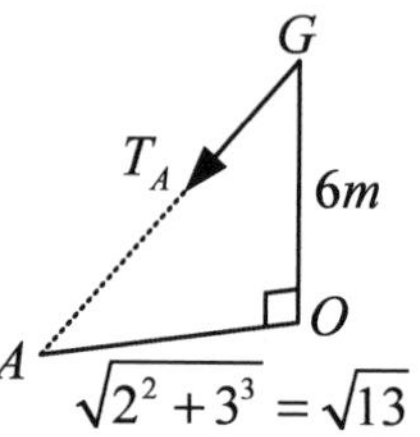

（2）依據纜索的斜率比例關係，可得纜索內力

$$T \times \frac{6}{\left(\sqrt{13}\right)^2+6^2} = 360\ \Rightarrow T = 420\ kgf$$

（A）3. 一纜索受到以下的均勻分布載重作用下，若不考慮纜索自重，其弧線會呈現何種線型？

(A)拋物線型　　(B)多段直線線型　　(C)懸垂線型　　(D)圓弧線型

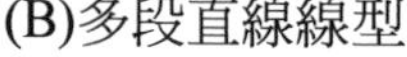

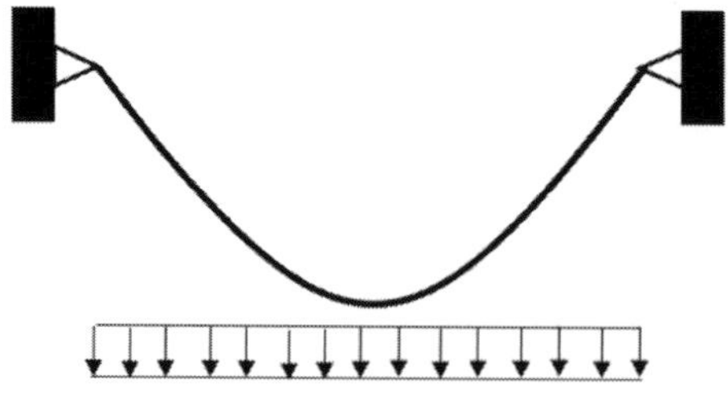

（110 建築師-建築結構#23）

【解析】

纜索承受
- 自重⇒懸鏈線
- 均佈載重⇒拋物線
- 集中重⇒折線(多段直線)

單元

2

結構系統

1 建築物耐風設計

（一）基本設計風速：相對 50 年回歸期之 10 分鐘平均風速

$V_{10}(C)$

→ 工址地形地貌：地況C之地貌

→ 建築物高度：離地10公尺高

（二）封閉式或部分封閉普通建築物風壓分布：

（三）建築物容許層間變位角（回歸期 50 年風力）：$\frac{\text{變位}}{\text{樓層高度}} < 0.005$

（四）建築物最高居室樓層容許側向加速度值：

回歸期：半年。

側向振動尖峰加速度值：$< 0.05 m/s^2$。

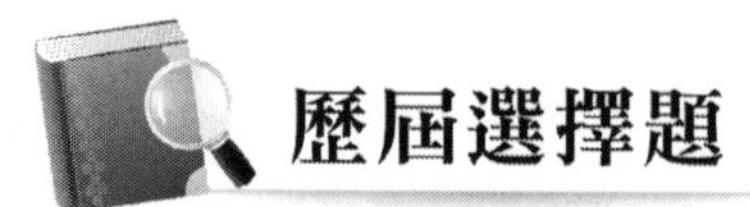

歷屆選擇題

（B）1. 建築結構除了耐風的強度設計外，規範仍要求檢討風力作用下建築物的容許層間變位角，其中耐風設計規範要求風力作用下建築物的層間變位角不得超過 5/1000，此一風力作用所考慮之回歸期為何？

(A)半年回歸期的風力　　(B)回歸期為 50 年的風力
(C)回歸期為 475 年的風力　　(D)回歸期為 2500 年的風力

（106 建築師-建築結構#20）

【解析】

建築物耐風設計規範及解說

2.5 用途係數

一般建築物之基本設計風速係對應於 **50 年回歸期**，為提高重要建築物之基本設計風速為 100 年回歸期，並降低重要性較低建築物之基本設計風速為 25 年回歸期，訂定用途係數 I。

（B）2. 依據建築物耐風設計規範，有關建築物耐風設計之敘述，下列何者為錯誤？

(A)在回歸期 50 年之風力作用下，建築物層間變位角不得超過 5/1000
(B)建築物施工期間耐風之考慮，仍必須採用回歸期 50 年的設計風速
(C)建築物高度超過 100 公尺或風力效應明顯時，建議進行風洞試驗
(D)在回歸期為半年的風力作用下，建築物最高居室樓層角隅之側向振動尖峰加速度值不得超過 0.05 m/s^2

（108 建築師-建築結構#37）

【解析】

依耐風規範規定，建築物施工中所使用的支撐、假設工程等，亦應考慮其耐風性，惟因使用期間較短，可依其使用期間計算適當設計風速，選項(B)錯誤，其餘選項為規範規定，為正確。

（C）3. 建築物設計風力之計算與所在地點之基本設計風速有關，依地況分成：

地況 A：大城市市中心區，至少有 50% 之建築物高度大於 20 公尺者。

地況 B：大城市市郊、小市鎮或有許多像民舍高度（10～20 公尺），或較民舍為高之障礙物分布其間之地區者。

地況 C：平坦開闊之地面或草原或海岸或湖岸地區，其零星座落之障礙物高度小於 10 公尺者。則下列有關基本設計風速之敘述，何者錯誤？

(A)基本設計風速係假設該地點為地況 C

(B)基本設計風速之決定在離地面 10 公尺高處

(C)基本設計風速係相對於 475 年回歸期

(D)基本設計風速之 10 分鐘平均風速，其單位為 m/s

（110 建築師-建築結構#4）

【解析】

基本設計風速$V_{10}(C)$，地況 C，離地面 10 公尺高，相對於 50 年回歸期之 10 分鐘平均風速，選項(C)有誤。

（A）4. 有關建築物耐風設計規範的要求，下列敘述何者錯誤？

(A) 基本設計風速是以地況 C 之地戸況上，離地面達梯度高度處，相對於 50 年回歸期之 10 分鐘平均風速

(B) 建築物設計風力應考慮順風向風力、橫風向風力與扭矩的共同作用

(C) 在回歸期為 50 年的風力作用下，建築物層間變位角不得超過 5/1000

(D) 在回歸期為半年的風力作用下，建築物最高居室樓層角隅之側向振動尖峰加速度值不得超過 $0.05m/s^2$

（111 建築師-建築結構#22）

【解析】

耐風規範所訂基本設計風速$V_{10}(C)$為在地況 C 之地況上，離地面 10 公尺高，相對於 50 年回歸期之 10 分鐘平均風速，其離地面達梯度高度(z_g)的敘述有誤，故選項(A)錯誤。

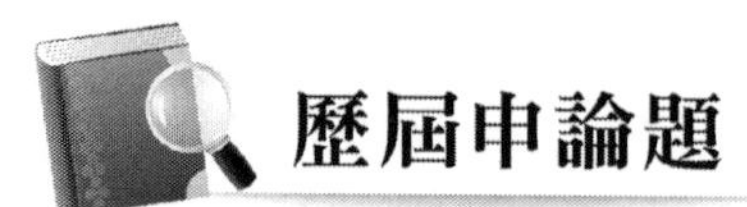

一、下圖為一房屋建築之剖面，針對承受來自左方（如圖示）的風載重作用時，試標示ⒶⒷⒸⒹ各區所產生之正負風壓。（15分）

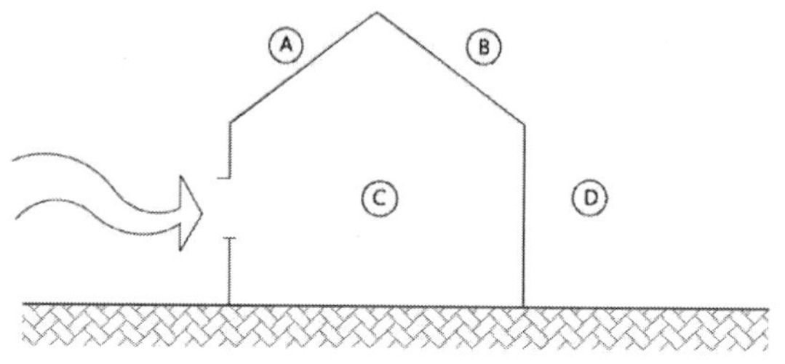

（108公務高考-建築結構系統#1）

參考題解

B、C、D區產生負的風壓，表示風壓方向遠離作用面。

A區風壓和屋頂與水平面所夾的角度，及h/L之值相關，通常角度較小或h/L較大時，產生負風壓。角度大或h/L較小時，多為正風壓。

h為平均屋頂高度，L為平行於風向建築物水平尺寸。

依規範，風壓方向平面及立面示意圖如下：

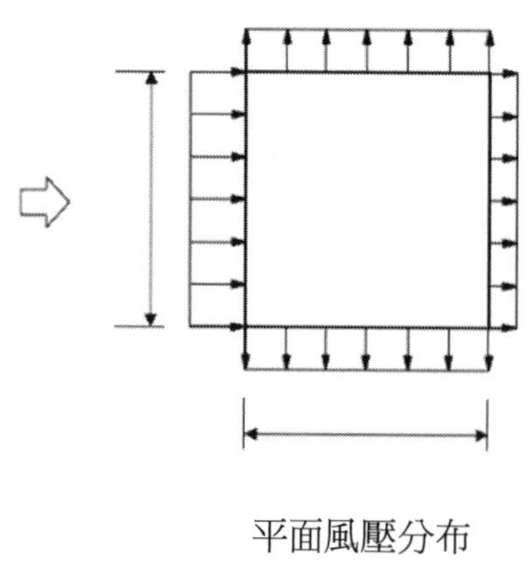

平面風壓分布

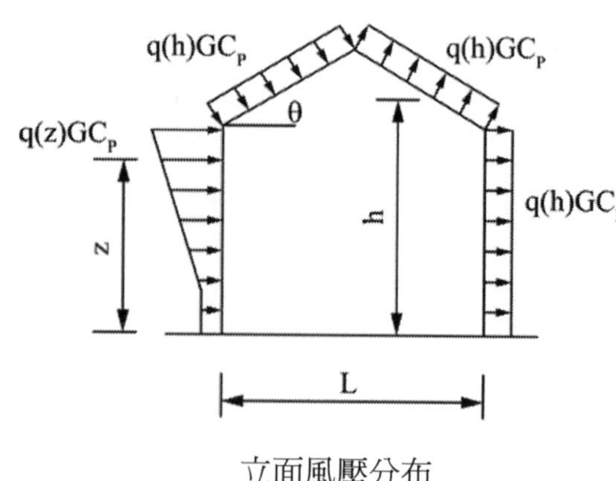

立面風壓分布

二、考慮風的側向力作用時，試在兩種結構形狀（如圖 1）上，標示其正負風壓。（16 分）

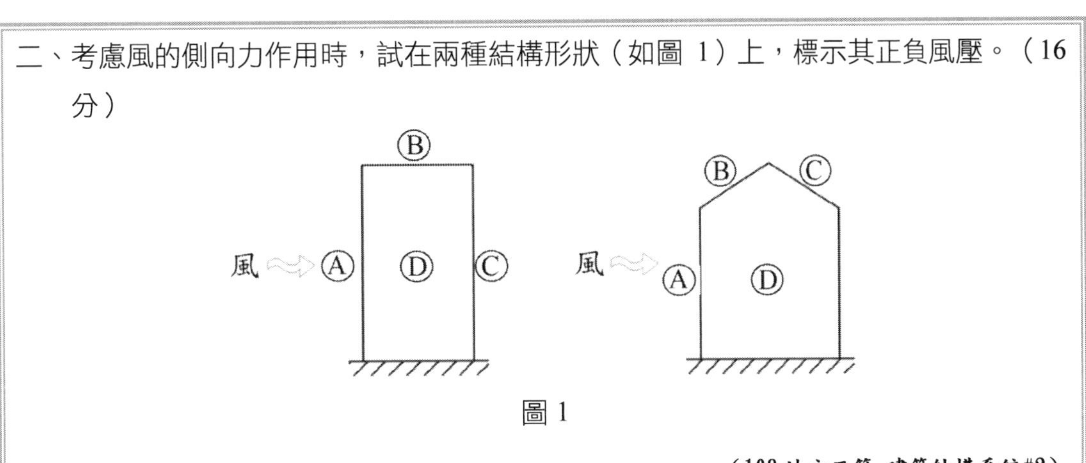

圖 1

（108 地方三等-建築結構系統#2）

參考題解

（一）圖 1 左：

B、C、D 區產生負的風壓，表示風壓方向遠離作用面。

A 區產生正的風壓，表示風壓方向指向作用面。

（二）圖 1 右：

C、D 區產生負的風壓。

A 區產生正的風壓。

B 區風壓和屋頂與水平面所夾的角度，及 h/L 之值相關，通常角度較小或 h/L 較大時，產生負風壓。角度大或 h/L 較小時，多為正風壓。

h 為平均屋頂高度，L 為平行於風向建築物水平尺寸。

風壓方向平面及立面示意圖如下：

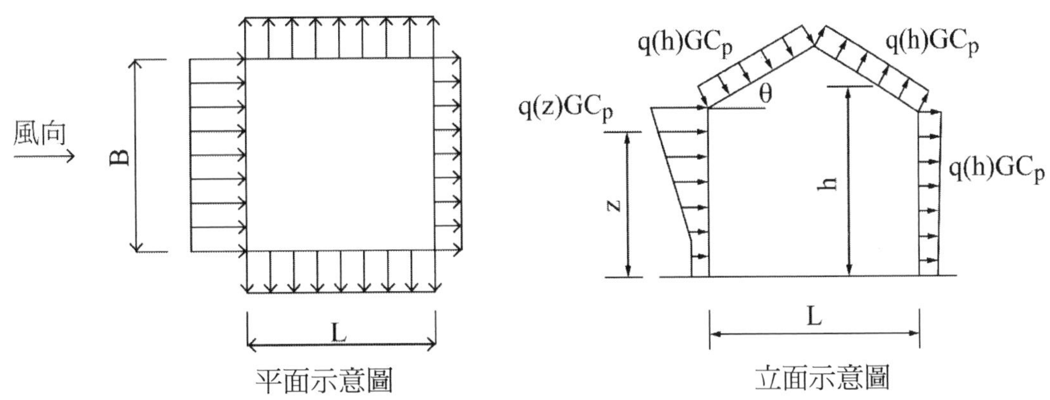

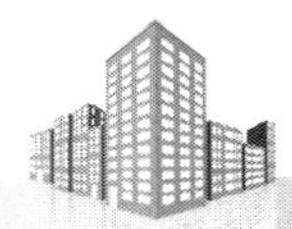

2 建築物耐震設計

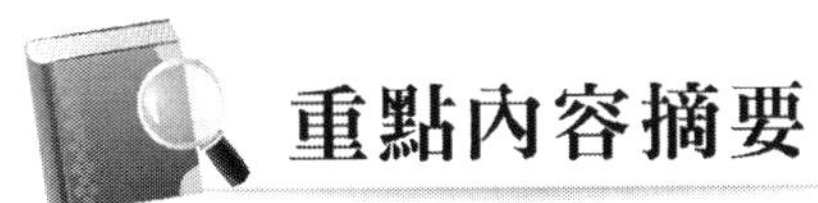

（一）震源（Hypocenter）：地震錯動的起始點。

震央（Epicenter）：震源在地表的投影點。

（二）地震波：
- 體波
  - P波（縱　波）：初達波
  - S波（剪力波）：次達波
- 表面波
  - 洛夫波
  - 雷利波

（三）地震規模：$\log E = 11.8 + 1.5M \Rightarrow E = 10^{(11.8+1.5M)}$

⇒規模每增加一個單位，其所釋放的能量約增大 32 倍

E：能量　　M：規模

（四）規模：客觀，釋放能量大小，有小數點

震度：主觀，危害程度，為整數，0-4 級，5 強 5 弱，6 強 6 弱，7 級，共 10 級

（五）耐震設計原則：小震不壞（30 年，80%）→ 在線彈性內不降伏

中震可修（475 年，10%）→ 在韌性容量內

大震不倒（2500 年，2%）→ 韌性容量用完

（六）振動週期（T）：$T = 2\pi\sqrt{\dfrac{M}{K}}$

（七）土層 vs.建築 vs.地震

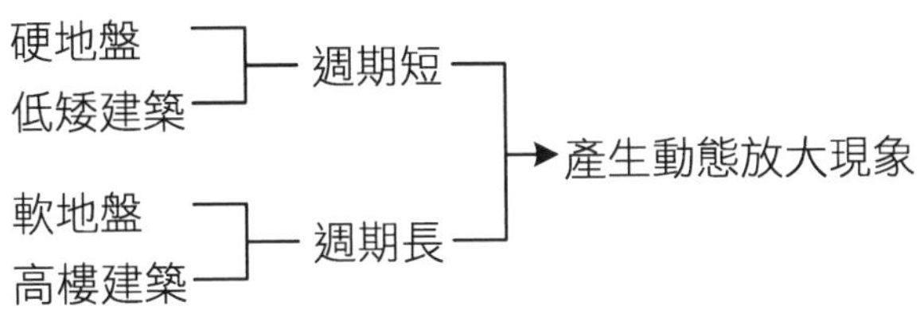

→意指週期相近，變形程度相對放大→共振

（八）耐震設計規範

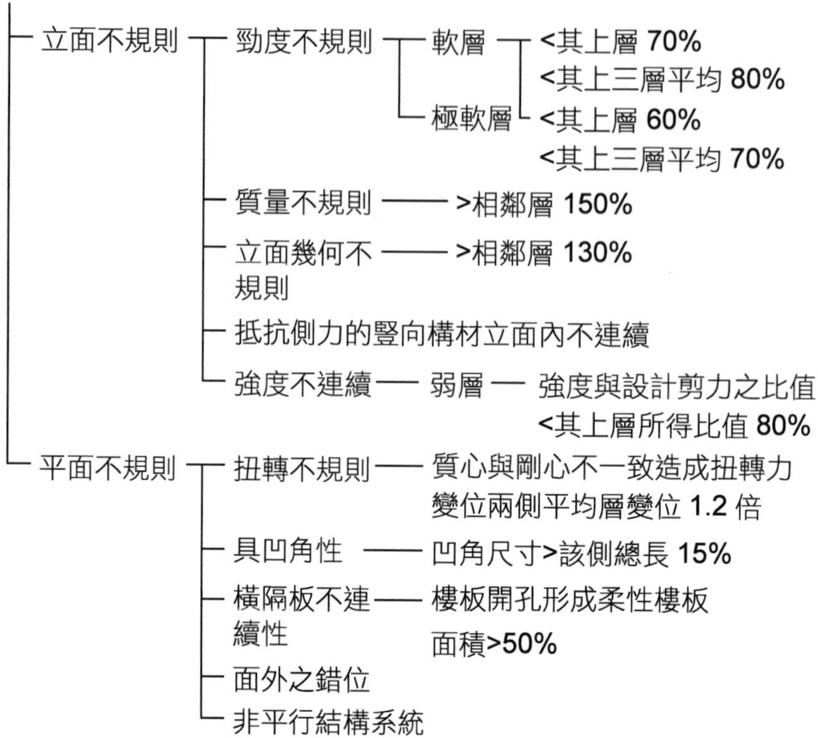

（九）其他注意事項

1. 意外扭矩：**各層質心位置**應由計算所得之**位置**與地震力垂直方向之尺度**偏移** 5%。

2. 層間相對側向位移角：$\dfrac{\textbf{變位}}{\textbf{樓層高度}} < 0.005$，層間相對變位限制為 30 年回歸期

3. 極限層剪力強度檢核（弱層）：不得有任一層強度與其設計剪力之比值，低於其上層所得比值 80%。

（十）用途係數 I

第一類建築物	I = 1.5	救濟大眾之重要建築物
第二類建築物	I = 1.5	儲存危險物品之建築物
第三類建築物	I = 1.25	公眾使用建築物
第四類建築物	I = 1.0	一般建築物

（十一）隔震、減震、補強

建築物
- 耐震建築　：大震不倒的建築物
- 不耐震建築：大震倒塌的建築物
- 減震建築　：建築物裝設「消能減震」系統→消散部分地震能量
- 隔震建築　：建築物裝設「隔震」裝置→隔絕地震能量
- 補強建築　：提升建築物耐震力→提升柱子強度或增加壁量

1. 隔震裝置：鉛心橡膠隔震元件（LRB）

說明：將**隔震器 LRB** 置於建築物結構基礎下部或中間層，利用鉛心的高韌性消能，橡膠受水平作用時的低勁度，造成隔震器水平滑動，拉長建築物擺動週期降低地震反應，隔絕地震能量傳入房屋結構。

2. 耐震補強：

（1）提高耐震強度

①增設 RC 耐震壁、②設置翼牆、③設置斜撐、④設置鐵板耐震壁

（2）提高變形能力

①剪力柱包鋼板、②軟弱層增設牆

（3）其他耐震補強

①梁柱補強→擴柱、梁、②基礎梁之補強

（十二）剪力牆配置原則

1. 平面：

（1）對稱配置。

（2）避免交會於一點。

（3）最好圍成密封的形狀。

（4）配置於外部。（抗扭性佳）

（5）使剛心和質心接近。（避免產生扭矩）

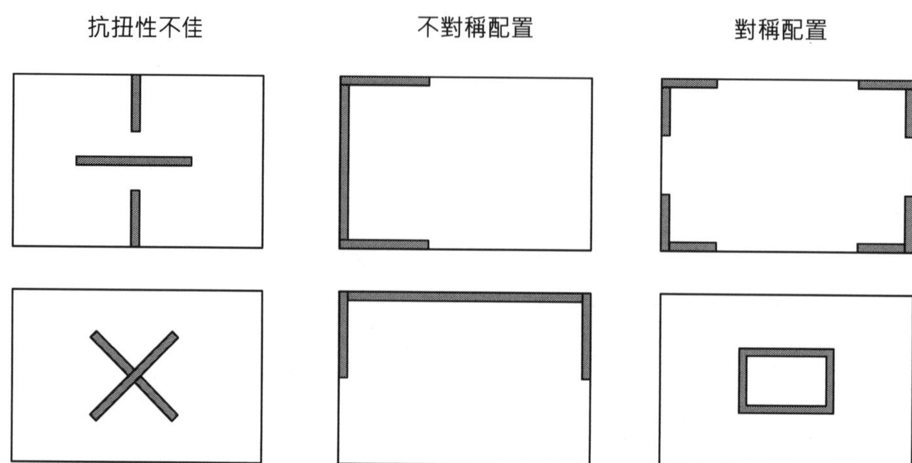

2. 立面：應連續配置→跳層配置易導致變形集中，形成：

（1）軟弱層之破壞。

（2）傳遞力量構件（梁柱）之破壞。

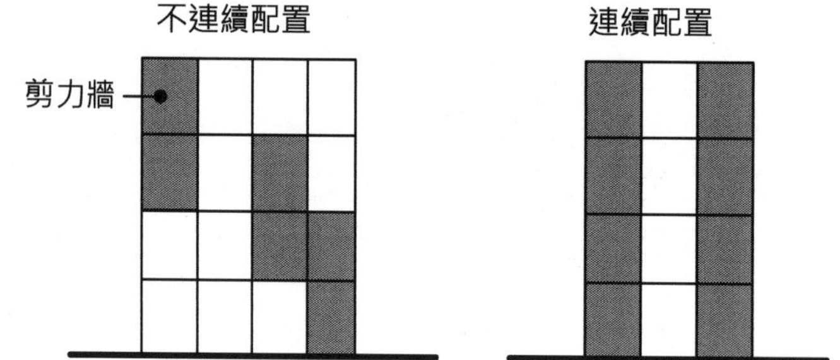

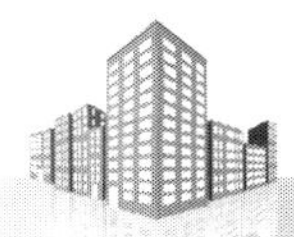

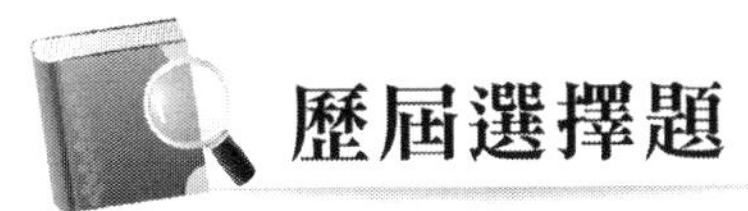

歷屆選擇題

（B）1. 下列何種建築物平面配置之耐震性能最佳？

(A) T 字型　(B)口字型　(C) L 字型　(D) U 字型

（105 建築師-建築結構#2）

【解析】參考九華講義-結構系統 第六章

耐震性能最佳之平面配置為規則、對稱的平面造型，口字型相對於 T 字型、L 字型、U 字型耐震條件最好。

（D）2. 關於結構韌性（ductility）之敘述，下列何者正確？

(A)韌性比（ductility ratio）指材料或構件破壞時之強度與降伏強度之比

(B)脆性材料之韌性比通常小於 1

(C)指非金屬材料在長時間載重下，雖然載重未增加，變形卻不斷增加的現象

(D)脆性材料與韌性材料若能適當組合，仍可組成韌性構件，例如鋼筋混凝土

（105 建築師-建築結構#13）

【解析】參考九華講義-結構系統 第三章

選項(A)

建築物耐震設計規範及解說

2.2 最小設計水平總橫力

韌性比法規名稱＝韌性容量 $R = \frac{\Delta u}{\Delta y}$，為側移Δ之比，不是構件破壞時之強度與降伏強度之比

選項(B) 韌性比為極限抗拉強度需為降伏強度的 1.25 倍以上。

選項(C) 建築物承受側力與其所產生的側位移，在外力不大時為線性，其後變為非線性，最後建築物承受的側力，側位移達臨界值時，因韌性被用盡而崩塌。

（C）3. 下圖剛架受水平地震力時，最少出現幾個塑鉸時就會崩塌？

(A) 2 個　(B) 3 個　(C) 4 個　(D) 5 個

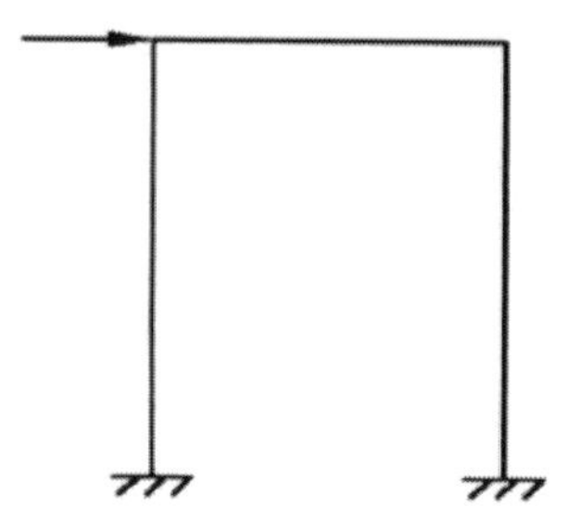

（105 建築師-建築結構#16）

【解析】參考九華講義-結構系統 第三章

此剛架是 3 次靜不定結構，當出現三個塑性鉸會成為穩定靜定，第四個塑性鉸則會成為不穩定使結構崩塌。

（D）4. 臺灣的學校建築常見短柱現象，關於短柱現象之敘述，下列何者正確？

(A)柱構件被窗台夾緊，造成抗剪強度上升

(B)短柱較一般柱更容易發生撓屈破壞

(C)強柱弱梁設計與短柱現象有直接關聯

(D)窗台與柱之間切割隔離縫，可消除短柱現象

（105 建築師-建築結構#17）

【解析】參考九華講義-結構系統 第六章

(A)學校建築的窗台夾住柱構件是抗剪勁度會上升，不是強度

(B)窗台造成短柱，柱的剪力超過原設計值的承載能力，更容易發生剪力破壞

(C)強柱弱梁設計原則與窗台設計致使短柱現象兩者無直接關係

（B）5. 根據「建築物耐震設計規範」，需以動力分析方法設計之建築物，下列規定何者錯誤？

(A)高度等於或超過 50 公尺

(B)10 層以上之建築物

(C)建築物超過 5 層，非全高度具有同一種結構系統者

(D)建築物超過 20 公尺，非全高度具有同一種結構系統者

（105 建築師-建築結構#20）

【解析】

「建築物耐震設計規範」3.1 適用範圍

凡有下述任一情況之建築物，需以動力分析方法設計之：

1. 高度等於或超過 50 公尺或 15 層以上之建築物。
2. 建築物超過 20 公尺或 5 層以上，且其勁度、重量配置或立面幾何形狀具有表立面不規則性，或具有平面扭轉不規則性者。
3. 建築物超過 5 層或 20 公尺，非全高度具有同一種結構系統者。

（B）6. 在耐震設計時通常根據工址的水平加速度反應譜來計算工址的設計水平譜加速度係數，而在規範加速度反應譜的加速度係數曲線中，短週期與中、長週期之分界點位置的週期值，如下圖 A、B 曲線之 $(T_0)_A$ 及 $(T_0)_B$ 的位置大小變化，主要是受到那種因素影響？

(A)工址與斷層的距離遠近

(B)地盤種類（堅實或軟弱程度等）

(C)結構系統韌性容量

(D)結構構造型式（鋼構造、鋼筋混凝土構造…等）

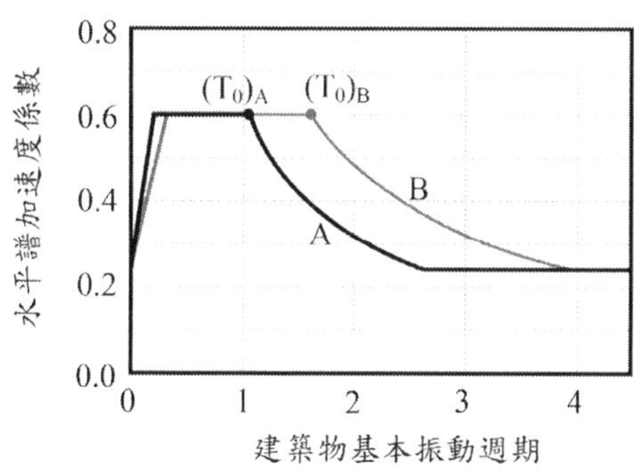

（105 建築師-建築結構#21）

【解析】

「建築物耐震設計規範」2.4 工址短週期與一秒週期水平譜加速度係數

不同之地表搖晃程度，將改變地盤週期，進而改變短週期與長週期結構之譜加速度放大倍率

用於決定工址地盤放大係數之地盤分類：

$V_{s30} \geq 270$：堅實地盤

$180m/s \leq V_{s30} < 270m/s$：普通地盤

$V_{s30} < 180\ m/s$：軟弱地盤

Vs30：工址地表面下 30 公尺內之土層平均剪力波速

（B）7. 一般分析鋼結構與鋼筋混凝土結構（建築）時，主要採用：

(A)彈性非線性法　(B)彈性線性法　(C)塑性非線性法　(D)塑性線性法

（105 建築師-建築結構#32）

【解析】參考九華講義-結構系統 第十四章

分析鋼結構與鋼筋混凝土建築採彈性線性法。

設計鋼結構與鋼筋混凝土建築採塑性線性法。

（C）8. 關於建築結構耐震設計，下列敘述何者錯誤？

(A)為使剪力牆、斜撐有效發揮耐震元素的效用，樓版必須確保足夠面內勁度和強度

(B)具弱層之結構物於地震之作用下，極可能只於此層產生降伏而其他層樓依然保持彈性

(C)現行建築物耐震設計規範要求建築物於設計地震下結構體應保持在彈性限度內

(D)抗彎矩構架系統之中高層建築物，在地震中柱軸力所產生的變化，一般而言中柱比角隅柱小

（105 建築師-建築結構#36）

【解析】

耐震設計規範 1.2 耐震設計基本原則

設計地震力即中小度地震，結構體保持在彈性限度內，損毀程度要可修復。

（B）9. 採用「RC 擴柱補強工法」補強建築物時，下列敘述何者正確？

①應敲除 RC 柱表面之粉刷層及破碎之混凝土

②柱四角隅之增設主筋僅能錨定於樓版內

③擴柱的基礎設計須重新檢核

(A) ①②　(B) ①③　(C) ②③　(D) ①②③

（105 建築師-建築結構#38）

【解析】參考九華講義-結構系統 第六章

鋼筋混凝土柱子的擴柱補強工法，柱的四角隅增設主筋是植在地梁，②陳述錯誤。

（B）10.有關「耐震結構」、「制震結構」和「隔震結構」之敘述，下列何者錯誤？

(A)耐震結構的建築物，對於最大考量地震的設計目標為不產生崩塌

(B)隔震裝置通常較適用於週期較長的建築物

(C)高層建築若採用制震裝置，可抑制地震及風力所產生的振動

(D)採用中間層隔震的結構，考慮火災的發生，必須於隔震裝置施以耐火被覆

（105 建築師-建築結構#40）

【解析】參考九華講義-結構系統 第六章

中低層結構週期較適用短隔震裝置，本題答案(B)。

（C）11.下列那兩項完全正確？

①「建築物耐震設計規範」要求垂直地震力單獨看成一種載重情況

②地震震度大小僅與地震規模及震源深度有關

③地震規模與地震釋放的能量有關

④依「建築物耐震設計規範」設計興建之建築物可承受七級地震而不致損壞。

(A)①② (B)②③ (C)①③ (D)①④

（106 建築師-建築結構#5）

【解析】

地震震度大小與地震規模及震源深度和能量釋放都有關。

②不對，中小度地震不致損壞所以④不對。

（C）12.臺灣位處強震帶，高層建築的結構系統配置原則，下列何者較為不佳？

(A)主要結構桿件斷面要求對稱 (B)建築物整體需具抵抗扭矩之能力

(C)質量中心配置離剛性中心愈遠愈佳 (D)平面配置簡單且具規則性

（106 建築師-建築結構#6）

【解析】

質心與剛心要盡量接近。

（A）13.依據「建築物耐震設計規範」之耐震設計目標，下列何者錯誤？

(A)受中小度地震作用，少數構件可以損壞，可以修復

(B)受中小度地震作用，結構體保持在彈性限度內

(C)受設計地震作用，構件可以產生塑性變形

(D)受最大考量地震作用，結構物不得崩塌

（106 建築師-建築結構#11）

【解析】參考九華講義-結構系統 第五章

耐震設計之基本原則，要求建築物在中小度地震時結構體保持在彈性限度內，本題選項(A)描述錯誤。

（B）14.某十層樓建築物，其各層的質量皆相等，且各層的勁度與樓高亦相等。不考慮阻尼影響，在地震力作用下，下列情形何者最不可能發生？

(A)最頂層會有最大加速度

(B)最頂層會有最大層間變位

(C)最底層會有最大層間剪力

(D)最底層的柱受到的彎矩最大

（106 建築師-建築結構#12）

【解析】參考九華講義-結構系統 第五章

各層的質量皆相等，且各層的勁度與樓高亦相等的條件下，最頂層會有最大變位，接近底層層間變位越大，本題選項(B)描述錯誤。

（#）15. 關於鉛心鋼板橡膠隔震器的敘述，下列何者正確？【B 或 D 或 BD 者均給分】

(A)為完全隔絕地震，只能裝設於建築物基礎，不可裝置於其他樓層

(B)橡膠層間之鋼板乃用來提升其垂直向剛度，防止橡膠側向膨脹

(C)作用為減低建築物之水平振動週期，避免與地盤發生共振

(D)通常需要額外搭配消能裝置使用，以減少水平位移

（106 建築師-建築結構#18）

【解析】參考九華講義-建築結構 第五章

(A)隔震器宜設於不偏離剛心及質心太遠的樓層位置，不一定在建築物基礎處。

(B)橡膠層間鋼板是用來使隔震器具有垂直載重的能力。

(C)建築物之水平振動週期是用以抵抗風力及中小型地震。

(D)消能裝置使用是為了提供水平勁度。

原答案(B)，因選項(D)陳述有也無誤，考選部裁定本題(B)、(D)兩個答案皆可。

（D）16.依建築物耐震設計規範進行設計地震力之靜力分析時，有意外扭矩之規定，此規定主要係考慮下列那一因素？

(A)設計地震力之豎向分配的不確定性

(B)構造物之傾倒力矩作用

(C)結構平面剛心位置的偏差影響

(D)質心位置的不確定性

（107 建築師-建築結構#7）

（B）17.一高樓結構採具剪力牆之二元系統，其平面如圖所示。樓層之剛心最有可能在何處？

(A) A 處　　(B) B 處　　(C) C 處　　(D) D 處

（107 建築師-建築結構#17）

（D）18.耐震設計規範有關最小設計水平總橫力計算式中，結構系統地震力折減係數 F_u 值是反應圖示中那一個區段間的折減行為？（圖示中 A 點為最小設計水平總橫力，B 點為結構系統起始降伏地震力，C 點為理想化彈塑性系統的降伏點，O 點→E 點為彈性系統的結構行為，O 點→C 點→D 點為理想化彈塑性系統的結構行為）

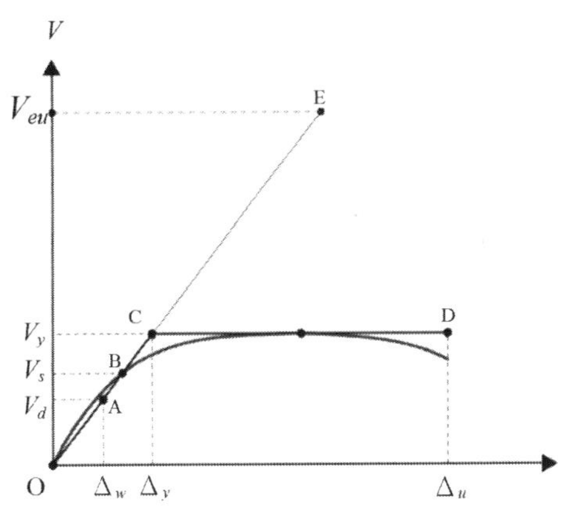

(A) A-B 區段　　(B) B-C 區段　　(C) C-D 區段內　　(D) C-E 區段內

（107 建築師-建築結構#32）

【解析】

建築物耐震設計規範及解說

2.9 起始降伏地震力放大倍數與結構系統地震力折減係數

結構系統地震力折減係數 Fu 與結構系統之韌性容量 R 有關，也就是理想化彈塑性階段數值。

（B）19.關於抗彎矩構架系統與二元系統之比較，下列敘述何者正確？

(A)二元系統之韌性容量一定較高

(B)兩種系統皆需具完整立體構架以承受垂直載重

(C)二元系統中的抗彎矩構架僅需單獨抵禦 25%以下的設計地震力

(D)高度超過 50 公尺之抗彎矩構架系統需以動力分析進行耐震設計，二元系統則不需要

（107 建築師-建築結構#35）

【解析】

建築技術規則構造編§42

（四）二元系統：具有左列特性者：

1. 完整立體構架以承受垂直載重。
2. 以剪力牆、斜撐構架及韌性抗彎矩構架或混凝土部分韌性抗彎矩構架抵禦地震水平力，其中抗彎矩構架應設計能單獨抵禦百分之二十五以上的總橫力。
3. 抗彎矩構架與剪力牆或抗彎矩構架與斜撐構架應設計使其能抵禦依相對勁度所分配之地震力。

（A）20.有關隔牆之敘述下列何者正確？

(A)隔牆是否為結構牆，會依其剛度及強度大小而定

(B)高樓的內隔牆無論是何種材料都可以用來抵抗地震

(C)只要多做一些牆，無論牆體高低，應該都有益處

(D)建築物耐震設計規範認為隔牆不會影響建築物結構行為

（108 建築師-建築結構#4）

【解析】

(B)、(C)敘述明顯有誤；

(D)規範中對於非結構牆有影響週期、韌性容量等規定，可能影響結構行為；

(A)為正確。

（A）21.關於建築物耐震設計之敘述，下列何者錯誤？

(A)建築物之各樓層勁度有較大差異時，地震時變形或損傷會集中於勁度大的樓層

(B)建築物受地震作用時，為了使剪力牆或斜撐能有效發揮其功能，必須確保樓板具有充分的面內勁度與強度

(C)含窗台牆之鋼筋混凝土柱，易引起脆性破壞，可將柱與窗台牆接觸部分設置隔離縫，以減少脆性破壞

(D)建築物超過五層或20公尺，非全高度具有同一結構系統者，須以動力分析方法設計之 （108建築師-建築結構#12）

【解析】

(A)樓層勁度具較大差異時為勁度不規則（軟層），樓層勁度較小者變形量增大，造成能量移轉效應，有造大損壞，選項寫勁度大者為錯誤。

(B)剪力牆或斜撐承受較大側向力，在各樓層傳遞過程，可能需藉助樓板傳遞。

(C)短柱效應，敘述正確。

(D)耐震規範規定項目。

（C）22.如圖所示的四組結構，梁皆為剛體，且質量皆集中於梁時，其基本振動週期之比較，下列何者正確？

(A)丁>甲>乙　(B)丙=乙>甲　(C)丁>甲>丙　(D)甲>丙>乙

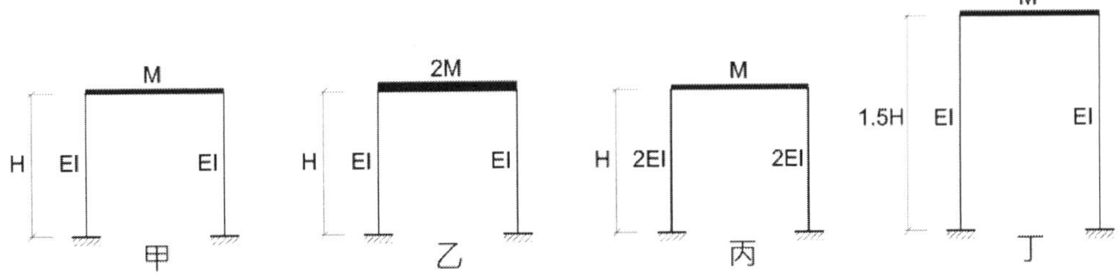

（108建築師-建築結構#18）

【解析】

基本震動週期$T=\sqrt{\frac{m}{K}}\Rightarrow T$與$m$成正比，與$K$成反比

（1）甲、乙比較：乙的m比較大，故乙＞甲

（2）甲、丙比較：丙的K比較大，故丙＜甲

（3）甲、丁比較，丁的K比較小，故丁＞甲

（4）綜合（1）（2）（3），答案應選(C)

（#）23. 地震後磚造寺廟的損壞常見山牆下方出現一條水平裂縫，主要為何種作用力所造成？**【答 A 或 B 或 AB 者均給分】**

(A)彎矩　(B)剪力　(C)扭矩　(D)軸力

（108 建築師-建築結構#21）

【解析】

把山牆想成一長條形柱，受彎矩一邊受拉，產生水平裂縫，若剪力典型則為斜向裂縫，惟磚造山牆常為抗側力結構，亦可能多剪造成水平裂縫，故也可選(B)。

（C）24.若建築物之設計地震基底剪力為 V、基面以上的建築物重量為 W，下列敘述何者正確？

(A)全臺各地區之（V/W）值均相同

(B)在相同的地質條件下，高樓的（V/W）值必定比低矮者為大

(C)影響（V/W）值的因素包括建築物自然週期、地質條件、結構韌性容量等

(D)地震基底剪力 V 分配作用於各樓層，大致呈矩型分布

（109 建築師-建築結構#4）

【解析】

(A)明顯有誤，由地震設計譜來看。

(B)為不一定。

(C)敘述為正確。

(D)基底剪力分配各樓層，通常高樓層分配較多，地樓層分配較少，一般情況為倒三角形分布。

（B）25.有關建築物基本振動週期之敘述，下列何者錯誤？

(A)若為相同高度之抗彎矩構架系統，鋼骨建築物之基本振動週期較鋼筋混凝土建築物為長

(B)增加建築物重量或提升建築物結構勁度，皆可降低建築物基本振動週期

(C)若採隔震系統使建築物振動週期變長，可降低作用地震力，並提升其耐震性能

(D)以微震量測建築物地震前後之基本振動週期進行比較，若地震後量測之週期顯著增長，通常可判定建築物有所損傷

（109 建築師-建築結構#5）

【解析】

由簡單的週期計算公式來看$T = 2\pi\sqrt{\frac{M}{K}}$來看，勁度變大，週期變小，質量變大，週期變大，選項(B)為錯誤。

（C）26.根據「建築物耐震設計規範」，消能建築須按其消能元件之有效阻尼比，計算出中小度地震之設計地震力，並檢核其在中小度地震作用下，各樓層層間相對側向位移角不得超過下列何者？

(A) 1/1000　　(B) 3/1000　　(C) 5/1000　　(D) 10/1000

（109 建築師-建築結構#8）

【解析】

耐震規範 2.16.1 規定，答案為選項(C)。

（B）27.在圖中的門形構架，設梁為剛體（EI = ∞），而質量 m 集中於剛體梁上。若柱的 EI 值不變，但柱高由 h 增為 2h，質量變成 m/2 時，其結構的振動週期將變為原結構的多少倍？

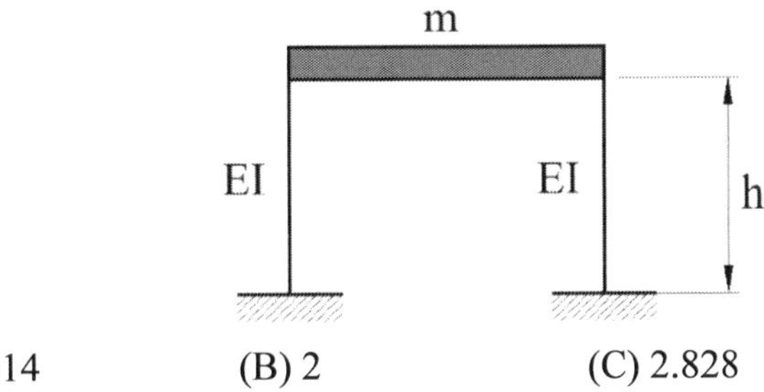

(A) 1.414　　(B) 2　　(C) 2.828　　(D) 4

（109 建築師-建築結構#17）

【解析】

$T = 2\pi\sqrt{\frac{M}{K}}$，剪力屋架系統，雙柱兩端固接，側移勁度 $K = \frac{24EI}{L^3}$，$T_1 = 2\pi\sqrt{\frac{M}{K}} = 2\pi\sqrt{\frac{m}{\frac{24EI}{h^3}}}$，柱高由 h 增為2h，質量變成 $m/2$，$T_2 = 2\pi\sqrt{\frac{m/2}{\frac{24EI}{(2h)^3}}}$，$\frac{T_2}{T_1} = \sqrt{\frac{1/2}{1/8}} = 2$。

（D）28.結構的軟、弱層造成勁度及強度的不連續性，為過去造成建築物震損的原因之一，「建築物耐震設計規範及解說」中對其有明確定義，下列敘述何者錯誤？

(A) 軟層係指該層之側向勁度低於其上一層者之 70% 或其上三層平均勁度之 80%

(B) 極軟層係指該層之側向勁度低於其上一層者之 60% 或其上三層平均勁度之 70%

(C) 弱層為該層強度與該層設計層剪力的比值低於其上層比值 80%者

(D) 弱層為該層強度與該層設計層剪力的比值低於其上層比值 60%者

（109 建築師-建築結構#30）

【解析】

依建築物耐震設計規範及解說之表 1-1，立面不規則性結構，選項(D)為錯誤，其餘選項正確。

（C）29.關於挫屈束制支撐（BRB）之敘述，下列何者錯誤？

(A)採用挫屈束制支撐之結構系統韌性容量值 R 可採用 4.8 進行耐震設計

(B)在地震力作用下產生拉力與壓力之情況，均可發揮相同的遲滯迴圈效果，具高勁度、高韌性與高消能容量的特性

(C)軸向強度由圍束材料之標稱降伏應力所決定

(D)圍束單元型式約可分為兩大類，其中最常見即為以砂漿或混凝土填充鋼材而成，另一類則為全鋼型式的圍束構材

（109 建築師-建築結構#37）

【解析】

BRB 由主受力元件與側撐元件（圍束材料）組成，承受壓力或張力，屬於位移型消能系統，由側撐元件提供側向支撐提高 I 值，防止主受力元件受壓挫屈，使其軸向強度與延展性有可發展的空間，有效發揮主受力元件鋼材的消能能力，選項(C)明顯錯誤。

（B）30.中高樓層之住宅建築，從結構的角度，其室內隔間牆（非隔戶牆）通常不鼓勵使用磚牆。下列原因何者錯誤？

(A)磚牆造成自重的增加，不利於耐震

(B)隔間磚牆視為非結構牆，沒有強度的貢獻

(C)半 B 磚牆的面外受震抵抗行為較差

(D)磚牆的受震倒塌會造成生命安全的危害

（109 建築師-建築結構#38）

【解析】

就結構觀點由各選項來看，選項(A)(C)(D)敘述正確，而雖然在分析時常假設在大地震時隔間磚牆已破壞而忽略其強度貢獻，惟並不是因為其沒強度貢獻才不鼓勵，選項(B)邏輯有誤。

（B）31.在結構系統中配置剪力牆作為耐震元件時，下列敘述何者正確？

(A)立面上應儘量錯層配置，以避免應力集中

(B)只要能使樓層剛心與質心接近，平面上配置不用完全對稱

(C)不管樓層數多少，立面上都應垂直連通到最頂層，以減少高層部側向變形

(D)為提高平面抗扭性，應令各方向剪力牆延長線在平面上通過同一點

（110 建築師-建築結構#2）

【解析】

剪力牆立面通常要連續配置以利力量直接順利傳遞，選項(A)錯誤。剪力牆側移勁度大，類似懸臂梁，主要產生彎曲變形，於自由端產生最大位移，且高度越高變形量越大，與剛構架主要以水平剪力變形（層間變位）行為不同，故高樓層處不施作剪力牆，反而可減少高

層側向變形，選項(C)有誤。選項(D)敘述之狀況會降低平面抗扭性，有誤。剛心跟質心不一致時地震力造成建築物額外扭力，而剪力牆勁度高對於剛心位置有較大影響，平面對稱概念為基於讓剛心與質心不致偏差太多的考量，若剪力牆不完全對稱配置可確保剛心與質心接近，仍可接受，故選項(B)正確。

（B）32.關於隔震結構及制振結構之敘述，下列何者錯誤？

(A)隔震器使用於建築耐震補強，可使建築物之基本週期拉長，降低作用於建築物之地震力

(B)隔震結構用之積層橡膠隔震器，將構成積層橡膠之各層橡膠增厚，一般而言可提升垂直支承力

(C)制振結構使用阻尼器可吸收地震之能量，因此可降低建築物之變形

(D)隔震建築於設計隔震層時，也要考慮風力的影響

（110 建築師-建築結構#5）

【解析】

積層橡膠隔震器之橡膠較厚受垂直載重時會產生較大的橫向變形，降低垂直支承力，故於橡膠間加入薄鋼板以約束其橫向變形，增加其豎向勁度，且不影響保有較小水平勁度之隔震概念，故選項(B)有誤。

（B）33.一般在具剪力牆與特殊抗彎矩構架的鋼筋混凝土二元系統中，剪力牆與特殊抗彎矩構架兩者，通常以何系統之鋼筋會先行降伏？此外，何系統應特別處理韌性設計細節？

(A)剪力牆先行降伏，僅特殊抗彎矩構架須處理韌性設計細節

(B)剪力牆先行降伏，剪力牆與特殊抗彎矩構架兩者均須處理韌性設計細節

(C)特殊抗彎矩構架先行降伏，僅特殊抗彎矩構架須處理韌性設計細節

(D)特殊抗彎矩構架先行降伏，剪力牆與特殊抗彎矩構架兩者均須處理韌性設計細節

（110 建築師-建築結構#6）

【解析】

二元系統具完整立體構架以受垂直載重，並由剪力牆及韌性抗彎矩構架抵禦地震力，而一般 RC 剪力牆面內勁度大，強度高，通常作為主要承受水平力元件，而其延性較差，故由剪力牆之鋼筋會先行降伏，另依耐震規範，具特殊抗彎矩構架之二元系統可採用較大的韌性容量 R，故剪力牆與特殊抗彎矩構架兩者均須處理韌性設計細節，以確保可達韌性要求，故選(B)。

（C）34.關於「非結構牆」之敘述，下列何者錯誤？

(A)非結構牆不需協助主結構構架分擔水平載重

(B)非結構牆之剛度可能影響主結構構件之行為，例如窗台短柱效應

(C)於既有結構中打除或新增任何構造形式之非結構牆，皆不影響其耐震能力

(D)具有一定剛度之非結構牆於樓層間不連續配置時，可能造成軟層

（110 建築師-建築結構#7）

【解析】

非結構牆於結構設計時通常多未將其納入考量，惟非結構牆仍可能對實際結構行為造成影響，如選項(B)的短柱效應，另耐震規範中對於抗彎矩構架中填有未隔開非結構牆時，R 值可取 4.0，且需進行兩階段分析與設計，或者具非結構牆的二元系統，韌性容量值為不具結構牆的二元系統的 5/6 倍，所以選項(C)敘述有誤。

（B）35.建築物在抵抗側向地震力作用時，容許結構桿件產生破壞以損耗地震能量。依目前耐震設計原則，最應避免下列何種破壞情形的發生？

(A)隔間磚牆斜向剪力破壞　(B)鋼筋混凝土柱斜向剪力破壞

(C)梁端點產生塑性鉸　(D)框架內斜撐拉力降伏

（110 建築師-建築結構#25）

【解析】

依耐震規範，耐震之基本原則在設計地震時容許產生塑性變形，考慮建築物的韌性容量而將地震力折減，因此建築物應依韌性設計要求設計之，使其能達到預期之韌性容量。而確保結構物能夠發揮良好韌性，就要讓桿件之塑鉸能順利產生，且位置要產生在梁上，因為柱破壞可能讓整棟建築物傾倒，造成人員傷亡，危險性高，而梁破壞僅單層結構出問題，是強柱弱梁的設計觀念，而選項(B)之柱斜向剪力破壞為脆性破壞，不符合韌性設計的原則，應為避免。

（C）36.我國交通部中央氣象局於 109 年施行新的地震震度分級制度，讓地震震度分布與災害位置的關聯性更為提升，下列何者為新震度分級的認定依據？

(A)僅以地動加速度作為分級認定依據

(B)僅以地動速度作為分級認定依據

(C)中震以下以加速度作為分級依據；強震以上以速度作為分級認定依據

(D)中震以下以速度作為分級依據；強震以上以加速度作為分級認定依據

（110 建築師-建築結構#29）

【解析】

109 年 1 月 1 日起震度 5 細分成 5 強、5 弱，震度 6 細分成 6 強、6 弱。震度震度 4 級（含）以下依 PGA 決定，震度 5 級（含）以上依 PGV 決定，選項(C)為正確。

（B）37.近年在房屋結構之耐震設計，相當關注近斷層地震對地表振動之影響，下列敘述何者錯誤？

(A)地表振動強度與斷層之指向性（Forward directivity）有關

(B)在斷層平行方向（Fault parallel）較易觀察到最大地表加速度與速度（PGA, PGV）

(C)經常會伴隨一永久地表位移（Fling step）

(D)常可見明顯速度脈衝（Velocity pulse）

（111 建築師-建築結構#15）

【解析】

當斷層錯動時造成之地震，對於鄰近斷層處，在極短時間內，地表朝單一方向產生大幅度位移，往返運動情況不明顯，地表產生較大之永久位移，而建築物無法藉由左右擺動過程消散地震能量，受損程度較高，可判斷選項(A)、(C)、(D)正確，因係斷層兩側造成大位移，故較易觀察到 PGA、PGV 應為斷層垂直方向，而非平行方向，選項(B)錯誤。

（C）38.三層構架如圖所示，假設質量僅分布於梁構件，那些變更會延長其基本振動週期？

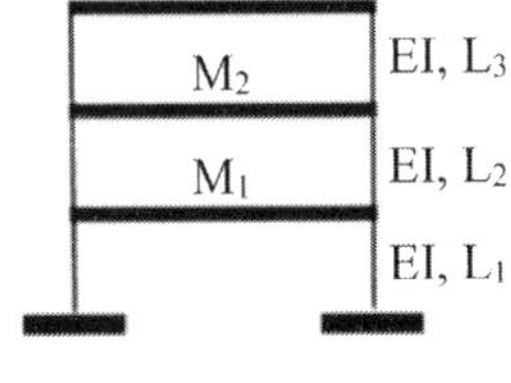

①增加柱斷面 I 值　②降低材料 E 值

③提升 1F 柱之長度 L1　④降低 3F 重量 M3

(A) ②④　(B) ①④

(C) ②③　(D) ①③

（111 建築師-建築結構#25）

【解析】

簡化用單層單自由度構架計算基本振動週期的概念來看，$T = 2\pi\sqrt{\frac{M}{K}}$，$K \propto \frac{EI}{L^3}$，可初步判斷 M增加、L增加及EI減小可延長T，故選(C)。

（A）39.關於隔震結構與耐震結構兩者之差異，下列敘述何者錯誤？

(A)隔震結構完工後一勞永逸，不須定期檢查

(B)相同建築規模及尺寸下，耐震結構的梁柱尺寸較大

(C)相同地震下，耐震結構的標準層之層間變形較大

(D)耐震結構施工較為單純

（111 建築師-建築結構#40）

【解析】

隔震結構需額外設置隔震元件，並靠其發揮預期隔震效果，需定期檢查，尤其是地震過後，以確保功能，選項(A)敘述明顯有誤，其他選項敘述尚為正確。

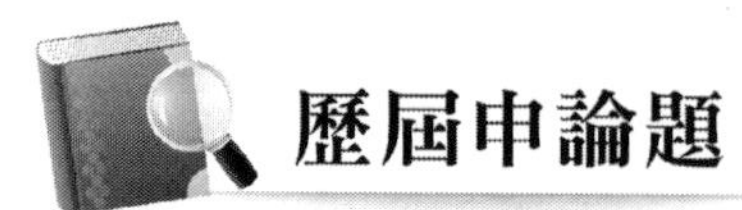

一、圖 2，圖 3 及圖 4 分別為三棟多樓層建築的結構系統立面之示意圖，考慮側向力作用之下，試在原結構上提出 2 個補強的方案，以圖表示之。（18 分）

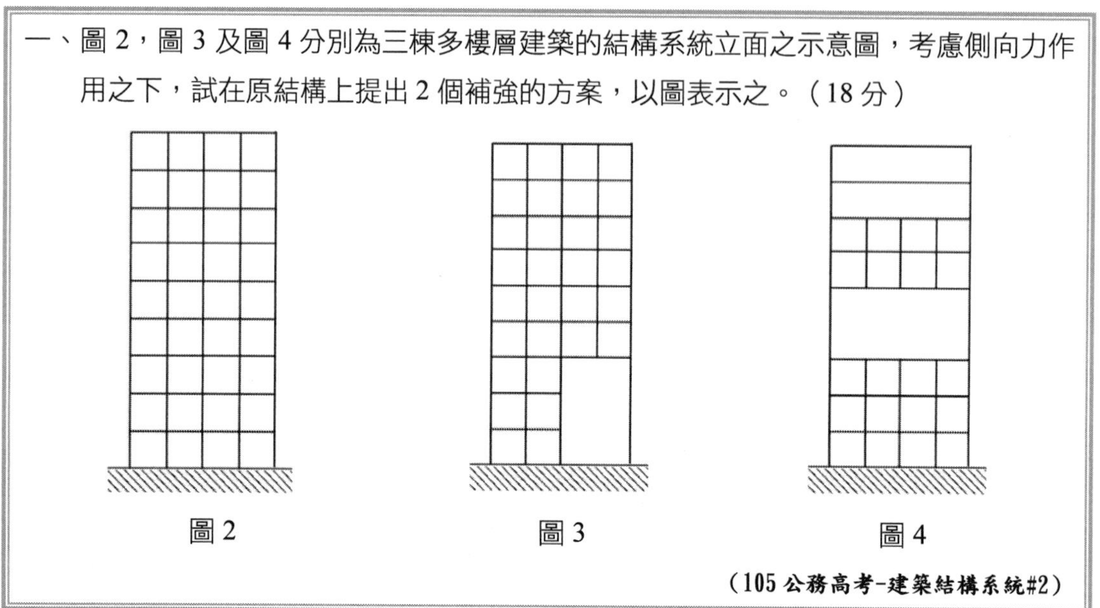

（105 公務高考-建築結構系統#2）

參考題解

（一）圖 2 由圖上並無法直接判斷結構系統問題，假設因其抗側力能力不足需補強，評估考量以增設剪力牆或翼牆等 2 種方案能有效補強，配置示意如圖，增設尺寸及位置需另行評估及考量。

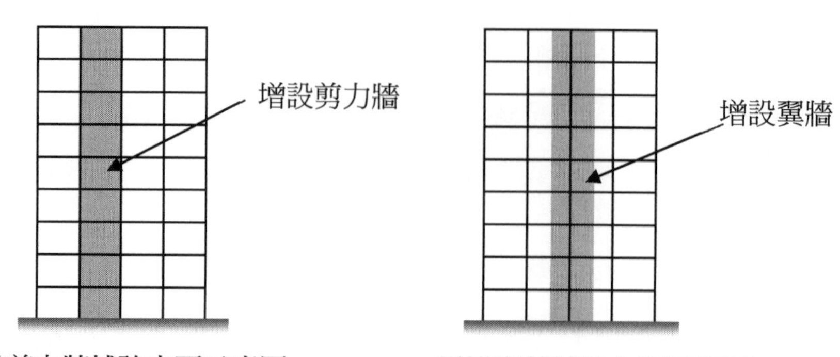

增設剪力牆補強立面示意圖　　增設翼牆補強立面示意圖

（二）圖 3，因梁中斷而為長短柱並存且部分柱線中斷，勁度突然改變，側移增大能量集中，短柱承受較大水平力，水平力彎曲作用時，長柱細長比較大，需檢核細長柱效應。另柱線有不連續狀況，局部應力傳遞不順暢，可能造成局部桿件損壞。

建議補強方式：

1. 短柱進行剪力補強，如圍封鋼板、圍封纖維貼片 FRP；長柱採擴柱補強。柱線不連續處，局部補強，如加大梁斷面。示意如圖（各補強方式參考圖詳參講義第 6 章）。
2. 使梁柱不負責承擔側向力（或承擔少量側向力），另加設抗側力系統，如增設剪力牆或翼牆。柱線不連續處，局部補強，如加大梁斷面。示意如圖（各補強方式參考圖詳參講義第 6 章）

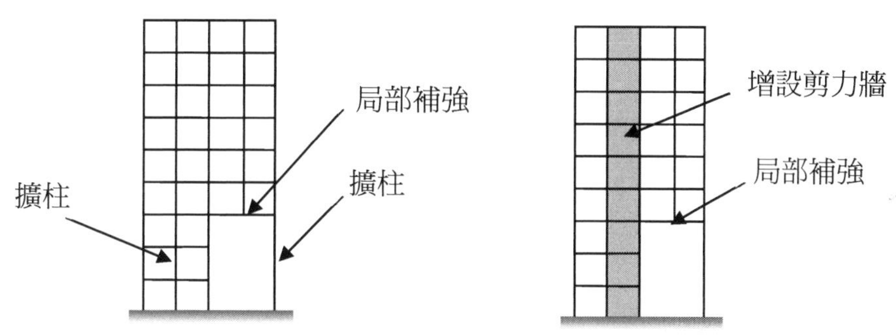

建議補強方式 1 立面示意圖　　建議補強方式 2 立面示意圖

（三）圖 4，中間層及上層多處柱線不連續，若以梁柱為抗側力系統，則可能有軟弱層之立面不規則狀況。

建議補強方式：因中間層及上層摟空處應有其使用性考量，故建議於平面外圍增設抗側力系統，如增設剪力牆或翼牆等 2 種方案。柱線不連續處，局部補強，如加大梁斷面。示意如圖（**各補強方式參考圖詳參講義第 6 章**）

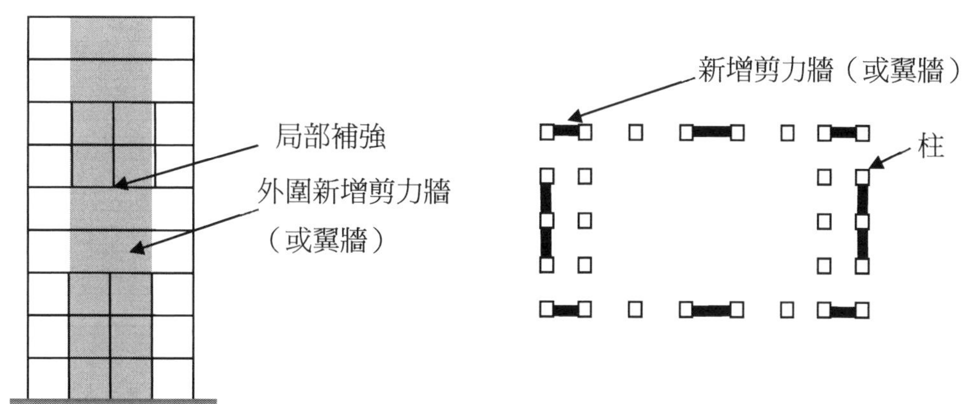

增設剪力牆補強立面示意圖　　增設剪力牆補強平面示意圖

二、2016 年 2 月 6 日南臺灣發生 6.4 級的強震，導致臺南一住宅大樓倒塌的不幸事件，而一時引發了在建築設計與工程施工等層面的諸多討論。圖 6，圖 7，圖 8 為不同的建築平面型態，試針對其抗震能力，在不影響原設計之空間配置下，討論其地震時可能之行為，並提出調整及解決的方式。（每小題 8 分，共 24 分）

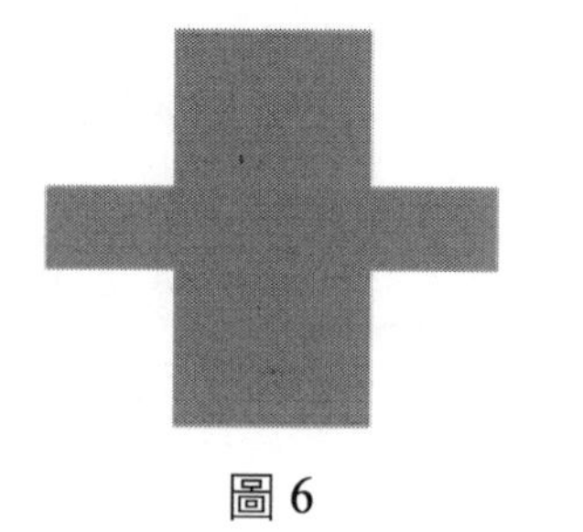
圖 6

圖 7

圖 8

（105 公務高考-建築結構系統#4）

參考題解

（一）圖 6，依平面來看，可能為耐震規範中之具凹角性之平面不規則性結構，轉折處產生應力集中而易致破壞（如圖），另因束制條件之影響，地震時產生差異的側移。在設計或檢核時需針對橫隔版（樓板）之剪力傳遞能力須特別考量，並考量外懸翼與主體結構同向或反向運動情況。並針對地震力傳遞路徑不連續處（轉折處）附近構材之予以加強。

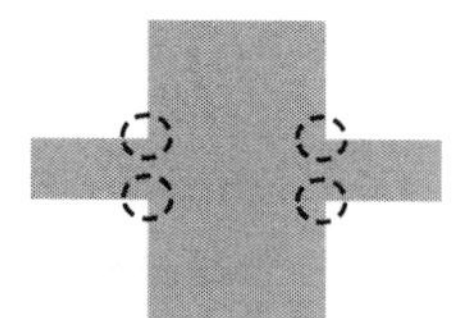
結構平面易破壞處

（二）圖 7，依平面來看，可能為耐震規範中之橫隔版不連續性之平面不規則性結構，轉折處產生應力集中而易致破壞（如圖）。在設計或檢核時需針對橫隔版（樓板）之剪力傳遞能力須特別考量。並針對地震力傳遞路徑不連續處（轉折處）附近構材之予以加強。

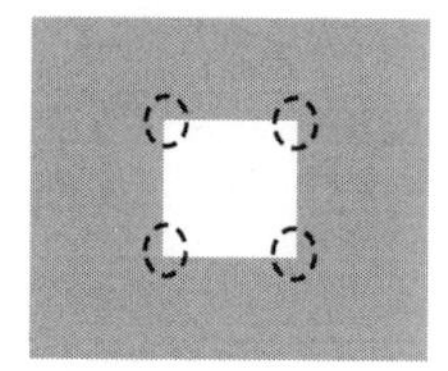
結構平面易破壞處

（三）圖 8，依平面來看，可能為耐震規範中之扭轉不規則性及具凹角性之平面不規則性結構，需特別考量扭矩（意外扭矩及動態扭矩）之影響，結構分析時建議採用動力分析法。轉折處產生應力集中而易致破壞（如圖），另因束制條件之影響，地震時產生差異的側移。在設計或檢核時需針對橫隔版（樓板）之剪力傳遞能力須特別考量，並考量外懸翼與主體結構同向或反向運動情況。並針對地震力傳遞路徑不連續處（轉折處）附近構材之予以加強，另針對額外扭矩作用評估進行抗側力構材之剪力補強。

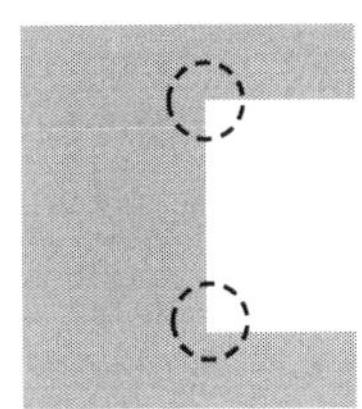
結構平面易破壞處

三、回答下列問題：

（一）説明結構韌性比（ductility ratio）之定義。（5 分）

（二）韌性對於結構物之耐震有何影響？（10 分）

（三）在 RC 結構設計時，為確保結構韌性，對於結構和構件的破壞機制應採行那些設計準則？（10 分）

（105 地方三等-建築結構系統#4）

參考題解

（一）以建築物而言，由受側向力之力與位移（屋頂側位移）關係，定義結構韌性比（韌性容量）$R=\Delta_u/\Delta_y$ 。

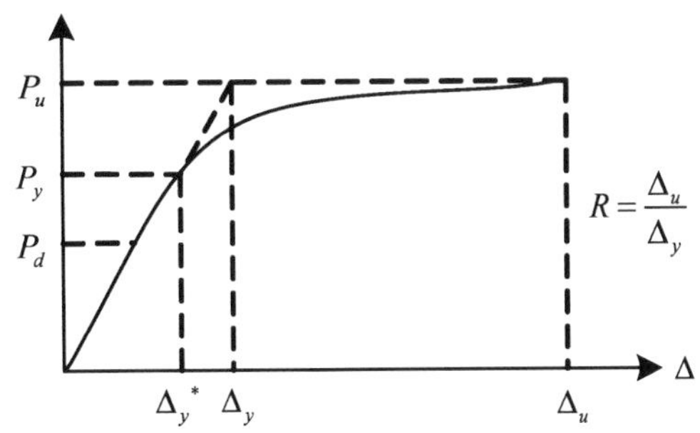

（二）由於建築物具有韌性，若將建築物設計成大地震時仍保持彈性，殊不經濟，故大地震時容許建築物進入非彈性變形，容許建築物在一些特定位置如梁之端部產生塑鉸，藉以消耗地震能量，並降低建築物所受之地震反應，可將彈性設計地震力予以降低，

而其降低幅度，端視韌性好壞而定，韌性好的建築物，結構系統地震力折減係數F_u就可以大一些（亦即地震力可以更為減小）。

（三）耐震設計原則：

1. 桿先於節：強節弱桿。
2. 梁先於柱：強柱弱梁。
3. 彎先於剪：強剪弱彎。
4. 拉先於壓：強壓弱拉。

四、說明現行「建築物耐震設計規範及解說」所考量的三種地震水準及耐震設計目標。（25 分）

（106 公務高考-建築結構系統#1）

參考題解

規範耐震設計之基本原則，係使建築物結構體在中小度地震時保持在彈性限度內；設計地震時容許產生塑性變形，但韌性需求不得超過容許韌性容量；最大考量地震時則使用之韌性可以達規定之韌性容量。規範考量的三種地震水準及耐震設計目標詳述如下：

（一）中小度地震：為回歸期約 30 年之地震，其 50 年超越機率約為 80%左右，所以在建築物使用年限中發生的機率相當高，因此要求建築物於此中小度地震下結構體保持在彈性限度內，使地震過後，建築物結構體沒有任何損壞，以避免建築物需在中小度地震後修補之麻煩。一般而言，對高韌性容量的建築物而言，此一目標常控制其耐震設計。

（二）設計地震：為回歸期 475 年之地震，其 50 年超越機率約為 10%左右。於此地震水準下建築物不得產生嚴重損壞，以避免造成嚴重的人命及財產損失。對重要建築物而言，其對應的回歸期更長。於設計地震下若限制建築物仍須保持彈性，殊不經濟，因此容許建築物在一些特定位置如梁之端部產生塑鉸，藉以消耗地震能量，並降低建築物所受之地震反應，乃對付地震的經濟做法。為防止過於嚴重之不可修護的損壞，建築物產生的韌性比不得超過容許韌性容量。

（三）最大考量地震：為回歸期 2500 年之地震，其 50 年超越機率約為 2%左右。設計目標在使建築物於此罕見之烈震下不產生崩塌，以避免造成嚴重之損失或造成二次災害。因為地震之水準已經為最大考量地震，若還限制其韌性容量之使用，殊不經濟，所以允許結構物使用之韌性可以達到其韌性容量。

五、就鋼筋混凝土建築物受地震力作用，試述「短柱」及「短梁」效應成因，如何來避免。（25 分）

（106 公務高考-建築結構系統#3）

參考題解

（一）短柱效應：以鋼筋混凝土建築結構之剪力屋架梁柱系統而言，水平地震力由柱依側移勁度分配，各柱側移勁度受柱高影響甚大，在長短柱並存情況下，柱高較小者，側移勁度大，所承受之水平地震力較大，常見短柱效應破壞狀況如學校建築窗台束制柱體或廁所處開高窗等，以學校窗台狀況為例，其柱設計原以樓層淨高設計，施工後窗台與柱相連而使有效柱長減短，短柱側移勁度提高，在水平力相同之情況下，導致短柱承受之水平力（剪力）變大，已與原設計考量情況有明顯差異，可能使短柱剪力超過承載能力而破壞。

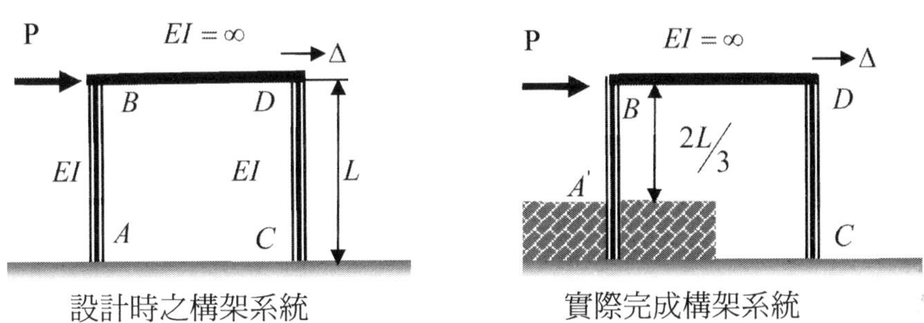

設計時之構架系統　　實際完成構架系統

	設計時	實際完成
側向力不變	$M_{AB}=M_{BA}=0.25PL$ $V_A=\frac{1}{L}(M_{AB}+M_{BA})=V_D=0.5P$	$M_{A'B}=M_{BA'}=0.257PL$ $M_{CD}=M_{DC}=0.114PL$ $V_{A'}=\frac{1}{2L/3}(M_{A'B}+M_{BA'})=0.771P$ $V_D=\frac{1}{L}(M_{CD}+M_{DC})=0.229P$

如何避免：

1. 避免柱高差異大的設計。
2. 避免柱設計時結構模擬之假設情況與實質施作的差異。
3. 若有牆壁束制柱體影響柱高，則在壁體與柱體間設置隔離縫。

（二）短梁效應：因鄰近跨度或束制配置問題，剪力跨度與有效梁深比較小，易致梁承受較大剪力，當鋼筋混凝土梁承受之剪力過大時，桿件破壞可能由脆性之剪力破壞控制，不符韌性設計要求。常見短梁狀況如梁受到隔間牆體束制或於牆體不當開孔而與原設計之假設不符（剪力增大），或不當的跨距與梁深設計致梁產生長短跨差異甚大，其相較於鄰梁，因短梁旋轉勁度大（$k = EI/L$），故在相同旋轉角下有較大的彎矩（$M = k\theta$），又跨距小而造成梁端剪力大（$V = (M_1 + M_2)/L$），或因結構牆間的短跨連接梁在許多幾何條件限制下，連接梁常形成深梁，而深梁可能係剪力控制，在地震中易造成強度與勁度的衰減。

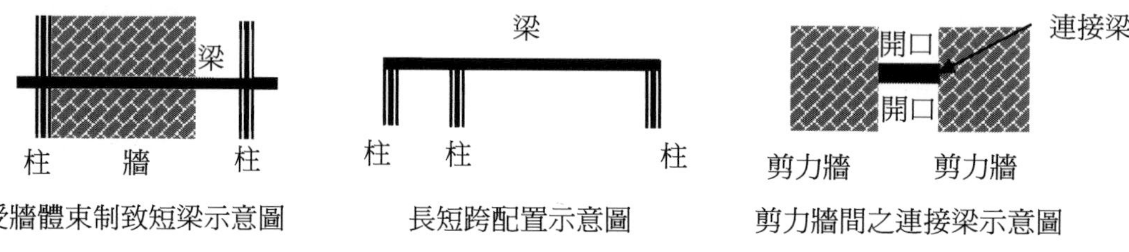

受牆體束制致短梁示意圖　　長短跨配置示意圖　　剪力牆間之連接梁示意圖

如何避免：

1. 避免梁設計時結構模擬之假設情況與實質施作的差異。
2. 避免於牆體不當開孔。
3. 適當的跨距與梁深設計，及避免深梁設計。
4. 加強短跨連接梁剪力設計，避免剪力脆性破壞。

六、具水平懸臂構材之建築物，建築技術規則對此類型之結構系統的抵抗垂直地震力有何規定？（25 分）

（106 公務高考-建築結構系統#4）

參考題解

依建築物耐震設計規範及解說 6.2.10 懸臂構材規定，水平懸臂構材或水平預力構材應設計成能抵抗垂直地震力，其構材應至少能抵抗 0.2 倍靜載重之上舉力。水平懸臂構材雖不承受水平向之地震力，但其受垂直地震作用時之效應仍需 加上考慮，由於懸臂構材其垂直向振動頻率可能異於主結構體之垂直振動頻率，所以其所受之垂直地震力額外規定之。

七、說明何謂不規則結構？試繪圖表示三種不規則結構之實例，並說明其可能造成之結構問題。（10 分）

（106 建築師-建築結構#1）

參考題解

（一）不規則結構：在平面與立面上，或抵抗側力的結構系統上，有顯著的不連續性，在許多大地震中發現結構配置不良的不規則性結構，是致使結構發生破壞的主因。不規則性結構主要是立面、平面不規則或地震力傳遞路徑不規則。

1. 立面不規則：勁度不規則性（軟層）、質量不規則性、立面幾何不規則性、抵抗側力的豎向構材立面內不連續、強度不連續性（弱層）。
2. 平面不規則：扭轉不規則性、具凹角性、橫隔版不連續性、面外之錯位性、非平行結構系統。

（二）三個不規則結構之實例及其可能造成之結構問題

1. 立面不規則之勁度不規則性及強度不連續性：如示意圖之建築，因牆體配置不連續（框托牆系統），致底層勁度、強度突然降低，為軟弱層，在地震力作用下，結構側移量多集中於底層，可能超過其最大容許變形破壞而致房屋傾倒。

構架間有磚砌壁體

底層挑空

2. 立面不規則之立面幾何不規則性（退縮）：示意如圖，交界面產生破壞

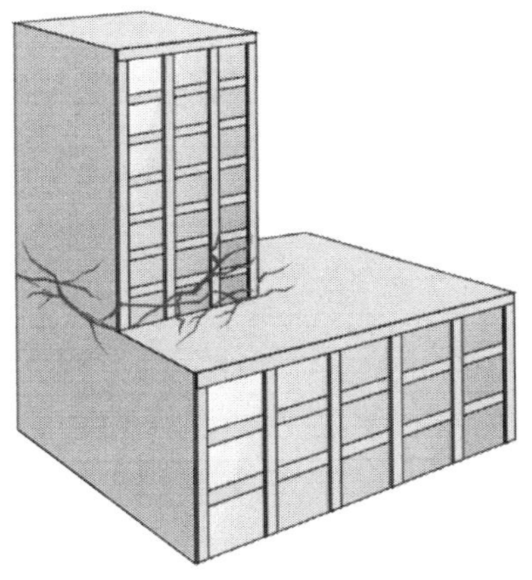

退縮建築的樓層退縮處容易破壞

3. 平面不規則之具凹角性：示意如圖，轉角處產生破壞

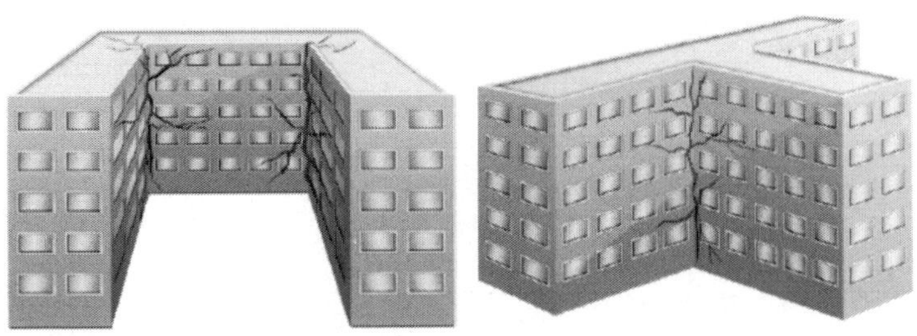

參考來源：https://www.ncree.org/SafeHome/ncr03/pc5_3.htm

八、政府自民國 97 年起大力推動校舍耐震能力提昇工作，目前各縣市之國中小學校舍也大都完成耐震能力評估與補強工作，若以常見之低矮型鋼筋混凝土校舍而言，試說明常見之補強工法及其效益。（25 分）

（107 公務高考-建築結構系統#3）

參考題解

低矮型鋼筋混凝土校舍常見補強工法為擴柱、RC 翼牆及 RC 剪力牆，分述如下：

（一）擴柱：

以擴大原有柱斷面進行補強，雙向提高建築物耐震強度，主要可增加柱構件的剪力強度，並亦可提升其撓曲強度及軸向強度，故對韌性亦有補強效果，屬於強度及韌性同時補強的工法，惟設計時仍以強度為主要考量，擴柱後之基礎亦需加以評估考量。若既有柱不適合植筋工法（如混凝土抗壓強度低、氯離子高、品質差），較適合採用擴柱補強工法。

相對於翼牆及剪力牆補強，其對採光及通風影響較小，而因其斷面雙向擴大，可能凸出走廊而對通行動線及視覺壓力有影響。

（二）RC 翼牆：

在結構物弱向增設 RC 翼牆，以提高整體結構物在耐震能力不足方向之強度，其為將既有獨立柱附加翼牆，增加單向強度與勁度，屬於單向的補強，以提升強度為主，並可有效提高整體勁度，對於改善韌性則較不明顯。另增設翼牆可能降低梁有效長度產生剪力脆性破壞，需加以檢核。另翼牆需與原有梁、柱以植筋相接合，植筋效果及適用性不佳時不適合採用。

翼牆補強在走廊寬度不足時，因一般翼牆與既有牆面厚度相同，不影響動線，惟對於原有通風採光會有影響，另翼牆宜延續至基礎，必要時要補強原有基礎。

（三）RC 剪力牆：

RC 剪力牆具有很高的強度與勁度，為強度補強方法，增設剪力牆補強方式對於結構物抗側力強度有極佳效果，相當適用於整體梁柱構架缺少強度或缺乏韌性之老舊低矮建築物。而一般 RC 牆面內強度遠高於面外，通常僅採計面內強度貢獻，屬於單方向抗震補強構材。而當建築物具有軟弱底層或是質心與剛心具較大偏心量時，採用剪力牆經適當評估設計（如可均勻、規則配置等）可有效改善結構抗側力系統，使其排除軟弱底層破壞模式及降低偏心造成之扭轉效應。一般增設剪力牆強度高，設計時需注意與四周梁、柱、版及基礎間力量傳遞檢討。

另設置 RC 剪力牆對於通風採光及動線影響甚大，配置原則優先考量原有完整牆面置換。

RC 剪力牆如能適當配置，一般被認為是相當經濟有效的補強方法，而為因應個案需求與限制，可併同搭配其他補強方式，如以增設 RC 剪力牆為主要補強，並搭配擴柱或翼牆為次要補強。

九、依照現行建築物耐震設計規範及解說，考慮靜力法進行結構分析，採用以下符號列式說明設計地震力計算要領及（F_u、S_{aD}、α_y）等參數考量要素。（30 分）

I：用途係數、S_{aD}：工址設計水平加速度反應係數、W：建築物全部靜載重、α_y：起始降伏地震力放大係數、F_u：結構系統地震力折減係數。

（107 地方三等-建築結構系統#2）

參考題解

地震力靜力分析，構造物各主軸方向分別所受地震之最小設計水平總橫力 V 依下式計算：

$$V=\frac{S_{aD}I}{1.4\alpha_yF_u}W$$

以一般震區設計地震力靜力分析概略程序如下：

判斷是否可使用靜力分析→計算建築物基本週期 T（考量週期上限係數 C_u 修正）→依基地位置查表震區相關係數（S_S^D，S_1^D）→判斷地盤分類（共三類），查放大係數 F_a，F_V值→考量是否有近斷層效應（N_A，N_V）→計算得工址相關係數（S_{DS}，S_{D1}）→計算週期分界（T_0^D）→查表及計算 S_{aD}→依韌性容量R計算容許韌性容量 R_a，計算 F_u→加上用途係數 I 及α_y可得 V 值。

其中 S_S^D 與 S_1^D 分別為震區短週期及一秒週期之設計水平譜加速度係數，分別代表工址所屬震區在堅實地盤下，設計地震作用時之短週期結構與一秒週期結構之 5% 阻尼譜加速度與

重力加速度 g 之比值。

而 S_{DS} ：工址短週期水平加速度反應譜係數；S_{D1} ：工址一秒週期水平加速度反應譜係數。

T_0^D ：工址設計水平加速度反應譜短週期與中、長週期之分界。

靜力分析理念概要：

韌性結構物在計算地震力時係藉由彈性系統的線性行為（彈性地震反應譜）來推求彈塑性系統的非線性行為，首先以彈塑性系統建築物承受水平地震力之 $P-\Delta$ 曲線中觀察，在設計地震力 P_d 時結構尚未降服，當地震力增加 α_y 倍達 P_y 後，第一個構材斷面才降伏，在設計均勻，各斷面降伏時機接近下，保守估計，外力增加至 $1.4P_y$ 後，結構達能承受最大外力 P_u，並以結構韌性考量結構系統之地震力折減（F_u 值），

可求得設計地震力 $P_d=\frac{P_e}{1.4\alpha_y F_u}$。$P_e=S_{aD}W$，再加上用途係數 I，得上述 V。

P_e：彈性結構破壞時地震力，使用慣性力計算，分析時視為等效靜力作用。

參數：$\alpha_y=\frac{P_y}{P_d}$，$F_u=\frac{P_e}{P_u}$，$\frac{P_u}{P_y}=1.4$

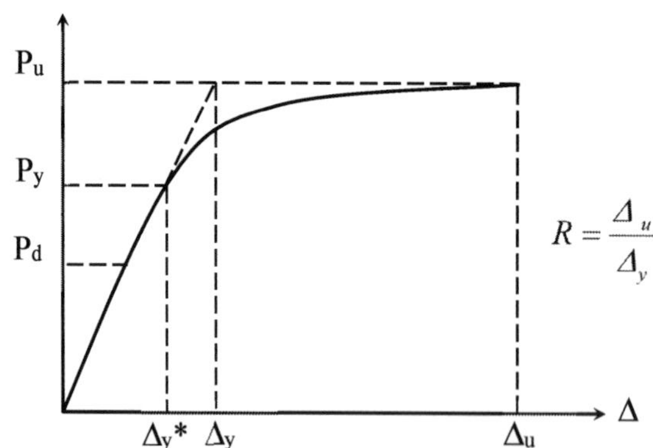

α_y值：與所採用之設計方法有關，就鋼結構容許應力設計而言，可採 1.2；鋼構造或 SRC 採極限設計法者，可取與地震力之載重因子相同，即為1.0；鋼筋混凝土構造之地震力載重因子取 1.0 設計者，α_y 取 1.0。若按其他設計方法設計，應分析決定。

F_u之計算：長週期建築物（$>T_0^D$）採位移相等法則，$F_u=R$；短週期建築物（$0.2T_0^D \sim 0.6T_0^D$）以能量相等法則，可求得 $F_u=\sqrt{(2R-1)}$。其他週範圍採用內差方式求得。

S_{aD}值：分布形式如圖，可由 S_{DS}、T_0^D 及建物週期 T 等資料求得。

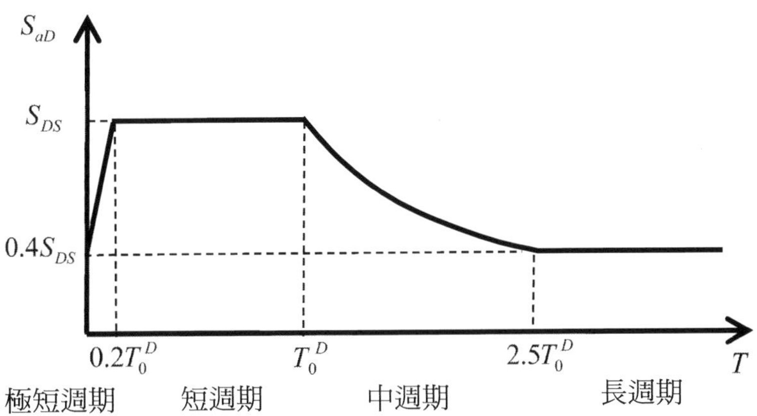

十、2018 年 2 月 6 日的花蓮震災中，在結構嚴重受損的大樓中，部分大樓之一樓作為停車場，主要支撐系統以梁柱構架為主，而形成所謂的軟弱底層建築。今以六樓公寓建物為對象，一樓仍為停車場、二樓以上作為住宅，若部分住戶不願配合在自家補強施工情況下，就抗震補強目標，提出單棟大樓之可行作法。（30 分）

（107 地方三等-建築結構系統#4）

參考題解

（一）基本資訊：

6 樓公寓建築物，1 樓停車場，2 樓以上住宅，結構系統以梁柱構架為主。

（二）狀況：軟弱底層，抗震能力不足，需進行補強。

（三）限制：部分住戶不願配合在自家補強施工。

（四）抗震補強建議：因缺圖面及詳細資料，就題意資訊及提出假設及建議作法。

1. 本案為 6 樓建物，假設具電梯設置，評估利用電梯井空間進行增設剪力牆（牆面加厚）或設翼牆，施工較不影響住戶自家且可進行全棟耐震補強，抗側力之強度及勁度可有效且均勻提升。
2. 因有住戶不願配合在自家補強施工，評估僅就軟弱底層進行補強之可行性，若可行，考慮底層採擴柱、增設翼牆、剪力牆及加設附屬鋼構架等方式。
3. 若外圍土地及空間足夠，可評估於現有建築物外圍新設構架。若土地空間侷限，則在外牆面加設鋼構架抗側力。此法可提升整體建物耐震能力，惟對於建築外觀及住戶視野之影響需加以考量。
4. 若上述皆不可行，考量對於空間配置、結構偏心等影響較小之補強方式（如擴柱），選擇施工影響及阻力較小且適當位置再與住戶溝通。

十一、下圖為一老舊之鋼筋混凝土構造立面，現況調查發現有多處不同原因造成之不同裂縫型式（如圖所示），恐造成結構強度之弱化現象。

（一）請說明各類型裂縫可能之成因為何？（10 分）

（二）在不拆除重建之前提下，請對各類型裂縫分別提出補強方案以改善結構之弱化現象。（15 分）

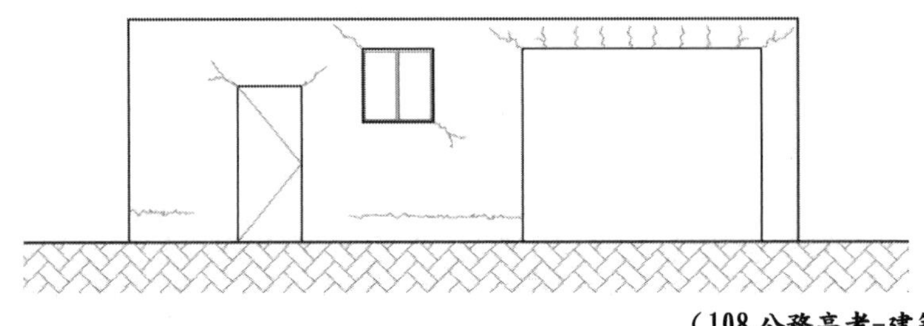

（108 公務高考-建築結構系統#3）

參考題解

（一）圖示 1 處為開口處角落斜角裂縫，於地震時，受側向力（剪應力）作用且因應力集中狀況所造成。

圖示 2 處水平向裂縫，可能為內有管路經過處或者混凝土澆注時形成之界（弱）面。

圖示 3 處梁下垂直向裂縫，較屬撓曲裂縫，可能為垂直載重較大或拉力筋不足形成。

圖示 4 處梁柱接頭斜向裂縫，應於地震時，受側向力（剪應力）作用，接頭強度不足而形成。

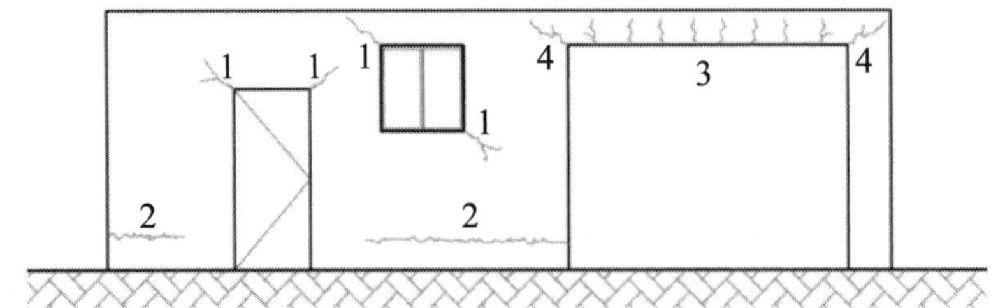

（二）圖示 1、2 處對於主體結構影響較小，裂縫較小時沒有滲水或混凝土掉落問題，重新補土油漆即可，裂縫較大時，可以灌注環氧樹脂或者局部敲除修復。

圖示 3、4 對結構安全較有影響，梁需進行彎矩補強，梁柱接頭需進行剪力補強，但梁柱接頭補強不易，考慮以加設附屬鋼構架方式補強，由新設構架取代原梁柱結構，或者分別針對梁進行加設鋼板或擴大斷面，抗側向力則加設剪力牆或斜撐抵抗。

十二、耐震建築之韌性設計中常強調以“強柱弱梁”方式設計，試敘述其概念為何？（12分）

（108地方三等-建築結構系統#1）

參考題解

依建築物耐震設計規範及解說，耐震之基本原則在設計地震時容許產生塑性變形，考慮建築物的韌性容量而將地震力折減，因此建築物應依韌性設計要求設計之，使其能達到預期之韌性容量。而確保結構物能夠發揮良好韌性，就要讓桿件之塑鉸能順利產生，且位置要產生在梁上，因為柱破壞可能讓整棟建築物傾倒，造成人員傷亡，危險性高，而梁破壞僅單層結構出問題，這就是強柱弱梁的設計觀念。

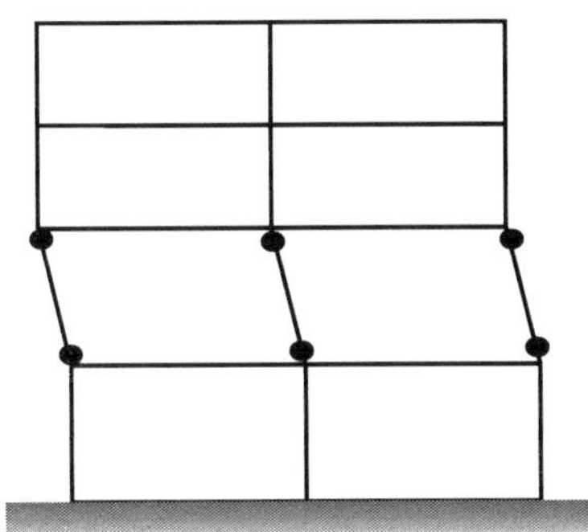

強梁弱柱，崩塌無預警　　強柱弱梁，結構韌性佳

強柱弱梁設計理念

十三、試就一般耐震建築結構、消能減震建築結構、隔震建築結構各舉一例，比較三者在地震作用時之結構反應特性。（20分）

（108建築師-建築結構#2）

參考題解

（一）一般耐震建築結構：

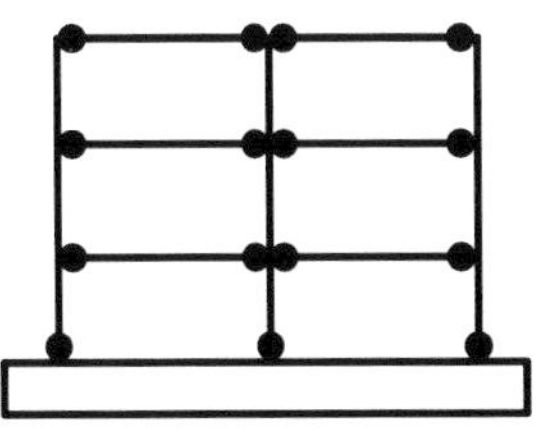

如特殊抗彎矩構架系統（SMRF），利用建築物韌性耐震，大地震時容許建築物進入非彈性變形，結構桿件可產生塑鉸吸收地震能量，為確保建築物韌性（即產生較大變形而不倒塌），使塑鉸能順利產生且在可控制的位置，採用強柱弱梁、梁彎曲降伏、避免剪力破壞或剪切降伏、柱腳彎曲降伏等設計概念。建築物受大地震時，主要在梁端及柱腳產生降伏消能，位置示意如右圖（圖上黑點）。

（二）消能減震建築結構：

如挫屈束制支撐構架系統（BRBF），在建築物架設挫屈束制斜撐（BRB）為減震消能裝置，其軸向勁度高，地震時可抑制建築物反應震動，降低側向位移變形，地震力主要由斜撐承受，且 BRB 的配置組成可防止主受力元件受壓挫屈，使其軸向強度與延展性有發展空間，故可有效利用其軸向變形吸收消耗地震能量，大地震時降伏位置主要在斜撐，示意如右圖（圖上黑點）。

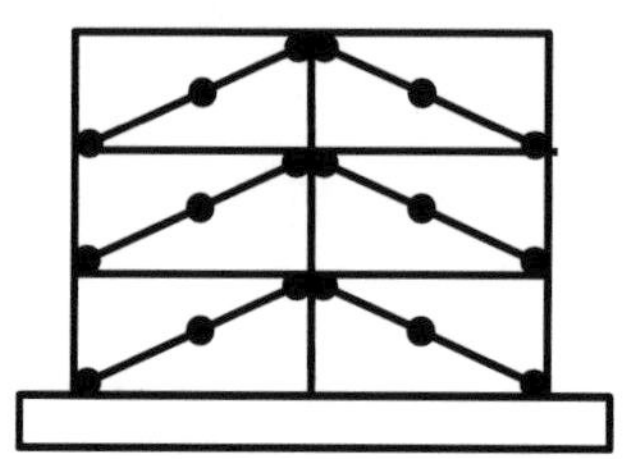

（三）隔震建築結構：

如鉛心橡膠隔震元件（LRB）之隔震結構，利用橡膠受水平作用時的低勁度來拉長週期，降低地震反應，主要相對變形（地震能量）集中於隔震層，除利用鉛心的受剪力變形安定的穩定高韌性消能機制外，再配合消能裝置（如增設阻尼器），吸收消耗地震能，及提高阻尼比，降低隔震層位移量，設置方式示意如右圖，圖中建築物下方為隔震層，較大地震時該層 LRB 降伏，上部結構層間位移較小，各桿件並可能得保持彈性。

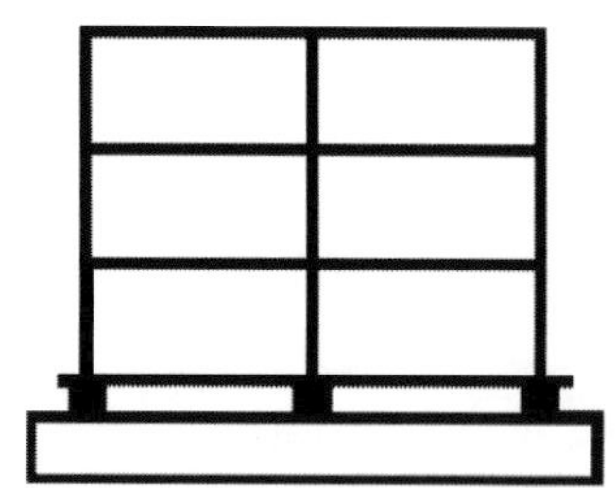

十四、圖示 A、B、C 為三棟規模相同、結構系統不同之建築物在承受水平載重時之載重 P 與變形 Δ 關係圖，試問：（每小題 10 分，共 20 分）

（一）以強度觀點比較此三棟建築物抵抗地震的優劣，並繪圖說明強度不足之建築物的補強工法？

（二）以韌性觀點比較此三棟建築物抵抗地震的優劣，並繪圖說明韌性不足之建築物的補強工法？

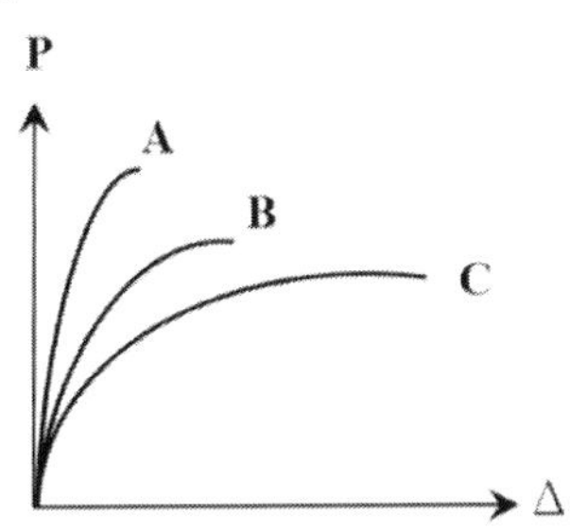

（109 建築師-建築結構#1）

參考題解

（一）單就所附建築物承受水平載重時之P－Δ關係圖來比較，A 建築可抵抗較大的載重 P，即強度較高，惟可變形量較小，即韌性較差，C 建築則為強度較低，韌性較佳，建築 B 則居間。

依建築物耐震規範的設計地震力概念，由於建築物具有韌性，若將建築物設計成大地震時仍保持彈性，殊不經濟，故大地震時容許建築物進入非彈性變形，可將彈性設計地震力予以降低，而其降低幅度，端視韌性好壞而定。故規範耐震設計之基本原則，係使建築物結構體在中小度地震時保持在彈性限度內；設計地震時容許產生塑性變形，但韌性需求不得超過容許韌性容量；最大考量地震時則使用之韌性可以達規定之韌性容量。

單就強度觀點簡化比較來看，C 建築強度較低，可能在中小度地震時已進入塑性，而使地震過後需要修補之麻煩。A 建築雖強度高，但因韌性較差，可能面臨地震時產生無預警性的破壞，或者需採用比較保守較不經濟的設計。B 建築則介於兩者之間。

良好的補強設計需針對結構系統特性、不足、弱點或缺失部分，並考量動線採光等需求辦理，選擇合適的補強方法及施設位置，以達功效及節省成本，因題目資訊不足，就建築物抗水平力之主要構材及概念，以常見狀況及方式進行回答。強度補強主要為提升主要抗側力構材強度，當耐震評估發現構材強度不足時，藉由既有構材強度補強來提升構材之彎矩及剪力強度等，或者增設構材的方式增加結構之強度及勁度等，而除強度提升外亦需考量維持良好之韌性，以提升整體結構的耐震能力。以 RC 造建築而言，常用抗側力之強度補強方式有擴柱、增設 RC 剪力牆（或斜撐）、增設 RC 翼牆、既有牆增厚、增設支撐柱、增設複合柱、增設鋼框斜撐構架、加設外側構架等。依內政部建築研究所資料，相關補強方式列舉繪製擴柱、增設剪力牆及加設外側構架補強方式示意如圖。另強度補強提升構材強度後，需考量及評估鄰近接合桿件強度、應力傳遞路徑之構材強度、基礎結構補強及整體結構系統影響（如剛心位置變化）等。

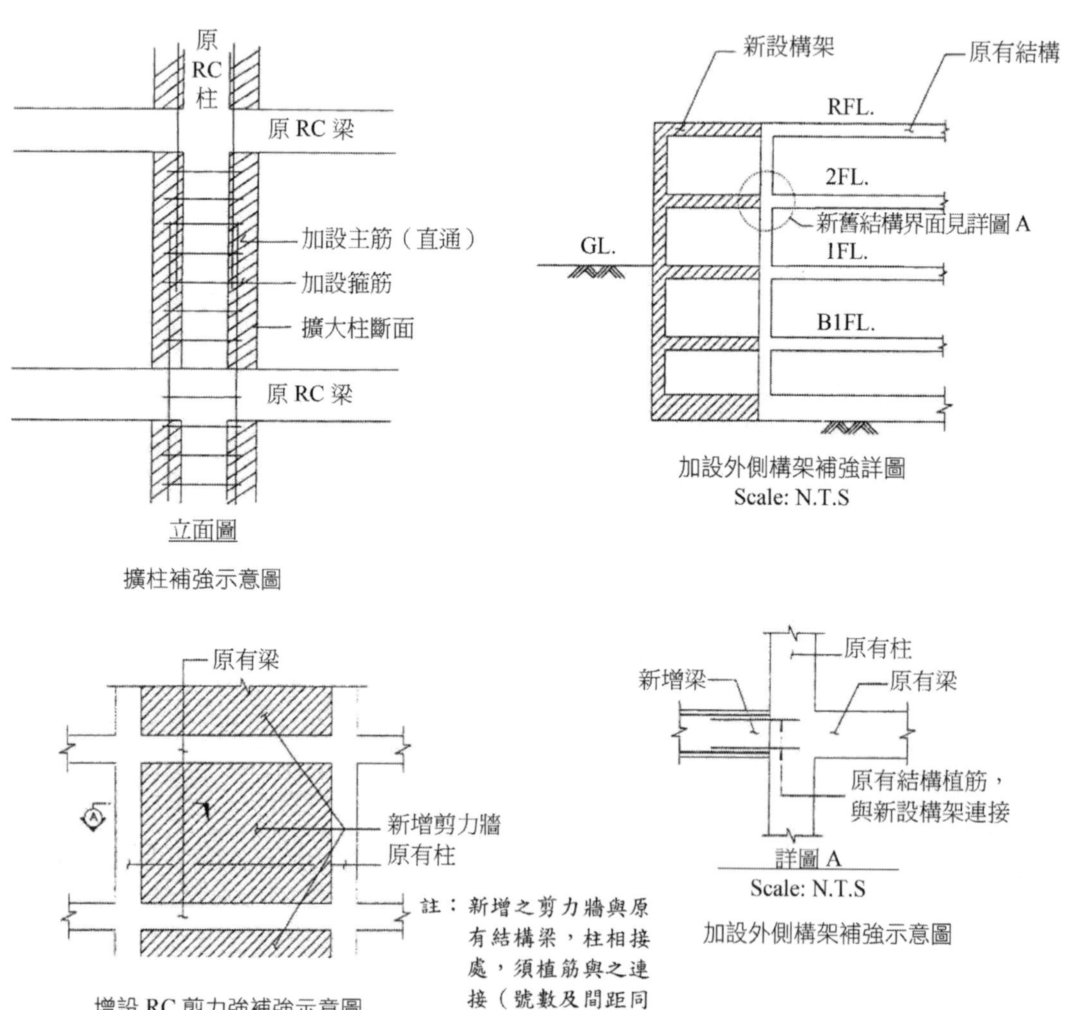

擴柱補強示意圖

加設外側構架補強詳圖

增設 RC 剪力強補強示意圖

加設外側構架補強示意圖

（二）由P − Δ關係圖就韌性觀點來看，A 建築韌性較差，C 建築韌性較佳，建築 B 居中。若韌性不足，同問題（一）之考量，需探討其狀況原因及需求而進行補強，就建築物抗水平力之主要構材及概念，以常見狀況及方式進行回答。韌性補強係以提升結

構物非線性變形能力來吸收更多的地震能量，當耐震評估發現構材為剪力破壞控制或者整體變形能力不足時採用，藉由補強來避免構材發生剪力破壞或者改善結構系統等，以發揮或者提升建築物韌性，順利消散地震能量，提高耐震性能。

以常見 RC 柱剪力強度或圍束不足致地震時可能剪力破壞而韌性不足的狀況，可採用柱加設箍筋、帶狀鋼板、圍封鋼板、圍封複合材料（如碳纖維）等補強工法，增加柱的圍束效果並提高柱抗剪強度，提升柱的韌性，進而增加結構物整體耐震能力，相關補強方式列舉示意如圖。

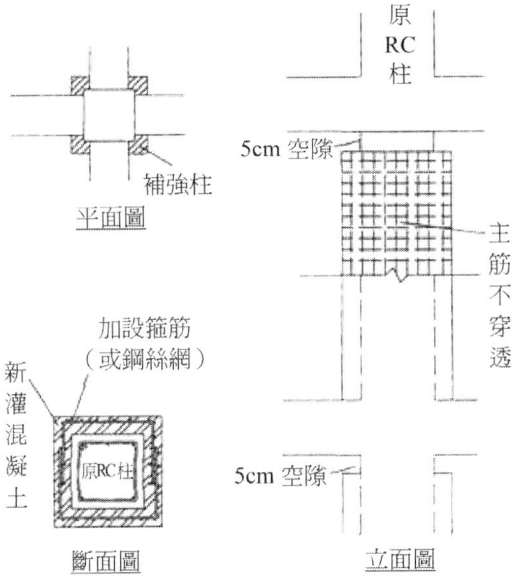

補強柱
平面圖
加設箍筋
（或鋼絲網）
新灌混凝土
原RC柱
斷面圖
原RC柱
5cm 空隙
主筋不穿透
5cm 空隙
立面圖

柱加設箍筋補強工法示意圖

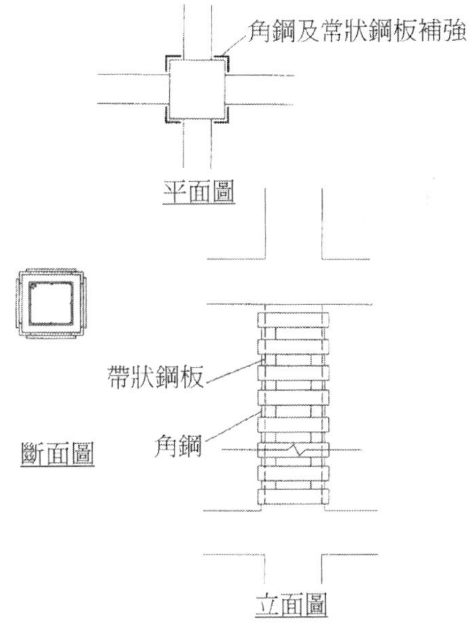

角鋼及常狀鋼板補強
平面圖
斷面圖
帶狀鋼板
角鋼
立面圖

柱帶狀鋼板補強工法示意圖

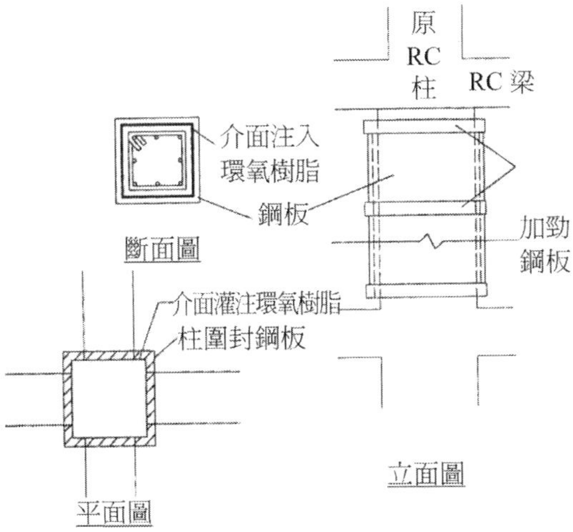

介面注入環氧樹脂
鋼板
斷面圖
原RC柱
RC 梁
加勁鋼板
立面圖
介面灌注環氧樹脂
柱圍封鋼板
平面圖

柱圍封鋼板補強工法示意圖

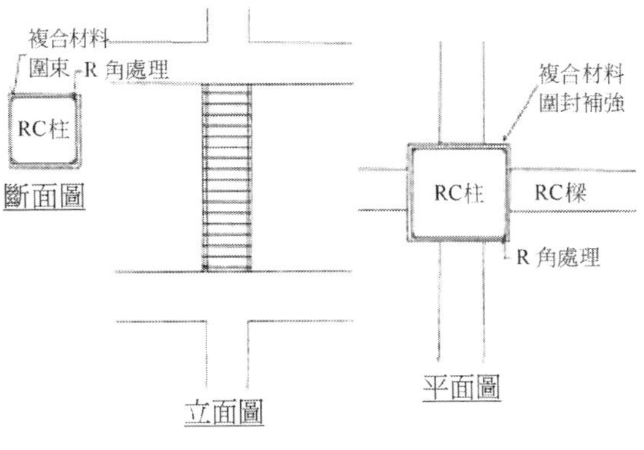

複合材料圍束
R 角處理
RC柱
斷面圖
立面圖
複合材料圍封補強
RC柱
RC樑
R 角處理
平面圖

柱圍封複合材料補強工法示意圖

十五、為使建築物各層具有均勻之極限剪力強度，無顯著弱層存在，依現行之建築物耐震設計規範須進行極限層剪力強度檢核，試說明其檢核方式與合格標準。(25 分)

(110 公務高考-建築結構系統#4)

參考題解

依現行內政部 100 年修正之建築物耐震設計規範及解說之 2.17 極限層剪力強度之檢核內容，為使建築物各層具有均勻之極限剪力強度，無顯著弱層存在，應依可信方法計算各層之極限層剪力強度，不得有任一層強度與其設計層剪力的比值低於其上層所得比值 80% 者。

若弱層之強度足以抵抗總剪力 $V = F_{uM}\left(\frac{S_{aD}}{F_{uM}}\right)_m IW$ 之地震力者，不在此限。

須檢核極限層剪力強度者，包括所有二層樓以上之建築物；另若建築物之下層與上層之總牆量斷面積（含結構及非結構牆）的比值低於 80% 者，計算極限層剪力強度時須計及非結構牆所提供之強度。

◎ 另依規範解說內容略以：

計算極限層剪力強度的方法沒有一定的限制，譬如建築物進行強柱弱梁等韌性設計後，可求得各柱當其上、下梁端產生塑鉸時的柱剪力，將整層的此等柱剪力相加，就可得該層的極限層剪力強度。

至於含非結構牆結構物的極限層剪力強度如何計算，雖然牆及構架之極限強度於地震時通常不會同時到達，但由於檢核之目的僅在將因非結構牆所造成之弱層的現象檢核出來，所以計算含非結構牆極限層剪力強度時可分別計算構架及非結構牆的強度，然後直接相加而得該層之極限層剪力強度。由於柱、RC 剪力牆、非結構 RC 牆與磚牆破壞時單位面積對應能承擔的剪力不同，因此以 RC 剪力牆的面積為基準，RC 柱、非結構 RC 牆與磚牆之有效面積要分別乘以 0.5、0.4 與 0.25。

十六、請說明韌性在結構安全上之意義為何？（10 分）結構設計如何達到韌性的功能？（10 分）

（110 地方三等-建築結構系統#1）

參考題解

（一）以建築物而言，韌性為結構物內桿件發揮塑性行為的能力。若不考慮建築物韌性，而將建築物設計成於中、大地震時仍保持彈性，為不經濟之作法，故在中、大地震時容許建築物進入非彈性變形，容許建築物在一些特定位置如梁之端部產生塑鉸，藉以消耗地震能量，並降低建築物所受之地震反應，乃對付地震的經濟做法。
故考量建築物韌性，在設計時可將地震力予以降低，而其降低幅度，韌性好壞為其主要因素之一。而因已考慮建築物之韌性而將地震力折減，因此建築物應依韌性設計要求設計之，使其能達到預期之韌性。

（二）韌性設計為確保結構物能夠發揮良好韌性，讓桿件之塑鉸能順利產生，且考量位置主要產生在梁上（除 1 樓柱底或頂樓柱頂等處可能不適用），因為若柱破壞可能讓整棟建築物傾倒，造成人員傷亡，危險性高，而梁破壞僅單層結構出問題，這是強柱弱梁的設計觀念（如 RC 柱撓曲強度應大於 RC 梁的 1.2 倍），而為使結構物達到良好韌性，以 RC 結構物為例，規範耐震設計中特別規定梁柱接頭強度檢核、圍束區剪力筋間距的限制、搭接位置限制…等。另如鋼骨結構之切削式高韌性梁柱接頭，藉由梁斷面的切削可控制塑鉸的產生及位置。

十七、回答下列問題：

（一）試述何謂「短柱效應」？（10 分）

（二）說明短柱效應對於 RC 建築結構耐震性能之影響，並提出因應對策。（15 分）

（111 公務高考-建築結構系統#3）

參考題解

（一）短柱效應：以鋼筋混凝土建築結構之剪力屋架梁柱系統而言，水平地震力由柱依側移勁度分配，各柱側移勁度受柱高影響甚大，在長短柱並存情況下，柱高較小者（短柱），側移勁度大，所承受之水平地震力較大，常見短柱效應破壞狀況如學校建築窗台束制柱體或廁所處開高窗等，以學校窗台狀況為例，其柱設計原以樓層淨高設計，施工後窗台與柱相連而使有效柱長減短，短柱側移勁度提高，在水平力相同之情況下，導致短柱承受之水平力（剪力）變大，已與原設計考量情況有明顯差異，可能使短柱剪力超過承載能力而破壞。示意如下圖及分析。

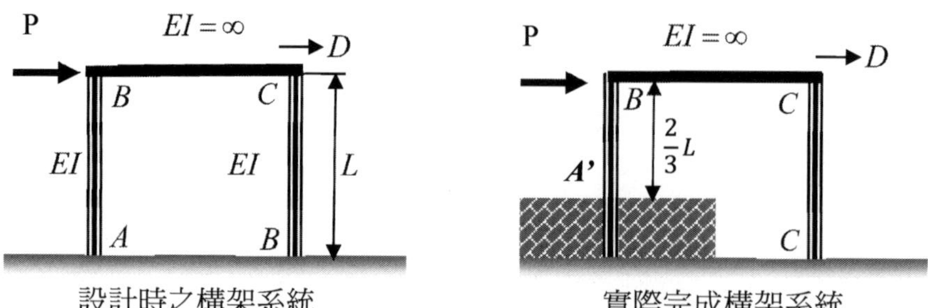

	設計時	實際完成
側向力不變	$M_{AB} = M_{BA} = 0.25PL$ $V_A = \frac{1}{L}(M_{AB} + M_{BA}) = 0.5P$	$M_{A'B} = M_{BA'} = 0.257PL$ $M_{CD} = M_{DC} = 0.114PL$ $V_{A'=\frac{1}{2L/3}(M_{A'B}+M_{BA'})} = 0.771P$ $V_D = \frac{1}{L}(M_{CD} + M_{DC}) = 229P$

（二）為安全且經濟抵抗地震力作用，RC 建築結構通常採用韌性設計，即在大地震時容許建築物進入非彈性變形，如此可將彈性設計地震力予以降低，而為確保結構物能夠發揮良好韌性，需讓桿件之塑鉸能順利產生，且位置要產生在梁上，係為強柱弱梁的韌性設計概念，而若因短柱效應影響，如上述分析，大地震時可能導致短柱承受較大的水平力而產生脆性的剪力破壞，不符耐震設計理念，嚴重狀況可能讓整棟建築物傾倒，造成人員傷亡，危險性高。

因應對策：

1. 避免柱高差異大的設計。
2. 避免柱設計時結構模擬之假設情況與實質施作的差異。
3. 若有牆壁束制柱體影響柱高，則在壁體與柱體間設置隔離縫。

十八、二元系統常用為抵抗地震力之結構系統，試述：

（一）依我國建築物耐震設計規範，二元系統應具那些特性？（12 分）

（二）RC 建築物採二元系統時，為使地震載重有效傳遞並避免造成耐震弱點，以圖文說明系統中剪力牆於立面及平面之配置要點。（13 分）

（111 地方三等-建築結構系統#3）

參考題解

（一）依耐震規範，二元系統具以下特性：

1. 具完整立體構架以受垂直載重。
2. 以剪力牆、斜撐構架及韌性抗彎矩構架（SMRF）或混凝土部分韌性抗彎矩構架（IMRF）抵禦地震力，其中抗彎矩構架應設計能單獨抵禦 25%以上的設計地震力。
3. 抗彎矩構架與剪力牆或斜撐構架應設計使其能抵禦依相對勁度所分配到的地震力。

（二）剪力牆為建築結構中常用來抵抗水平力的構材，面內之水平向勁度常遠大於柱，平面上影響建築物剛心位置，若與質心偏移太大，產生過大扭矩，嚴重影響耐震性能，立面上，因剪力牆勁度大，負擔較大水平力，若不連貫，影響力量傳遞及可能造成軟弱層，配置原則如下：

1. 平面上：盡量均勻對稱配置，避免交會於一點，平面上可沿著建築周邊配置形成核狀（外周剪力牆）或者在內部圍成密封的形狀（核心剪力牆）等不同配置方式，整體組成核形寬度越大抗扭力越佳，並具較大的抗傾覆能力，而且要使剛心和質心盡量接近，以減少額外扭矩。

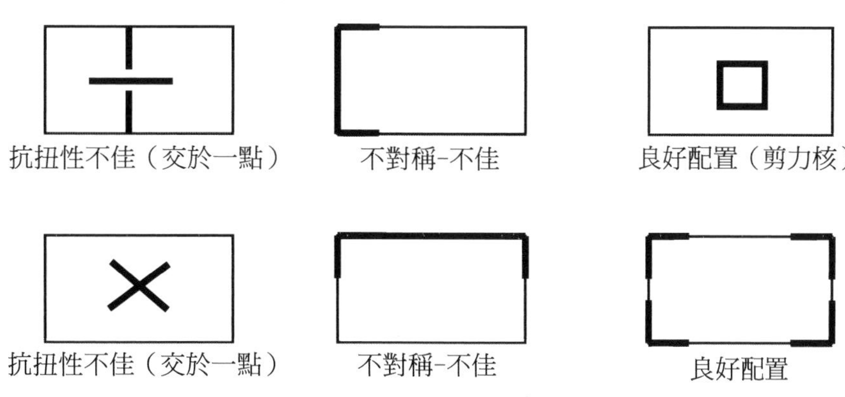

剪力牆（粗線）的平面配置示意

2. 立面上：盡量連續配置，避免中途中斷或由一處跳至另一處。

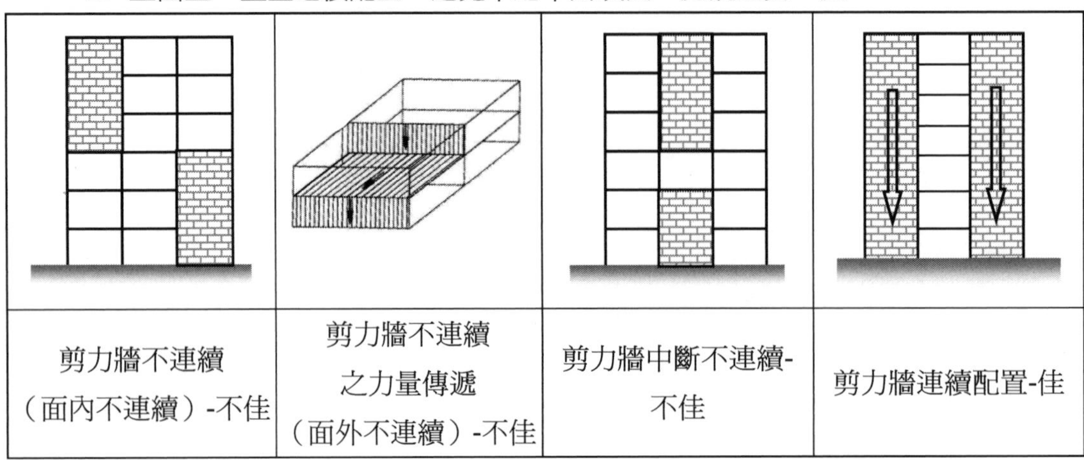

剪力牆不連續（面內不連續）-不佳	剪力牆不連續之力量傳遞（面外不連續）-不佳	剪力牆中斷不連續-不佳	剪力牆連續配置-佳

十九、近年地震中常發生老舊低層典型街屋受震害倒塌之情況，圖(A)及圖(B)所示分別為臺灣老舊低層典型加強磚造街屋之底層平面及二層平面，圖中斜線區域所示皆為磚牆。試分析老舊典型街屋之結構行為特性及耐震弱點。（25 分）

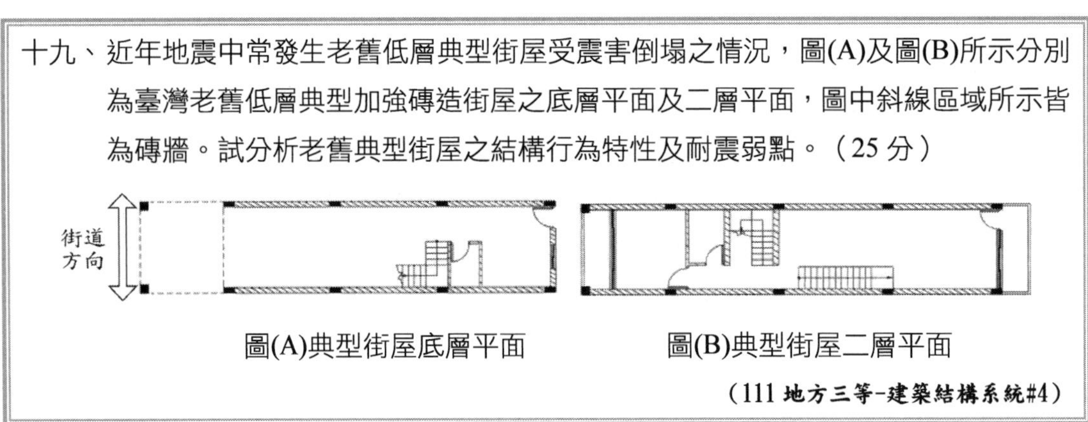

圖(A)典型街屋底層平面　　圖(B)典型街屋二層平面

（111 地方三等-建築結構系統#4）

參考題解

加強磚造為常見的低層典型家屋的建築結構型態，如果經妥善設計施工亦可抵抗較大的地震，惟早期的建築物耐震設計的知識及技術較為欠缺，相關的設計施工規範較為不足，故老舊的加強磚造結構有許多耐震弱點，如鋼筋混凝土構架韌性較差又抗剪強度較不足，鋼筋柱內不當配置管線，亦減少柱的承載力，另 1 樓常當店鋪或車庫使用，沿街道方向牆體可能被拆除或省略，垂直街道方向之騎樓處亦無牆體，上下牆體不連續，而 2 樓以上有窗台、外牆、隔間牆等致結構體勁度較大，形成一相對堅硬的結構，且重量較重，因而可能造成勁度及強度的不規則，形成軟弱底層的結構，於較大地震時 1 樓柱體易造成破壞而致建築嚴重損壞甚至倒場，而二樓以上結構保持完整的狀況。

本題老舊低層典型加強磚造街屋即為上述結構的狀況，分別以就短向（平行街道方向）及長向（垂直街道方向）來探討結構行為特性及耐震弱點：

（一）短向（平行街道方向）：

主由柱承擔水平地震力，若其強度或韌性不足，則可能於地震時破壞而致建物損壞倒榻。另依地震經驗研究，隔間牆或外牆雖可協助提供部分抵抗水平地震力能力，惟本建物為 2 樓有窗台、前後外牆、1B 及半 B 的隔間牆等，而底層僅中間處有少量的半 B 厚隔間牆及後方外牆，且牆體多不連續，故無法藉由牆體其提升抗震能力，且牆體配置不佳及不連續的狀況可能會有軟弱底層的狀況，在較大地震時反而造成變形量集中在底層而破壞甚至倒場的狀況。

（二）長向（垂直街道方向）：

雖然柱體及牆體之韌性可能較不足，而水平力除柱承擔外，另有 1B 厚磚隔戶牆共同抵抗，其抗水平地震力能力較短向為佳，惟騎樓旁隔戶牆不連續（一層中斷），其對抗震能力之影響須加以評估檢核。

3 基礎結構系統

歷屆選擇題

（C）1. 進行建築物地基調查計畫時，依「建築物基礎構造設計規範」，調查深度至少應達到可據以確認基地之地層狀況、基礎設計與施工安全所需要之深度。對於深開挖工程，調查深度至少應達可確認之承載層，或不透水層深度或幾倍的開挖深度範圍？

(A) 0.5～1.0　(B) 1.0～1.2　(C) 1.5～2.5　(D) 3.0～4.0

（105 建築師-建築結構#7）

【解析】

建築物基礎構造設計規範」3.2.3 調查範圍

（5）對於深開挖工程，調查深度應視地層性質、軟硬程度及地下水文條件而定，至少應達1.5～2.5 倍開挖深度之範圍，或達可確認之承載層或不透水層深度。

（A）2. 下列何者不是構造物基礎不均勻沉陷的可能原因？

(A)土層均勻，但土壤承載強度不足

(B)建築物之平面長度太過細長

(C)鄰房工程地下部分之施工

(D)地震引起地下土壤液化

（105 建築師-建築結構#9）

【解析】參考九華講義-結構系統 第十四章

(A)陳述土層均勻，只是土壤承載強度不足，相對不會發生不均勻沉陷。

（C）3. 有關樁基礎之敘述，下列何者錯誤？

(A)設置於無液化可能性之土層的單樁極限垂直支承力，可由單樁之表面摩擦阻力及樁端點支承力所組成

(B)計算基樁之容許拉拔力時，可考慮樁之自重，但地下水位以下之部分，應考慮浮力造成的影響

(C)依據現行建築物基礎構造設計規範，群樁之整體支承力為各單樁端點支承力之總和

(D)當設計側向力大於樁基礎之容許側向支承時，可另行打設斜樁，以承受部分側向力

（106 建築師-建築結構#17）

【解析】

建築物基礎構造設計規範

5.4.2 群樁總支承力

（1）座落於堅實地層中且其下方無軟弱土層之點承樁，其間距大於第 5.4.1 節之規定者，群樁之總支承力為各單樁端點支承力之和。

（2）座落於砂土層中之群樁，其間距大於第 5.4.1 節之規定者，群樁之總支承力為單樁支承力之和。

（3）座落於黏土層之群樁，其總支承力可分別依下列方法計算，並以其中較小者為設計值。

仍需考慮土層及樁間距等因素，本題選項(C)陳述錯誤。

（C）4. 有關結構計畫之敘述，下列何者錯誤？

(A)上部樓層為鋼筋混凝土結構，下部樓層為鋼骨鋼筋混凝土結構時，則轉換層下方之柱鋼骨需延伸至轉換層鋼筋混凝土柱之中間高度

(B)超高層等細長建築物受風力導致之反覆振動特性中，橫風向的加速度往往比順風向為大

(C)可能產生壓密沉陷的地盤，為了抑制不均勻下陷，可計畫無地梁之獨立基礎

(D)剛心與質心間的距離稱為偏心距，結構計畫時若減少偏心距，可降低建築物角隅處過大的變形

（108 建築師-建築結構#28）

【解析】

(C)概念明顯有錯誤。

（B）5. 關於樁基礎結構之敘述，下列何者錯誤？

(A)樁頭固定，樁的種類、樁徑及作用於樁的水平力都相同時，地盤反力係數較大則樁頭之彎矩變小

(B)單樁之極限垂直支承力，通常為樁底端點之支承力與樁表面之摩擦阻力之兩者間取其小值

(C)比較單樁與群樁之沉陷量時，若每一樁頭的載重皆相同，一般而言，群樁的沉陷量會比單樁大

(D)當基樁週邊地層沉陷，可能使樁表面受到負摩擦力，而考慮地震力、風力、衝擊力等短期載重情況時，可不計負摩擦力的影響

（108 建築師-建築結構#39）

【解析】

依建築物基礎設計規範，單樁之極限垂直支承力包含由樁周表面提供之摩擦阻力及由樁底端點提供之支承力，選項(B)為錯誤。其餘選項敘述為正確。

（C）6. 有關基礎及地層之敘述，下列何者錯誤？

(A)地層改良可防止液化、增加支承力、防止變形、確保開挖時之安全性

(B)淺基礎於地盤的容許支承力，一般而言，均質土壤處之基礎埋入愈深則支承力愈大

(C)同一砂質土壤，單柱基腳底面承受相同的單位面積載重作用時，一般而言，基腳底面積愈大，瞬時沉陷量愈小

(D)構造物若因基礎載重產生沉陷，將影響建築物之粉刷、裝飾或設備之正常使用，沉陷量若過大，則將導致構造物產生龜裂或損壞

（109 建築師-建築結構#11）

【解析】

砂土層的沉陷行為較複雜，惟一般狀況下，基腳面積越大影響範圍越大，瞬時沉陷量應較大，選項(C)錯誤。其餘選項敘述無明顯錯誤。

（A）7. 下列何者與土壤液化潛能之判定並無直接關係？

(A)建築物地上樓層高低　　(B)地震強度大小

(C)地下水位高低　　(D)有無疏鬆的細砂層

（110 建築師-建築結構#8）

【解析】

土壤液化主要發生於高地下水位之疏鬆砂性土壤區域，影響土壤液化的主要因素為土壤種類及級配特性、砂土相對密度、排水狀況、有效覆土壓、震動強度與時間等，故選(A)。

一、如下基地及已完成之建築物座落位置圖，經評估，甲區在地震時會出現土壤液化現象，說明造成土壤液化之成因及對本基地建築物之影響，並提出可行之改善措施。（25 分）

（106 公務高考-建築結構系統#2）

參考題解

（一）土壤液化之成因：依建築物基礎構造設計規範，飽和土壤產生液化之基本機制為土壤內孔隙水壓因受地盤震動作用而上升，引致土壤剪力強度減小，當孔隙水壓上升至與土壤之總應力相等時（土壤有效應力變為零），即產生土壤液化現象，而造成嚴重之損壞，諸如基礎支承力的喪失，崩潰、建築物坍陷、地盤側向擴張及下陷等現象。

土壤液化主要發生於高地下水位之疏鬆砂性土壤區域，影響土壤液化主要因素為：

1. 土壤種類＆級配特性：均勻級配細粒砂土／細粒沉泥質砂土／液化可能性較高。
2. 砂土相對密度：相對密度高發生液化可能性較低。
3. 排水狀況：排水狀況較差，土壤液化可能性較高。
4. 有效覆土壓：有效覆土應力大，發生液化可能性較低。
5. 震動強度與時間：震動強度越強及歷時越久液化可能性越大。

（二）土壤液化對本案建築物之影響：本案建築物部分區域座落於地震時可能會出現土壤液化現象之區域，當發生液化時，該區域土壤有效應力變為零，基礎支承力喪失，致建築物傾斜，而可能造成結構嚴重之損壞或建築失去使用性，甚或發生建築物坍塌危害人命之情形。

（三）可行之改善措施：本案需針對可能液化區進行地質改良，因建築物已完成，改善時需併同考慮有效性、施工性及避免影響既有建物，評估以地層固化法（固結工法）作為改善措施。該法係利用添加物改良土壤之物理及化學性質，常用添加物有水泥、石灰、水玻璃等無害化學物質，添加方法可利用攪拌、灌漿或滲入等方法進行，常見且較適用本案之工法如高壓噴射法及灌漿法，其中高壓噴射法係利用高壓力噴射作用將液態固化劑與土層相混合，固化成堅硬柱體，與原地層共成複合地基作用，而灌漿法係利用壓力將液態固化物灌注入土層中之孔隙或裂縫，以改善地層之物理及化學性質。另施作時應考量對既有結構物的影響，必要時需對建築物採取臨時支撐措施。

二、試說明建築物基礎構造採用筏式基礎之原因與優點為何？（10 分）

（106 地方三等-建築結構系統#4）

參考題解

當土壤支承力較小而必須承受很大之建築物重量時，則宜採用筏式基礎，一般而言，其使用時機如下：

（一）柱基腳之底面積超過建築物總面積之 1/2。

（二）基礎可能發生過大之差異沉陷。

（三）土壤支承力不佳，使用其他淺基礎無法安全支承。

（四）須抵抗向上之靜水壓力。

（五）沿鄰近基地或建築物而建造。

（六）地層含孔洞或性質複雜之高壓縮性土壤者。

（七）欲防止或減低土層內部因基礎載重產生之應力集中現象。

筏式基礎具有減少建築物差異沉陷，及挖除土重對建築物載重有補償作用等優點。

4 樑柱及構架系統

重點內容摘要

（一）梁穿孔原則

1. 設於梁「剪力」或「彎矩」較小處。
2. 靠近中性軸位置。
3. 採圓形開孔以降低應力集中。
4. 開孔處需補強。

（二）威廉迪爾桁構架

1. 將不穩定之四角形桁架系統的鉸接處改採剛性接頭，形成穩定之構架系統。
2. 威廉迪爾桁架之受力變形

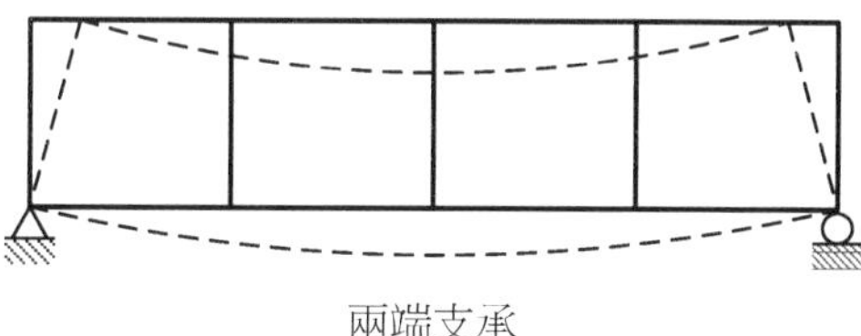

兩端支承

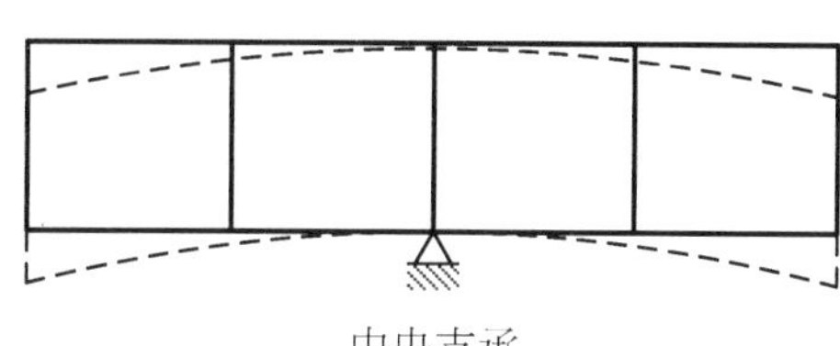

中央支承

3. 威廉迪爾桁架抵抗剪力及變形之型態

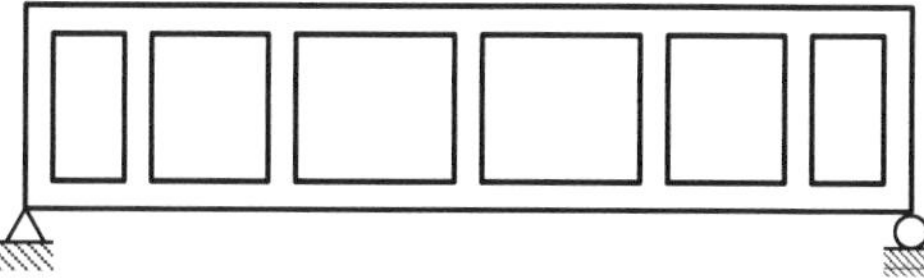

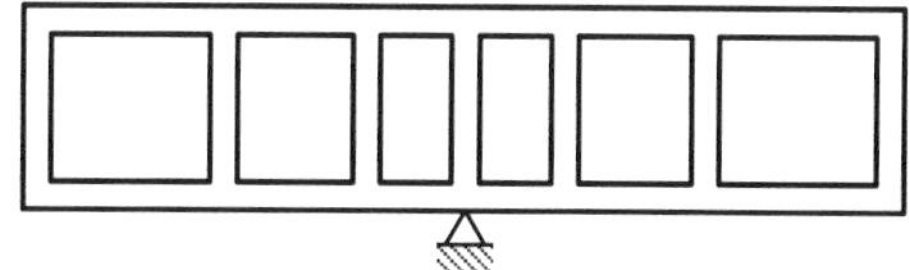

(a)往支承處跨度縮小

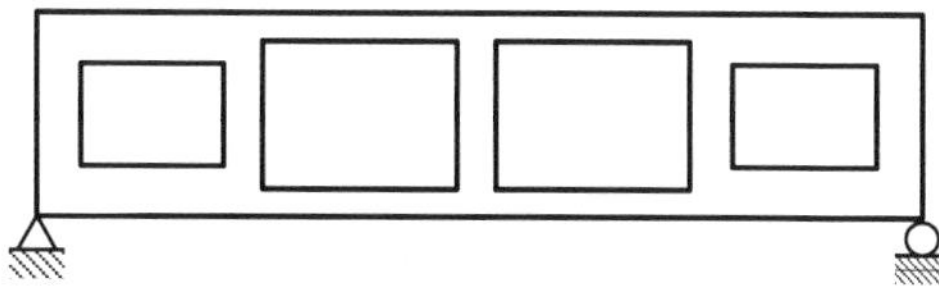

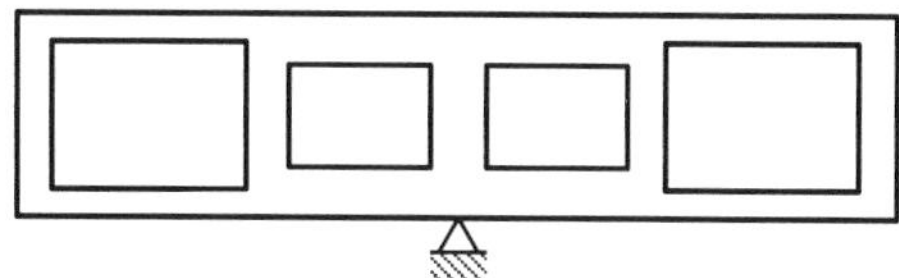

(b)往支承處斷面增加

（三）簡單構架抵抗水平推力方法

1.以基腳重量抵抗、2.加繫梁、3.加斜撐、4.加剪力牆。

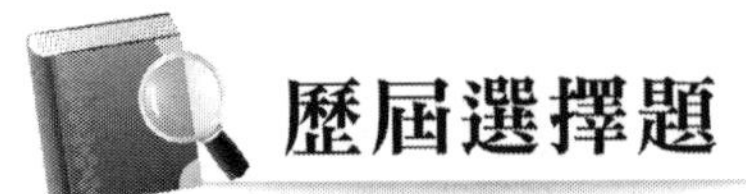

歷屆選擇題

（B）1. 在名建築「落水山莊」（Fallingwater）中，使樓版得以出挑於瀑布上方的梁結構系統，具有下列那一項特徵？

(A)在垂直載重下，梁中點之彎矩最大

(B)在自重下，不管在梁的何處，皆為梁底側受壓

(C)整支梁採用均一深度設計時，最具結構效益

(D)在位處地震帶的建築無法使用

（105 建築師-建築結構#6）

【解析】參考九華講義-結構系統 第七章

「落水山莊」出挑於瀑布上方的梁結構系統為懸臂梁，梁下受壓。

（#）2. 有一座五跨度之連續梁，建構之各梁斷面與材料均相同。就以下四種不同之均布載重作用下，何者在 A 點（第一跨右端）之剪力最大？　【答 A 給分】

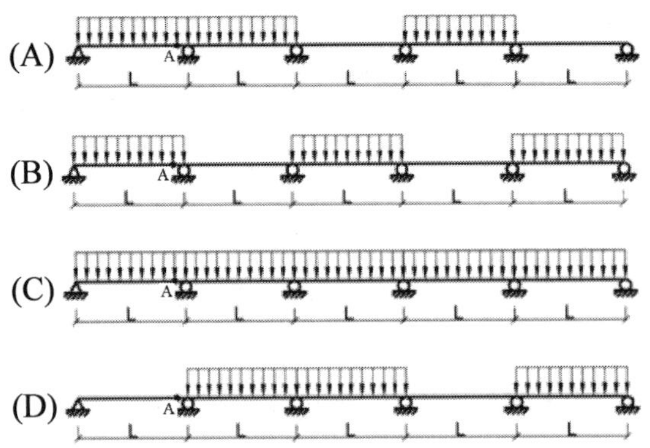

（107 建築師-建築結構#11）

（B）3. 設備管線穿過梁時，應考慮穿梁開孔對結構安全的影響，下列何種對應措施並不適當？

(A)若為 RC 梁，增加開孔處兩旁箍筋量　(B)若為 I 形鋼梁，增厚開口處翼板厚度

(C)根據梁斷面高度限制最大開孔直徑　(D)離梁柱交界面一定距離內不可開孔

（109 建築師-建築結構#39）

【解析】

於 I 形鋼梁管線穿梁之開孔通常在腹版，選項(B)增厚翼板厚度顯然不適當。

（D）4. 下列圖示的梁柱構架系統，在地震橫力作用下，地面層何處梁段較容易因地震而造成剪力破壞？

(A) A 梁　(B) B 梁　(C) C 梁　(D) D 梁

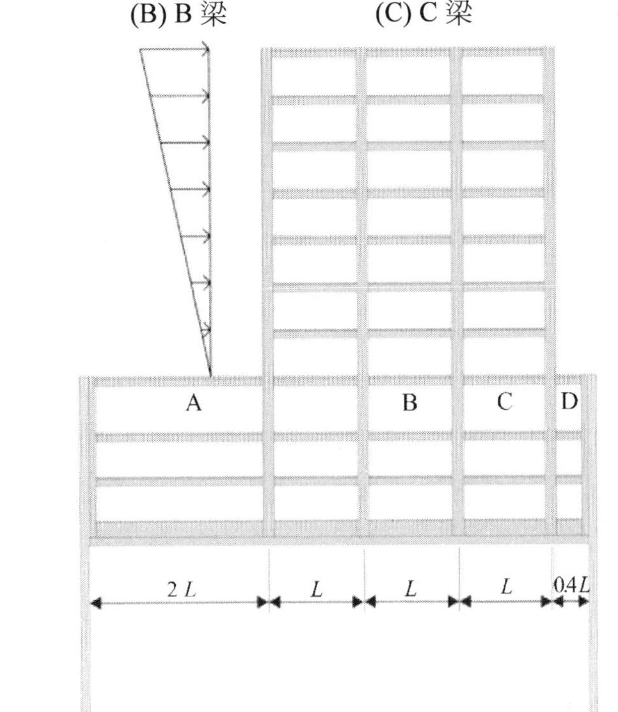

（110 建築師-建築結構#28）

【解析】

以梁跨距的概念來進行簡易判斷，在地震橫力作用下，各梁之兩端彎矩方向相同（都為順向或逆向），若各梁兩端彎矩相同或差異不大下，跨距短者，剪力較大，故選(D)。

（C）5. 等跨長之連續梁受圖示向下等值均佈載重，下列那一種載重分布的第三跨梁中央 C 點之正彎矩值最大？

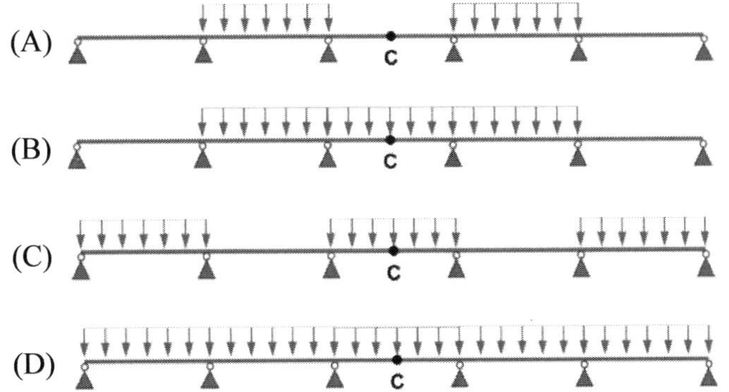

（111 建築師-建築結構#20）

【解析】

C 點之**彎矩影響線**如下圖所示，將載重佈滿正彎矩區間（如圖中所示位置），可得正彎矩最大值

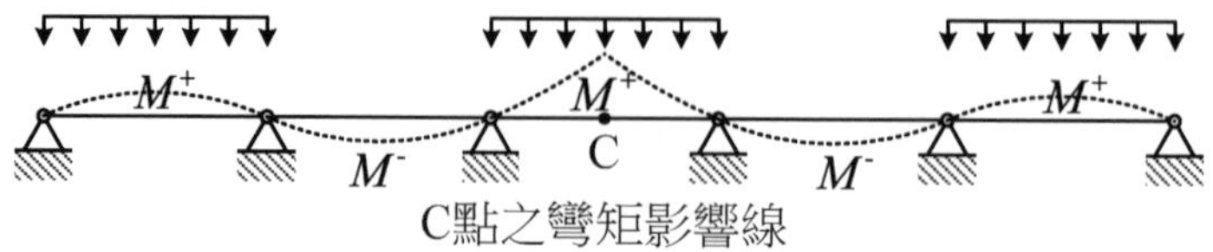

C點之彎矩影響線

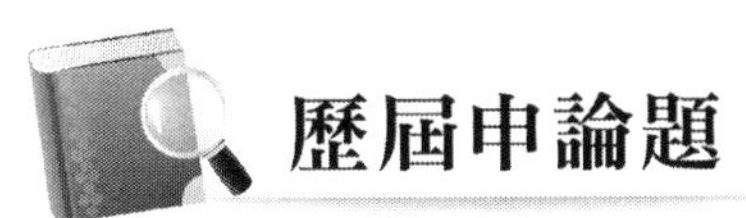

一、圖(a)為一梁柱系統之房屋平面圖，單位面積之垂直載重為 250 kg/m²，請繪出簡支梁 ©的載重圖（含數值）如圖(b)，並標示其兩支點 a 與 b 之反力。（20 分）

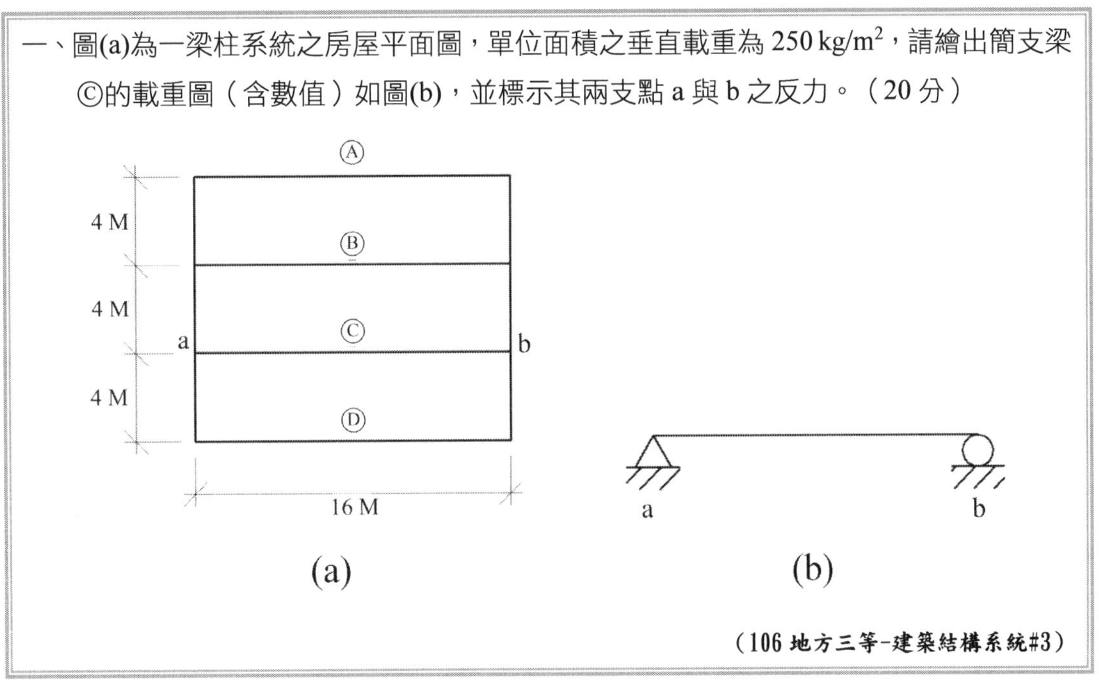

（106 地方三等-建築結構系統#3）

參考題解

簡支梁©所分擔承受的垂直載重區域如下左圖所示之斜線區域

繪出簡支梁©的載重圖（含數值）如下右圖

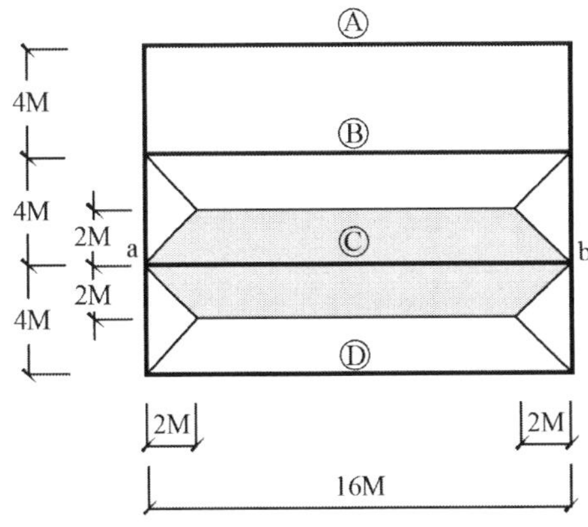

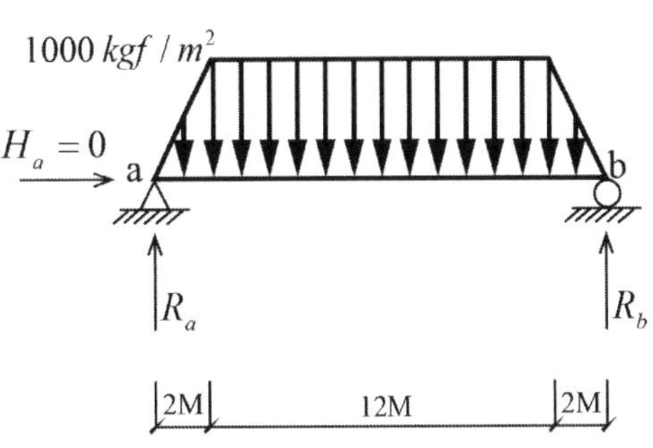

計算支承 a 之反力：

$$R_a = \left(\frac{12+16}{2}\right) \times 1000 \times \frac{1}{2} = 7000\ kgf \text{ ；} H_a = 0$$

支承 b 之反力：$R_b = 7000\ kgf$

【受力對稱，垂直力由 a、b 支承各半承擔】

5 纜索及拱系統

重點內容摘要

（一）$\begin{cases}\text{懸索系統} \Rightarrow \text{抗張} \\ \text{拱結構系統} \Rightarrow \text{抗壓}\end{cases}$

（二）懸索形狀及受力

1. 懸鏈線：承受自重。
2. 拋物線：連續均佈載重。
3. 橢圓形：載重自懸索中央朝兩端遞增連續載重。

（三）調所受張力的基本受力情形：吊索長度及載重情形相同時，吊索垂量越多，調所承受張力越小。

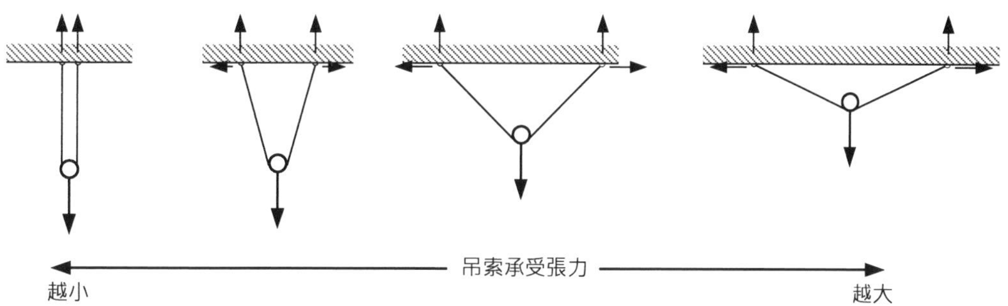

（四）拱形狀及受力

1. 懸鏈線形拱：承受自重。
2. 拋物線形拱：連續均佈載重。

（五）二鉸拱、三鉸拱、固定拱受外力作用下之最佳斷面設計

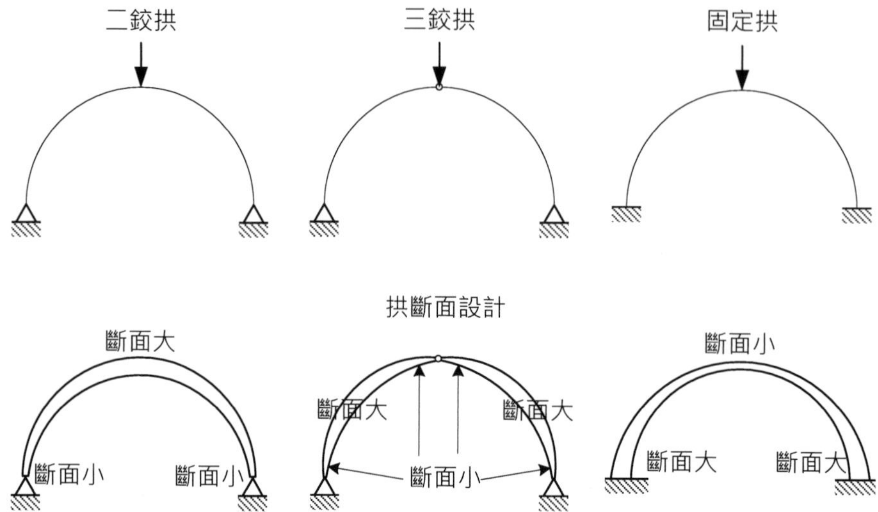

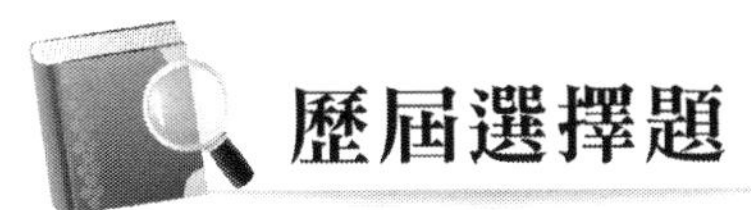

歷屆選擇題

（D）1. 拱結構系統抵抗水平反力之方法，下列何者錯誤？

(A)支承處加做扶壁　(B)支承處加繫梁

(C)支承處加纜索　(D)加大拱構體斷面

（105 建築師-建築結構#4）

【解析】參考九華講義-結構系統 第九章

(D)加大拱構體斷面會增加自重不利整體結構，亦與抵抗支承處水平反力無關。

（A）2. 下列那個結構系統最適合用於大型室內體育場館的屋頂結構？

(A)拱結構　(B)無梁版結構

(C)網格版（waffle slab）結構　(D)雙向版結構

（111 建築師-建築結構#39）

【解析】

題目意指為大跨距結構，又為屋頂層，不用考慮上層的使用，選項(A)之拱結構為型抗結構之一種，可靠改變形狀以增加強度而來抵抗外力（增加承受載重能力），相較其他選項為最適合。

歷屆申論題

一、拱（Arch）通常被運用在大跨距的結構中，一般拱的種類有固定拱，二鉸拱與三鉸拱，假設只考慮垂直載重，如圖 1。

（一）試比較三種拱的：(1)水平推力。(2)斷面尺寸。(3)施工難度。(4)垂直載重能力。（20 分）

（二）試繪製一拱的中央鉸接點大樣圖。（8 分）（拱為鋼構或木構皆可）

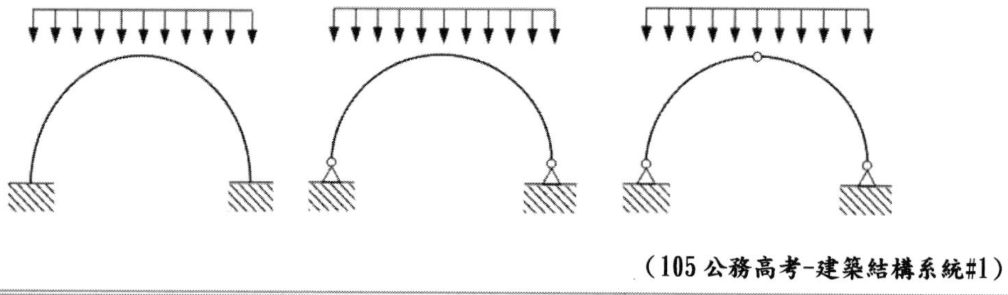

（105 公務高考-建築結構系統#1）

參考題解

（一）比較拱的不同性質：

1. 水平推力：

   以半圓形拱（半徑為 R）為例，受垂直均布載之水平推力：

   固定拱，$0.56\omega R$；三鉸拱，$0.5\omega R$；雙鉸拱，$0.425\omega R$

   固定拱＞三鉸拱＞二鉸拱

2. 斷面尺寸：

   以半圓形拱（半徑為 R）受垂直均布載之彎矩分布為設計尺寸主要考量，三鉸拱彎矩極值最大，且變化較大，固定拱除鄰近支承端點彎矩較大外，餘彎矩分布範圍較小，二鉸拱除鄰近支承端點區域外，彎矩分布較固定拱大，較三鉸拱小，詳如圖。

   以彎矩分布、材料使用經濟性及施工性等考量斷面尺寸設計，三鉸拱最大斷面尺寸較大，變斷面幅度亦可能較大，固定拱除鄰近端點支承外，桿件內尺寸可較小及均勻，二鉸拱總體而言，斷面尺寸則介於三角拱及固定拱間。

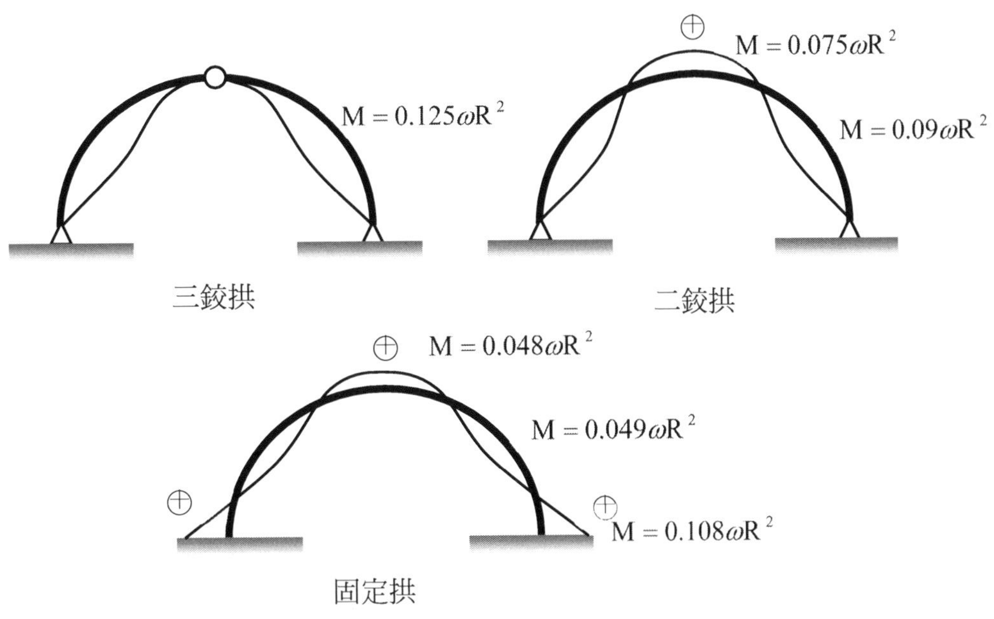

垂直均布載重下拱的彎矩圖分布

3. 施工難度：

   以較具材料經濟性變斷面設計及鉸接頭處理，三鉸拱施工難度較大，二鉸拱次之，固定拱最小。另固定拱之支承承受較大的推力及彎矩，需能完全固定於地盤上，以符結構分析及假設。

4. 垂直載重能力：

   以靜不定度來看，固定拱為 3 次靜不定，二鉸拱為 1 次靜不定，三鉸拱為靜定結構。

   固定拱＞二鉸拱＞三鉸拱

（二）繪製拱的中央鉸接點大樣圖：以鋼構為例（為示意，未依比例及確切角度繪製）

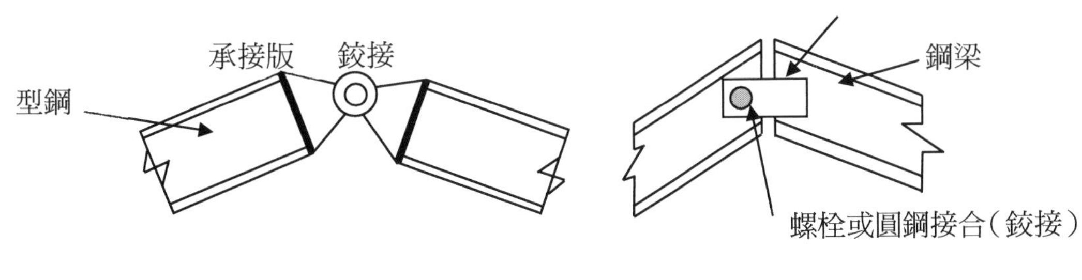

鉸接接合參考型式 1　　鉸接接合參考型式 2

6 膜及薄殼系統

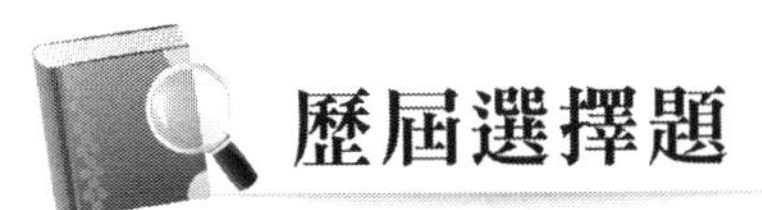

歷屆選擇題

（D）1. 下列那一項結構系統的構材內力不屬三維力系？

(A)格子梁系統 (B)構架系統 (C)版系統 (D)薄殼系統

（105 建築師-建築結構#10）

【解析】參考九華講義-結構系統 第十章

(D)薄殼系統可以承受壓力、張力、與剪力，無法抵抗因集中載重造成的彎矩。

（B）2. 關於薄膜結構之基本力學原理，下列敘述何者錯誤？

(A)薄膜的曲率愈大，支撐外載重也愈大

(B)薄膜結構元素不可以同時承受張應力與剪應力

(C)圓筒狀薄膜有一斷面之曲率會為零

(D)雨傘為開放式薄膜結構

（107 建築師-建築結構#19）

【解析】

薄膜結構可以用來承受張力，沒有剪力跟彎矩。

參考來源：建築結構系統，第九章，(陳啟中，詹氏書局)

（D）3. 有關圓頂殼（dome shell）結構的敘述，下列何者正確？

(A)自重下，沿圓頂支座邊約束構材徑向（radial），主要是拱作用

(B)自重下，深圓頂殼之環箍應力（hoop stress）為壓應力

(C)自重下，淺圓頂殼之環箍應力具有張應力

(D)在水平側力下，圓頂殼之厚度主要是由彎矩決定

（107 建築師-建築結構#23）

【解析】

縱向雙向拱橫向環箍應力。

自重下，沿圓頂支座邊約束構材徑向（radial），主要是環箍應力。

自重下，深圓頂殼之環箍應力（hoop stress）為拉應力。

自重下，淺圓頂殼之環箍應力具有局部彎矩。

在水平側力下，圓頂殼之厚度主要是由彎矩決定（殼薄彎矩小）。

（B）4. 一圓球薄殼屋頂結構，頂部因採光需求而部分挖空，試問自重作用下頂部與底部的環形圈梁主要受力分別為何？

(A)頂部為壓力環，底部為壓力環　(B)頂部為壓力環，底部為張力環

(C)頂部為張力環，底部為壓力環　(D)頂部為張力環，底部為張力環

（108 建築師-建築結構#7）

【解析】

圓頂殼環形效應，頂部壓力環，底部張力環。

（B）5. 關於薄殼結構，下列敘述何者正確？

(A)所有薄殼均可展開　(B)圓筒狀薄殼之切面曲率可以為零

(C)雙曲拋物面薄殼無法以直線構成　(D)圓球薄殼之緯度纖維均受壓應力

（111 建築師-建築結構#5）

【解析】

薄殼可分成非展開型及展開型；雙曲拋物面殼可由直線動線構成之形式；圓球薄殼受均布載作用時，可分上部水平壓力環與下部水平張力環，選項(A)、(C)、(D)錯誤。圓筒薄殼切面可為直線，即曲率為零，選項(B)正確。

（D）6. 關於薄膜、纜索、與拱結構系統之敘述，下列何者錯誤？

(A)此三者皆屬於型抗結構系統

(B)此三者皆適合使用於有大跨度空間需求的場合

(C)薄膜結構系統的設計原則是使其表面（在兩個互相垂直方向）形成兩個方向相反的拋物線

(D)在只考慮自重的情況下，拱結構的形狀如果呈完整半圓，其材料使用效率最佳

（111 建築師-建築結構#6）

【解析】

拱結構在僅有自重的情況下，拱形為懸鏈線（垂曲線）時其截面全斷面受壓，為材料使用效率最佳，選項(D)錯誤。其餘選項敘述尚為正確。

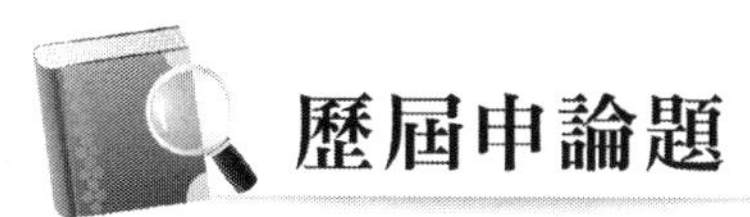

歷屆申論題

一、下圖為一現代工業廠址中發現一特殊之混凝土構造，其用途為工業廠房及倉庫，試說明本構造之類型特色及結構行為，並說明其作為工業建築之優點為何？（20分）

A A

A-A

（108公務高考-建築結構系統#5）

參考題解

（一）該混凝土構造應為採用薄殼結構，其為薄的曲面狀構造，可藉由壓力、張力及剪力的形式傳遞載重，常適用於曲線狀且載重均佈的建築物，但由於薄殼較薄，無法抵抗因集中載造成之彎曲應力。另依其型式，可能為傘狀雙曲拋物面（H.P）薄殼，由曲率向上與曲率向下的拋物線組成，因此具有索的張力與拱的壓力行為，更有效承擔及傳遞負載。

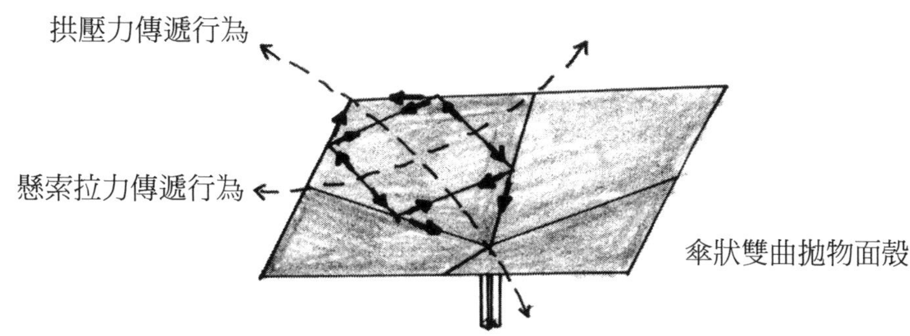

（二）以薄殼結構可減小板厚，跨距增大，立柱減少，作為倉庫，可堆置更多貨品且動線較佳，在造型上更具設計感且簡潔不厚重。

二、下圖為一圓桶殼之剖面形狀，試繪針對承受（一）自重（二）側面風載重（三）正上方中央集中載重等三種狀況，繪出其變形示意圖。（18分）

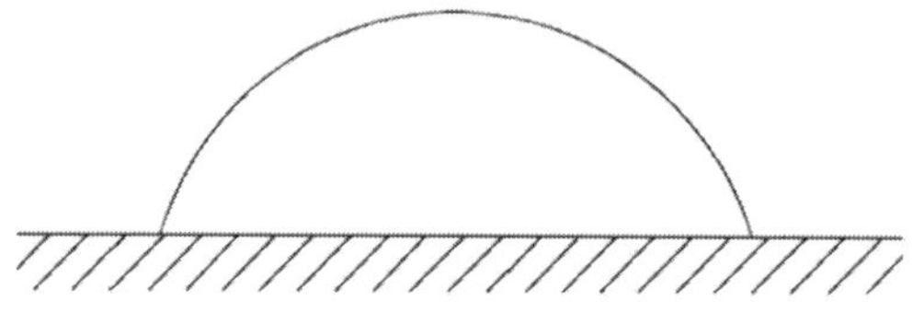

(108 地方三等-建築結構系統#3)

參考題解

（一）圓桶殼受自重，圓頂處下垂趨勢（受壓），側面有隆起趨勢（受拉），變形示意如圖細線。

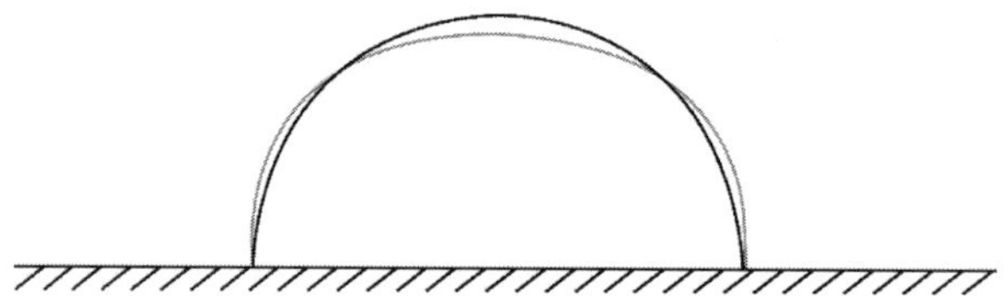

（二）圓桶殼受側面風載重，迎風側正風壓（風壓方向指向作用面），背風側受吸力，變形示意如圖細線。

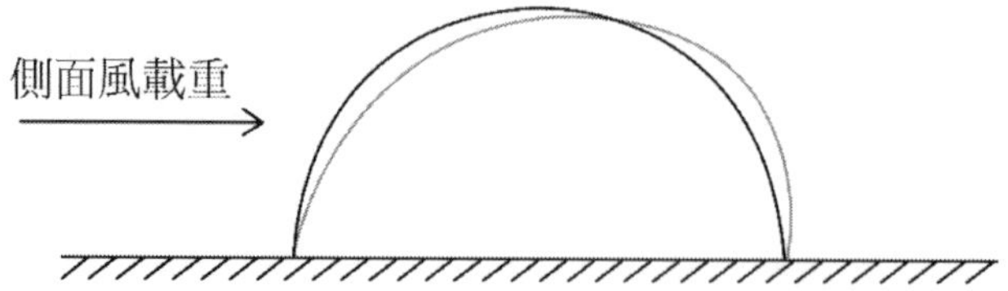

（三）圓桶殼頂受集中載，受力處產生較大彎曲應力，因薄殼厚度較薄，受力處可能產生較大變形，變形示意如圖。

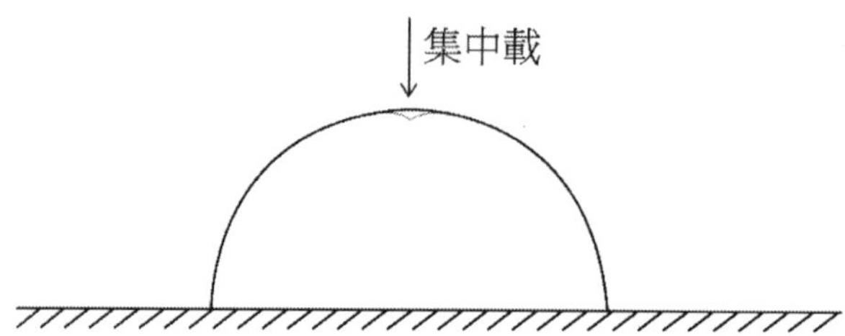

7 格子樑及版系統

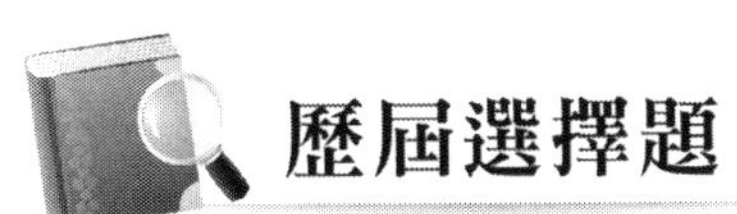

歷屆選擇題

（A）1. 下列何種系統為型抗結構（form-resistant structure）？

(A)摺版　(B)桁架　(C)剛構架　(D)剪力牆

（106 建築師-建築結構#8）

【解析】

型抗結構簡單來說是由造型變化而提供強度的結構系統，比較常見的像是格子樑、肋樑、摺版屋頂。

（A）2. 關於鋼筋混凝土樓版之結構特性，下列何者正確？

(A)樓版長邊與短邊尺度比值大於 2 時，可視為單向版設計

(B)樓版長邊與短邊尺度比值大於 2 時，由短邊梁承受大部分樓版垂直載重

(C)無梁版不可視為剛性樓版，因此不適用於有地震地區之建築物

(D)樓版長寬固定時，若版厚減少，可減輕自重，並有效降低樓版撓度

（106 建築師-建築結構#35）

【解析】參考九華講義-結構系統 第六章

關於鋼筋混凝土樓版之結構特性

(A)樓版長邊與短邊尺度 L/S > 2 為單向版，L/S < 2 為雙向版

(B)樓版長邊與短邊尺度 L/S > 2，由長邊梁承受大部分樓版垂直載重

(C)無梁版為剛性樓版，因此不適用於有地震地區之建築物

(D)樓版長寬固定版厚減少，可減輕自重，變薄容易晃動並會提高樓版撓度

（C）3. 關於折板結構之敘述，下列何者正確？

(A)和桁架結構一樣屬於軸力抵抗系統

(B)不適合用於木構造

(C)單向折板沿折線方向之結構特性類似深梁

(D)相較於相同材料之平板，折板係透過彈性模數之增加來提高抗彎能力

（108 建築師-建築結構#36）

【解析】
單折板的承載作用包含版、梁、桁構架作用，選項(A)錯誤；折板結構並無不適用於木構造的限制，選項(B)有誤；折板透過幾何形狀改變提高抗彎能力，選項(D)錯誤。單項折板之折線方向跨度與深度比較小，類似深梁，選擇(C)為正確，或者判斷(A)、(B)、(D)錯誤，故選(C)。

（B）4. 若欲構築大跨距之多層建築，在規劃各層水平構件（樓版與梁）之結構系統時，下列敘述何者正確？
(A)當平面兩向跨距相近時，使用內埋鋼管式的中空樓版較華福版（waffle slab）來得有效率
(B)當平面長寬比很大時，採用斜交格子梁較直交格子梁來得有效率
(C)採用張弦梁系統，可減少梁深，增加可用之室內空間高度
(D)加設平面斜撐，可提高樓版剛度，減少版厚

（109 建築師-建築結構#10）

【解析】
選項(B)敘述正確，依格子梁設置的概念可明顯判斷出，選項(A)之中空樓版偏向於單向傳遞，該敘述有誤，選項(C)之張弦梁系統於梁張力側利用懸索受拉可降低梁深，惟需要高度設置該系統才能發揮效益，故室內空間高度並不會增加，故該敘述有誤，選項(D)敘述不知所云。

（D）5. 下列何者不屬於形抗結構？
(A)折版系統 (B)圓球薄殼系統 (C)雙曲拋物面屋頂 (D)桁架系統

（109 建築師-建築結構#27）

【解析】
形抗結構靠改變形狀以增加強度而來抵抗外力的結構方式，選項(D)桁架系統不屬於。

（C）6. 建築結構之樓地版設計活載重，依據規範下列何種用途類別的單位面積活載重最高？
(A)辦公室 (B)博物館 (C)百貨商場 (D)教室

（110 建築師-建築結構#24）

【解析】
依規範之最低活載重規定（單位kg/m^2），辦公室 300，博物館 400，百貨商場 500，教室 250，(C)為最高。

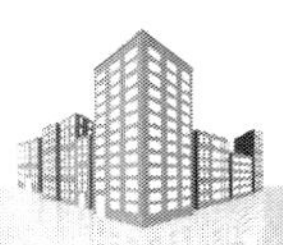

（D）7. 無梁版系統在我國較少應用於上部結構，大多僅應用在地下室結構，下列敘述何者錯誤？

(A)無梁版系統的抗側力勁度較低

(B)無梁版系統若產生雙向作用剪力（穿孔剪力）破壞時，其行為屬脆性破壞

(C)無梁版的版柱系統並不適宜作為強震區的側力抵抗系統

(D)無梁版系統在樓版可能穿孔破壞面上無法藉由配置剪力鋼筋來增加剪力強度

（110 建築師-建築結構#30）

【解析】

無梁版在柱頭處產生較大剪力，容易產生穿孔剪力破壞，需加以剪力補強，如加柱頭版、柱帽、箍筋或剪力接頭等，而柱頭不平衡彎矩則需加配撓曲鋼筋抵抗，選項(D)為錯誤。

（A）8. 下列何者不屬於形抗結構？

(A)斜交格子梁結構 (B)折版結構 (C)薄殼結構 (D)拱結構

（111 建築師-建築結構#11）

【解析】

靠改變形狀以增加強度而來抵抗外力（增加承受載重能力）的結構方式，稱為形抗結構，如摺版、纜索、拱、膜、薄殼之結構系統屬之。格子梁為雙向度梁結構，讓載重沿雙向梁分散傳遞，不屬於形抗結構，故選(A)。

（B）9. 關於無梁版（flat slab）結構系統，下列敘述何者錯誤？

(A)無梁版與柱子交接處必須設置柱帽（柱冠）或剪力接頭

(B)無梁版系統的重量較輕，其耐震性能僅略差於抗彎矩構架（moment-resisting frame）系統

(C)採用無梁版系統可獲得較大的樓層高度並縮短施工期

(D)採用無梁版系統時，柱子的位置只要上下樓層有對齊就好，在平面上並不需要排成一線

（111 建築師-建築結構#19）

【解析】

抗彎矩構架系統係具有完整之立體構架承擔垂直載重，並以抗彎矩構架抵禦地震力，即以梁柱節點採剛接結合形成完整立體剛構架，形成整體共同抵抗垂直及水平載重，並以強柱弱梁的韌性設計概念，讓梁桿件在大地震時順利產生塑鉸以達消能抗震效果，而無梁版沒有設置梁，不能均勻且有效的吸收地震能量，故較不適合用於耐震設計，較可能採用於地下室結構或建築局部區域使用，選項(B)敘述有誤。其餘選項無明顯錯誤。

歷屆申論題

一、請敘述建築物樓版系統中平版（Flat slab）與無梁版（Flat late）有何不同？（20 分）

（109 地方三等-建築結構系統#2）

參考題解

平版（Flat slab）及無梁版（Flat plate）之樓版系統概念類似，即以雙向樓版直接支承於柱上或牆上，而版四周沒有架設梁支承，因此樓版載重直接傳遞給柱子或牆。

無梁版（Flat plate）採用均勻厚度雙向版，版下方平整，淨高不受梁深限制，惟因為柱頭處穿孔剪力及版變形量的考量，可使用之跨度及載重十分受限。

平版（Flat slab）亦為採用均勻厚度雙向版，而於柱頭處加設柱帽（column capital）或垂版（drop panel），或者兩者都加，可抵抗較大的柱頭剪力並減小版撓度，比起無梁版可使用之跨度較大。

一般常用結構系統之耐震設計係考量由梁產生塑鉸吸收地震能量，而平版（Flat slab）及無梁版（Flat plate）沒有設置梁，故較不適合用於耐震設計，較可能採用於地下室結構或建築局部區域使用。

平版及無梁版之概念示意圖如下：

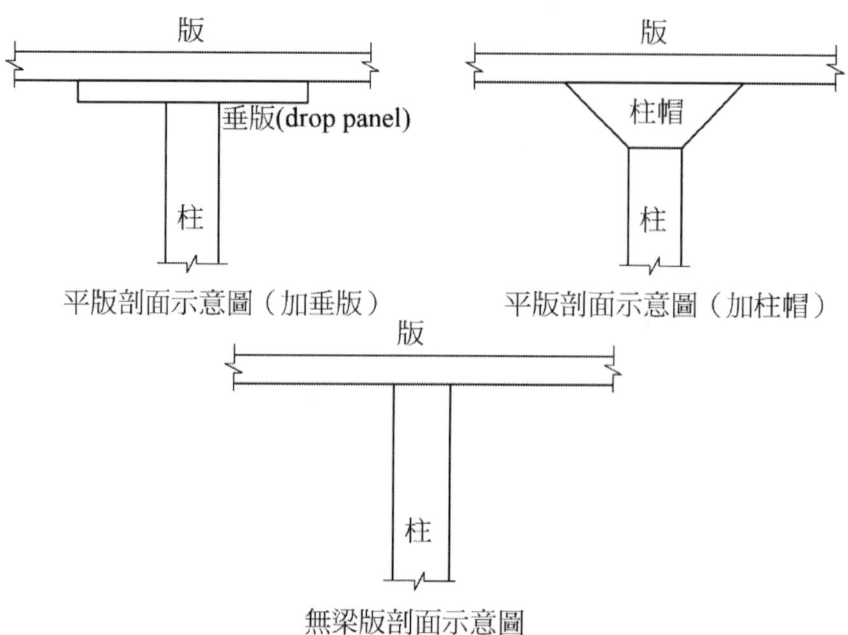

平版剖面示意圖（加垂版）　平版剖面示意圖（加柱帽）

無梁版剖面示意圖

二、桃園市平鎮區文化公園地下停車場工程，於民國 109 年 4 月 30 日在地下結構體興建完成，進行覆土作業時，突然發生崩塌意外，其面積高達 1300 多坪，造成嚴重職安意外。該地下停車場工程之頂版（地下一層）及地下二層樓版系統，係採鋼筋混凝土無梁版（平版）結構系統。試回答下列問題：

（一）說明無梁版結構系統及柱版交界處之可能破壞模式，試用繪圖說明。（15 分）

（二）若位於地震帶之建築採用無梁版結構系統時，說明可用於抵抗側向力與垂直力之機制。（10 分）

（110 公務高考-建築結構系統#2）

參考題解

（一）無梁版結構系統及柱版交界處容易產生穿孔（貫穿）剪力破壞，依混凝土規範之 4.13 版及基腳之特殊規定解說略以，版在接近柱之剪力強度，須以兩種方式計算，即寬梁作用及雙向作用，並以能達成較安全者為準，而雙向平版之雙向作用為主要行為模式，其破壞機制為沿圍繞集中載重或反力處截頭圓錐或角錐之穿孔剪力。版柱接頭處，寬梁作用剪力強度及雙向作用剪力強度之承載面積與臨界斷面，詳下圖左，柱版交界處穿孔剪力破壞示意如下圖右：

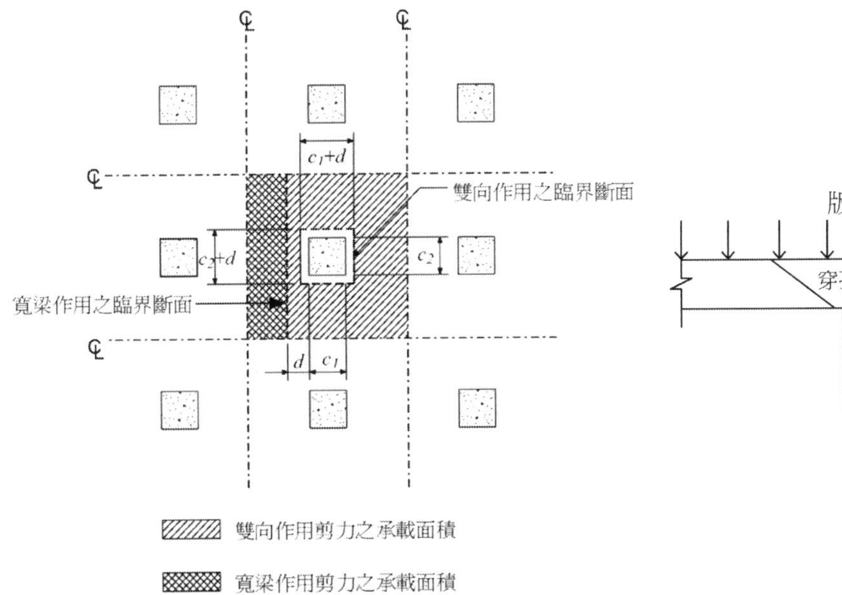

版柱接頭處版剪力支承載面積及臨界斷面平面圖

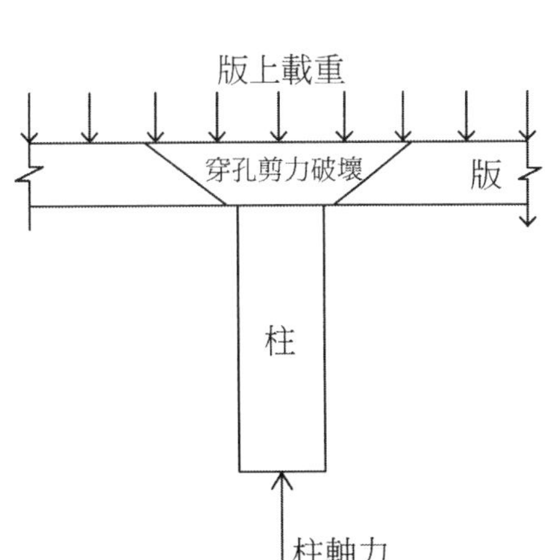

版柱接頭處穿孔剪力破壞示意圖（立剖面）

圖片來源：混凝土工程設計規範。

設計無梁版結構系統之穿孔剪力破壞檢核除了考量均布荷載外，當無梁版結構系統不等跨、邊界條件不同、施工機械的衝擊載重或覆土不等高造成不均勻荷載等情況，均會產生柱頂接頭之不平衡彎矩，其所產生之偏心剪力更容易產生穿孔剪力破壞，亦需特別加以考量，施工時亦需特別加以注意。而穿孔剪力破壞為脆性破壞，在設計、檢核及施工時，宜偏保守側，以避免突然發生崩塌，造成職安意外。

（二）1. 地震帶無梁版結構系統抵抗側向力機制：無梁版結構系統由於水平構件沒有一般樑完整或者架設大梁高度僅同樓版厚度，其抗側力勁度低，承受水平力作用的能力較差，不適合在承受豎向荷載的同時還要傳遞水平荷載，故一般無梁板只用於承受垂直載重，而不承受地震力，其韌性比較差，地震力必須靠板四周的樑柱或剪力牆來承受，因此在地震帶之無梁版結構系統通常應用於地下結構，基本不承受水平地震力載重，側向力則由地下室四周之 RC 牆（或連續壁）承受。

2. 抵抗垂直力機制：如上分析，無梁版在柱頭處產生較大剪力，容易產生穿孔剪力破壞，需加以剪力補強，如加柱頭版、柱帽、箍筋或剪力接頭等，而柱頭不平衡彎矩則需加配撓曲鋼筋抵抗。

三、下圖為一 12 m × 15 m 的平面，由 ABCD 四根簡支梁支撐之住宅建築平面，試計算 A 梁與 C 梁之載重分配總和最少分別為多少（單位 kg）？（12 分）及 A 梁與 C 梁之兩端點之反力最少分別為多少？（12 分）

（註：住宅建築之最小載重規定依現行建築技術規則內容）

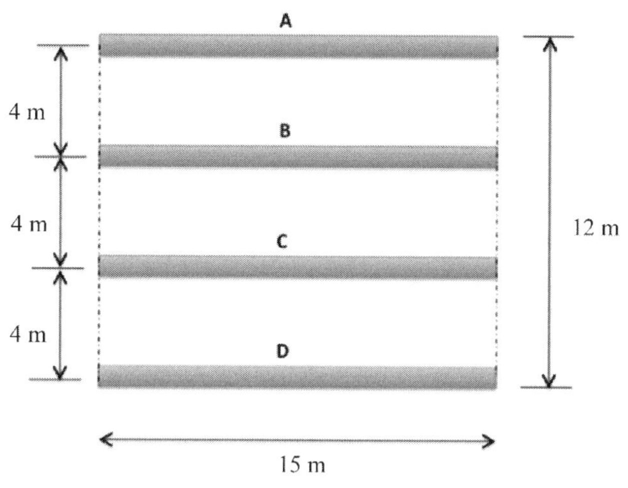

（110 地方三等-建築結構系統#4）

參考題解

（一）依題意簡化，僅依建築技術規則建築構造篇規定之最低活載重進行載重分配及計算，不考慮靜載重及載重組合，且假設設計活載重佈滿於跨間。

住宅建築最低活載重：200 kgf/m^2

依配置，各跨間活載重短向傳遞，平均各半分配至鄰梁

各簡支梁受力如圖

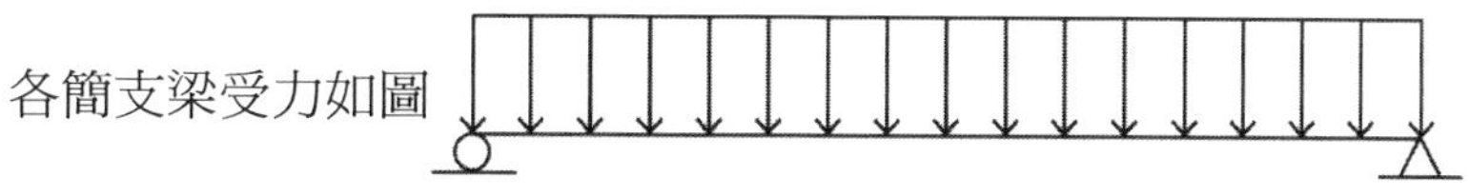

A 梁承受均布載 $w_A = 2 \times 200 = 400$ kgf/m

載重分配總和最少為 $W_A = 400 \times 15 = 6{,}000$ kgf

C 梁承受均布載 $w_C = 4 \times 200 = 800$ kgf/m

載重分配總和最少為 $W_C = 800 \times 15 = 12{,}000$ kgf

（二）A 梁端點反力 $R_A = \dfrac{6{,}000}{2} = 3{,}000$ kgf

C 梁端點反力 $R_C = \dfrac{12{,}000}{2} = 6{,}000$ kgf

8 鋼筋混凝土結構系統

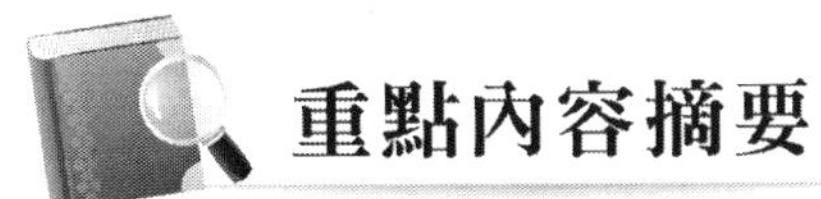

（一）平衡鋼筋比

混凝土受極限應變達「0.003」⇔ 拉力側鋼筋亦達降伏應力之配筋量。

（二）混凝土保護層厚度

1. 牆、板：2 cm
2. 梁、柱：4 cm
3. 與土壤接觸：7.5 cm

（三）RC 埋管

1. 柱：「< 4%」RC 柱計算斷面積
2. 板：「< 1/3」樓板厚度

（四）鋼筋偏折：折斜率→1/6，且偏距小於 7.5 cm。

（五）主筋束筋形式，每束不得超過 → 4 支

（六）混凝土抗張強度為抗壓強度 → 1/10。

（七）RC 梁破壞模式

1. 拉力破壞：拉力鋼筋量 < 平衡鋼筋量。
2. 壓力破壞：拉力鋼筋量 > 平衡鋼筋量。
3. 裂縫破壞：拉力鋼筋量過少。

（八）其他

1. RC：鋼筋混凝土
2. HPC：高性能混凝土
3. SCC：自充填混凝土（屬 HPC 一種）
4. 鋼筋混凝土：混凝土抗壓，鋼筋抗拉並提供韌性。

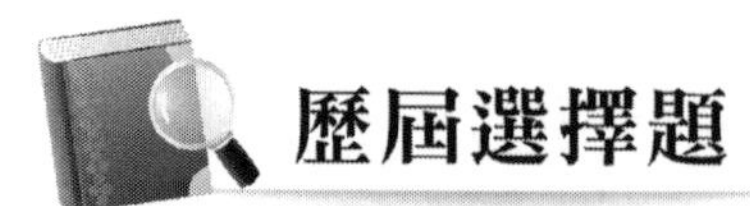

歷屆選擇題

（C）1. 混凝土潛變乾縮對 RC 建築結構之變形及內力分布會產生影響，下列敘述何者正確？

(A)大氣中濕度愈高則潛變愈高

(B)混凝土構件尺寸愈大潛變現象愈明顯

(C)混凝土中水灰比愈高則潛變量愈大

(D)混凝土中水灰比愈低則潛變量愈大

（105 建築師-建築結構#19）

【解析】參考九華講義-結構系統 第三章

(A)大氣中濕度減少則潛變愈高。

(B)混凝土構件尺寸與潛變現象無關。

(D)混凝土中水灰比愈大則潛變量愈大。

（#）2. 依據我國混凝土結構設計規範，鋼筋混凝土構材相鄰主筋之淨間距，不得小於多少公分？**【答 B 或 C 或 BC 者均給分】**

(A) 1.5　(B) 2.5　(C) 4　(D) 6

（105 建築師-建築結構#31）

【解析】

(B) 混凝土結構設計規範 25.2.1 同層之水平非預力鋼筋間之淨間距應至少為 2.5 cm。

(C) 混凝土結構設計規範 18.9.7.7，(a)鋼筋中心間距至少達 3 倍縱向鋼筋直徑，但不得小於 4 cm。

（A）3. 一般建築結構之混凝土，其 28 天齡期之「抗拉強度」約為其「抗壓強度」之多少倍？

(A) 1/10　(B) 1/5　(C) 1/3　(D) 1/2

（105 建築師-建築結構#34）

【解析】參考九華講義-結構系統 第三章

混凝土材料的抗拉強度為抗壓的 1/10。

（B）4. 鋼筋混凝土結構行為中，下列何種計算強度藉由增加混凝土強度所提升的效果最差？

(A)軸壓強度　(B)彎矩強度　(C)剪力強度　(D)扭矩強度

（105 建築師-建築結構#39）

【解析】參考九華講義-結構系統 第六章

鋼筋混凝土特性為混凝土抗壓，鋼筋抗拉，混凝土材料本身無法抗彎矩，是以箍筋與腰筋來抵抗彎矩。

（B）5. 依「混凝土結構設計規範」耐震設計之特別規定，柱縱向鋼筋之鋼筋比不得大於多少%？

(A) 4　(B) 6　(C) 8　(D) 10

（106 建築師-建築結構#14）

【解析】

混凝土結構設計規範

15.5.3.1 縱向鋼筋面積 Ast 不得低於 0.01 Ag，亦不得大於 0.06 Ag。

0.06 = 6%，本題答案(B)

（B）6. 設計鋼筋混凝土梁時，在不受風雨侵襲且不與土壤接觸者，其鋼筋之混凝土保護層最少需幾公分？

(A) 2.5　(B) 4.0　(C) 5.5　(D) 7.0

（106 建築師-建築結構#34）

【解析】

經濟部水利署施工規範第 03210 章鋼筋

3.2.3 鋼筋續接，表 3 鋼筋保護層

梁、柱、及基腳不受風雨侵襲且不與土壤接觸者規範保護層為 4 公分。

（D）7. 在 RC 梁構件進行配筋設計時，當構件受到下列何種力量作用下，須同時計算縱向鋼筋量與橫向鋼筋量？

(A)軸力　(B)彎矩　(C)剪力　(D)扭力

（106 建築師-建築結構#36）

【解析】參考九華講義-結構系統 第六章

(A)構件受軸力配筋橫向

(B)構件受彎矩配筋橫向

(C)構件受剪力配筋軸向

(D)構件受扭力配筋兩向

（A）8. 關於鋼筋混凝土結構之敘述，下列何者錯誤？

(A)為了提高柱構材之韌性，通常可增加柱之主筋

(B)梁構材增加受壓側之鋼筋量，有降低潛變變形的效果

(C)隨著大梁主筋的強度愈高，大梁主筋於柱內之錨定長度則愈長

(D)隨著柱的混凝土強度愈高，大梁主筋於柱內之錨定長度則愈短

（107 建築師-建築結構#20）

【解析】

過分高量配筋，載重增加時，會因為混凝土段面積比較少，受壓的混凝土先被破壞，鋼筋應力升高也會被破壞，此時會造成突發性脆性破壞，本題選項(A)描述錯誤。

參考來源：建築結構系統，第四章，(陳啟中，詹氏書局)

（C）9. 依據混凝土結構設計規範要求，為達到「強柱弱梁」原則，在梁柱接合處上下柱極限彎矩強度總和（$\sum M_C$）需要達到鄰接梁極限彎矩強度總和（$\sum M_G$）之比值若干倍以上？

(A) 1.05　(B) 1.15　(C) 1.2　(D) 1.25

（107 建築師-建築結構#34）

【解析】

混凝土結構設計規範 20190225.＃15.5.2.2

$$\sum M_{nc} \geq \frac{6}{5}\sum M_{nb}$$

（B）10. 有一鋼筋混凝土之筏基梁，其淨跨長度為 L，梁斷面之總深度為 h，在考慮深梁設計時，則筏基梁之跨深比（L/h）不得大於：

(A) 5　(B) 4　(C) 3　(D) 2

（107 建築師-建築結構#39）

【解析】

混凝土結構設計規範第 3.8 節

3.8.1　深梁為載重與支撐分別位於構材的頂面與底面，使壓桿形成於載重與支點之間，且符合：

1. 淨跨 Ln 不大於 4 倍梁總深或
2. 集中載重作用區與支承面之距離小於 2 倍梁總深。

（B）11.關於混凝土建築材料之敘述，下列何者錯誤？

(A)混凝土之抗拉強度約為抗壓強度的十分之一

(B)混凝土之彈性模數（modulus of elasticity）與混凝土之抗壓強度無關，為定值

(C)混凝土於水中養護的強度比起空氣中養護者大

(D)混凝土的坍度與所使用的單位水量有關

（108 建築師-建築結構#22）

【解析】

一般混凝土彈性模數和f'_c有關$\left(E \propto \sqrt{f'_c}\right)$，$f'_c$ 越大 E 越大，選項(B)錯誤，其餘選項正確。

（A）12.關於混凝土建築材料之敘述，下列何者錯誤？

(A)抗壓強度試驗時，加載速度愈快所得強度愈小

(B)混凝土硬化初期水分不足時，將影響混凝土強度的發展

(C)混凝土構造於火災時伴隨著水分的膨脹，有時將產生爆裂

(D)新拌混凝土之坍度，會隨空氣含量之增加而變大

（108 建築師-建築結構#25）

【解析】

通常載重施力越快時，材料的強度有增加的趨勢，可判斷選項(A)明顯有誤。

（B）13.有關鋼筋混凝土結構的敘述，下列何者錯誤？

(A)使用高強度鋼筋混凝土之結構，因材料強度高可減少構材之斷面積

(B)當柱承受軸力及單向彎矩時，柱的抗彎強度一定隨軸力的增加而增大

(C)地震時梁端部所受之應力較大，因此於梁上設置貫穿孔時，通常設於梁的中央區

(D)剪力牆週邊的柱及梁有圍束剪力牆的效果，因此於剪力牆週邊設置柱及梁可增加剪力牆之韌性

（108 建築師-建築結構#27）

【解析】

RC 柱斷面承受軸力及單向彎矩時，對於斷面有不同的軸力及彎矩強度組合，為強度互制圖，當軸力較小時，偏心距大，為拉力破壞區域，此區柱之抗彎強度隨軸力增大而變大，而當軸力較大，偏心距變小時，轉為壓力破壞區域，此區柱之抗彎強度隨軸力增大而變小，選項(B)錯誤。

（A）14.關於鋼筋混凝土結構之韌性設計，下列敘述何者正確？

(A)構材主筋實測降伏強度不得超出規定降伏強度達 1200 kgf/cm^2 以上

(B)梁淨跨距與有效梁深之比值不得大於 4

(C)在梁構件可能發生塑鉸位置，壓力鋼筋量不得大於拉力鋼筋量之 1/2

(D)梁端部之彎矩強度應為設計剪力強度之 6/5 倍

（108 建築師-建築結構#31）

【解析】

選項(A)為正確；選項(B)應不得小於 4；選項(C)應為不得小於；選項(D)不知從何而來。

（C）15.關於鋼筋混凝土結構之構材性能，下列何者錯誤？

(A)增加梁箍筋量，可提高梁之剪力強度

(B)使用比設計強度高的混凝土，可提高柱的剪力強度

(C)使用抗拉強度較高的主筋，可提高柱的彎曲勁度

(D)減少箍筋的間距，可有效防止柱主筋的挫屈

（108 建築師-建築結構#32）

【解析】

選項(A)、(B)、(D)敘述內容可判斷出正確，而選項(C)，抗拉強度高的主筋，可能造成壓力破壞控制，不一定能提高彎曲勁度。

（C）16.下列敘述何者錯誤？

(A)將建築的外飾材及內部隔間輕量化，可減少靜載重及設計地震力

(B)建築物高度相同時，對不含非結構剛性牆、剪力牆或加勁構材之剛構架構造物而言，鋼骨造之基本週期會大於鋼筋混凝土造之基本週期

(C)為了減少鋼筋混凝土造樓板所產生之長期變形，增加混凝土強度會比加厚樓板有效

(D)鋼筋混凝土梁於受壓側增加鋼筋量，有減少潛變變形量之效果

（108 建築師-建築結構#40）

【解析】

選項(A)可判斷為正確；選項(B)，由規範計算周期的經驗公式可知為正確；選項(D)，增加壓力筋有減小潛變之效，為正確。選項(C)，簡化來思考，樓板變形主要為彎矩變形($\delta \propto 1/EI$)，以加厚樓板可增加 I 值($I \propto h^3$)與增加混凝土強度提高 E 值$\left(E \propto \sqrt{f'_c}\right)$來看，加厚樓板效果較佳。

（B）17.如圖所示，鋼筋混凝土剪力牆因開口而形成短梁，如圖中圈選處。若此結構承受來自左方的水平載重，短梁區域可能出現之剪力方向及開裂形式，下列何者正確？

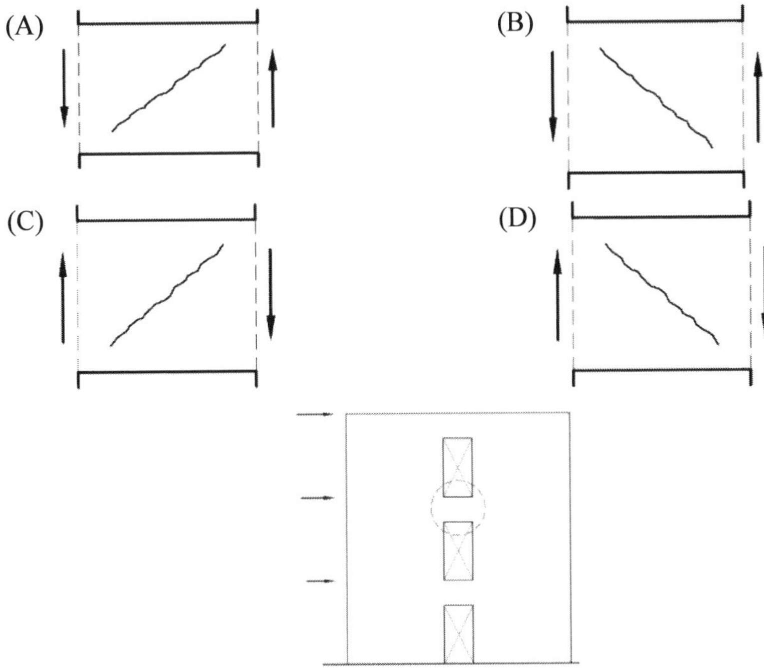

（109 建築師-建築結構#9）

【解析】

取圖中圈選處分離體圖，得上方剪力為順時針方向，以平衡概念可判斷出其他面的剪力方向，再依混凝土結構物受剪作用產生斜向裂縫概念及方向判斷，可得選項(B)為正確。

（C）18.下列那一種鋼筋混凝土梁之撓曲配筋會使梁的行為較具韌性？

(A)高於平衡鋼筋量配筋　(B)平衡鋼筋量配筋

(C)稍微低於平衡鋼筋量配筋　(D)與平衡鋼筋量配筋無關

（109 建築師-建築結構#18）

【解析】

RC 梁之平衡鋼筋量係其受彎矩作用時，當受壓側混凝土最外受壓纖維之極限應變達到 0.003 時（規範規定），拉力側鋼筋亦達降伏應力之配筋量，此種破壞鋼筋降伏時混凝土亦壓碎，無法發揮鋼筋的塑性行為，若配筋量高於平衡鋼筋量，則混凝土壓碎破壞時，拉力側鋼筋尚未降伏，為突然的破壞，韌性差。而稍微低於平衡鋼筋量配筋可發揮鋼筋的塑性行為，在梁破壞前，鋼筋拉力區混凝土產生裂縫，鋼筋降伏，裂縫漸漸向壓力區發展，裂縫進入壓力區後導致混凝土受壓面積變小而壓碎破壞，由裂縫產生到破壞有明顯徵兆，為較為安全的破壞模式，梁具有較佳韌性，故選項(C)為正確。

（A）19.對鋼筋混凝土耐震柱的繫筋配置而言，下列何者為較適當的配置方式？

(A) a　(B) b　(C) c　(D) d

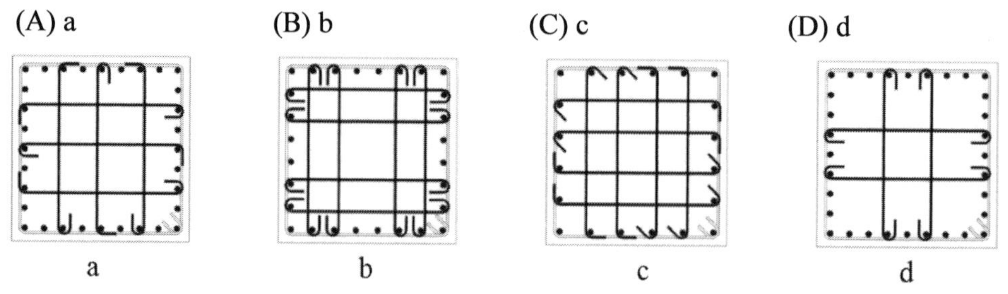

（109 建築師-建築結構#19）

【解析】

混凝土工程設計規範與解說 15.4.3.3 規定，在各角隅處之主鋼筋及每隔一根主鋼筋，均需以閉合箍筋之轉角或繫筋之彎鉤作橫向支撐。15.4.3.5，鉤住同一主筋相鄰各繫筋之90°與135°彎鉤應交替排置。配置例可參考規範圖 R15.5.4。選項(A)為較適當的配置方式。

（C）20.鋼筋混凝土柱在相同斷面尺寸及淨高下，欲改善柱的耐震韌性行為，通常可以藉由下列何者來提高其韌性能力？

(A)提高主筋強度　(B)增加主筋數量（鋼筋比）

(C)增加箍筋（含繫筋）數量　(D)降低混凝土強度

（109 建築師-建築結構#20）

【解析】

在高軸壓力下，橫向鋼筋可在外圍混凝土剝落時，提供圍束效果，提高柱心混凝土之承受載重強度，並提供縱向鋼筋足夠側向支撐以防止鋼筋產生向外挫屈，故通常可藉由增加箍筋（含繫筋）數量來提高柱的耐震韌性行為，選項(C)符合題意。

（#）21. 關於鋼筋混凝土預鑄工法之敘述，下列何者最不適當？**【一律給分】**

(A) 預鑄工法的優點為，於工廠內進行混凝土澆置及養護，可製造出高品質、高強度之混凝土構材

(B) 預鑄混凝土構材從工廠出貨至工地時，構材之強度有可能因運輸過程之變因而產生影響

(C) 預鑄工法之主要優點在於可縮短施工之工期

(D) 預鑄工法中混凝土構材之鋼筋續接通常採用機械式續接器

（109 建築師-建築結構#22）

【解析】

由各選項來看，選項(B)可能為最不適當敘述，預鑄混凝土構材強度在「正常」運輸下應不致產生影響，惟運輸過程可能因搬運不當或其他碰撞等因素造成構材損傷，故亦有可商議之處，依考選部答案更正，本題一律給分。

（B）22.對於混凝土結構撓曲構材的耐震設計，在彎矩降伏會發生的範圍，鋼筋不允許搭接，因此「混凝土結構設計規範」規定撓曲構材距離接頭交接面多少倍構材深度範圍以內不得搭接？

(A) 1 倍　　(B) 2 倍　　(C) 3 倍　　(D) 4 倍

（109 建築師-建築結構#35）

【解析】

混凝土結構設計規範 15.4.2.3，搭接不得用於距接頭交接面 2 倍構材深度以內範圍。

（A）23.矩形鋼筋混凝土梁斷面計算其彎矩強度時，混凝土受壓區之應力常簡化成一等效矩形壓應力區塊。若此斷面中性軸深度為 c，等效矩形壓應力區塊深度為 a；當混凝土抗壓強度為 $280\,kgf/cm^2$ 時，則 a/c 為下列何值？

(A) 0.85　　(B) 0.8　　(C) 0.7　　(D) 0.6

（109 建築師-建築結構#36）

【解析】

梁斷面受彎矩時，受壓側混凝土在極限時為非線性狀態，依 Whitney 的研究極限時之壓應力分布可用一等效矩形應力塊來模擬，$a = \beta_1 c$，當$f'_c \leq 280\,kgf/cm^2$時，$\beta_1 = 0.85 = a/c$，故為選項(A)。

惟若當$f'_c > 280\,kgf/cm^2$時，$\beta_1 = 0.85 - 0.05\left(\frac{f'_c - 280}{70}\right) \geq 0.65$

（B）24.圖示之鋼筋混凝土韌性構架，有關主筋搭接之敘述，下列何者正確？

(A)主筋可在 A 區搭接

(B)主筋可在 B 區搭接

(C)主筋可在 C 區搭接

(D)主筋可在 D 區搭接

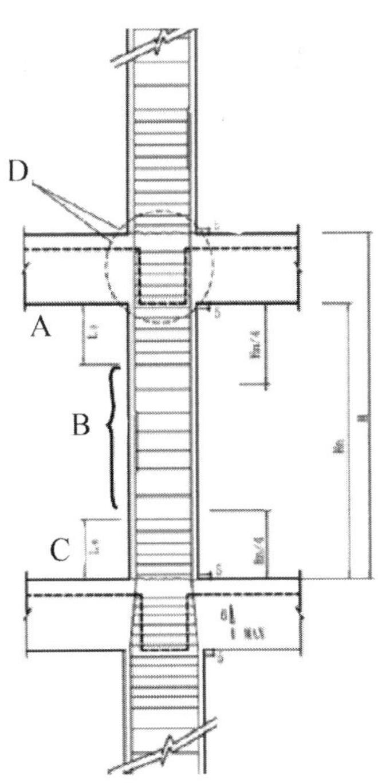

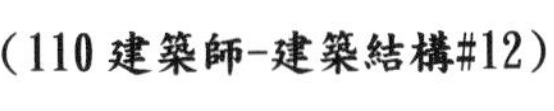
（110 建築師-建築結構#12）

【解析】

依混凝土結構設計規範第 15 章耐震特別規定，構架內承受撓曲及軸向載重之構材（柱）之鋼筋搭接僅容許於構材淨長之中央 1/2 內，並應考慮為拉力搭接【15.5.3.2】，故選項(B)為正確。

（A）25.鋼筋混凝土結構在耐震設計時，係依據鋼筋應力為 1.25f_y 所求得之彎矩強度以計算構材之設計剪力，此係數 1.25 所代表的意義為何？

(A)考慮鋼筋應變硬化之可能強度　(B)設計載重因數
(C)強度折減因數　(D)地震力放大倍數

（110 建築師-建築結構#13）

【解析】
耐震設計之設計剪力應採用塑鉸產生後引致之剪力，該剪力為最大者，可保證塑鉸產生時不致先產生脆性剪力破壞，而且塑鉸一旦產生，塑性轉角頗大，鋼筋可能進入應變硬化階段，因此計算彎矩強度時，鋼筋應力至少得用1.25 f_y，故選(A)。

（A）26.根據鋼筋混凝土「單筋矩形梁」之斷面極限彎矩強度分析，若鋼筋混凝土梁斷面在「平衡應變狀態」之鋼筋量 A_{sb} = 20.28 cm^{2}時，則當拉力鋼筋量 As 為下列何者時，在極限狀態下拉力鋼筋已降伏？

(A) 4 根 D22 鋼筋　(B) 4 根 D29 鋼筋
(C) 5 根 D25 鋼筋　(D) 8 根 D19 鋼筋

（110 建築師-建築結構#37）

【解析】
拉力鋼筋量小於A_{sb}時為拉力破壞模式，於極限狀態下拉力鋼筋已降伏，1 支 D22 標稱面積A_s＝3.871cm^2、D29A_s＝6.469cm^2、D25A_s＝5.067cm^2、D19A_s＝2.865cm^2，選項(A)之A_s＝15.484cm^2，B 之A_s＝25.876cm^2，C 之A_s＝25.335cm^2，D 之A_s＝22.92cm^2，故答案為選項(A)。本題可用刪去法及簡易判斷，鋼筋 D 後面的數字越大之A_s越大，故可刪去選項(B)、(C)，另該數字大略為標稱直徑，如 D22 之直徑約為22mm（2.2cm），可概算得A_s＝3.801cm^2，D19 之直徑約為19mm，可估A_s＝2.835cm^2，與實際A_s差異不大，亦可判斷出答案為選項(A)。

（C）27.混凝土構架的耐震撓曲構材縱向鋼筋在梁柱交接面（梁端）及其他可能產生塑鉸位置，其壓力鋼筋量不得小於拉力鋼筋量的多少比例？

(A) 25%　(B) 33%　(C) 50%　(D) 100%

（110 建築師-建築結構#38）

【解析】
依混凝土結構設計規範 15.4.4.2，撓曲構材在梁柱交接面及其它可能產生塑鉸位置，其壓力鋼筋量不得小於拉力鋼筋量之半，故答案為(C)。

（B）28.下列何者有利於鋼筋混凝土梁受彎之韌性行為？

(A)提高拉力鋼筋降伏強度　　(B)增加壓力鋼筋

(C)使斷面鋼筋比大於平衡鋼筋比　　(D)增加拉力鋼筋

（111 建築師-建築結構#31）

【解析】

RC 梁受彎時，隨彎矩增加，混凝土應變隨之增加，當壓力側最外圍混凝土達到極限應變（規範規定$\varepsilon_c = 0.003$）時，梁達到極限狀態而破壞，此時拉力側鋼筋是否降伏的狀況形成不同的破壞模式，當拉力鋼筋亦恰達降伏應力的狀況為平衡鋼筋比，當拉力鋼筋量較平衡鋼筋量少時為拉力破壞模式，破壞時拉力鋼筋應變大於降伏應變，RC 梁破壞時會產生較大的變形，為較具韌性的破壞行為，可知選項(C)錯誤，而其破壞機制發展概略為隨受彎矩增大，拉力區混凝土首先產生裂縫，而至拉力鋼筋降伏，隨後裂縫漸漸向壓力區發展，直至裂縫進入壓力區後導致混凝土受壓面積變小不能承受壓力而壓碎破壞，其仍為混凝土壓碎而至破壞，而鋼筋之抗壓強度較混凝土高，若在壓力區增加壓力鋼筋可增加抗壓能力，使受彎後之裂縫得更往上延伸，延後混凝土壓碎，使 RC 梁可產生更大的變形，使梁斷面更具延展性，故選項(B)正確。由破壞機制可知，(A)、(D)選項會讓 RC 梁失敗時，拉力鋼筋較不易降伏及不能充分伸展（變形量變小），不利於發揮韌性。

（A）29.下列那一項不是橫向閉合箍筋在鋼筋混凝土柱中的作用？

(A)提供柱子的軸向抵抗力

(B)提供柱子的剪力抵抗

(C)改善柱子在地震中的韌性

(D)減低柱子內的鋼筋發生挫屈（buckling）破壞的機會

（111 建築師-建築結構#32）

【解析】

橫向閉合箍筋可協助柱斷面抗剪，避免脆性的剪力破壞，在柱承受高軸壓，外圍混凝土剝落時，對內部混凝土有圍束作用增加其承受載重強度，並可提供縱向鋼筋的支撐防止挫屈，但不能直接提供柱子軸向抵抗力，故選(A)，其他選項尚屬正確。

（C）30.關於矩形斷面鋼筋混凝土簡支梁的設計與分析，下列敘述何者錯誤？

(A)若該簡支梁是單筋梁且符合混凝土結構設計規範，則在梁中段處提高斷面鋼筋比（其餘條件保持不變），會導致破壞發生時梁中段處斷面的中性軸位置下降

(B)若該簡支梁是雙筋梁且符合混凝土結構設計規範，則在梁中段處斷面的受壓側提高鋼筋用量（其餘條件保持不變），會導致破壞發生時梁中段處斷面的中性軸位置上升

(C)若簡支梁破壞時中段處斷面的中性軸位置越高，則其破壞模式會越接近脆性破壞

(D)簡支梁的極限彎矩強度不會因為梁的跨度增減而改變

（111 建築師-建築結構#33）

【解析】

RC 梁受彎作用，斷面上之拉、壓力平衡，當提高斷面鋼筋比（拉力鋼筋量）達極限狀態時，簡單來看壓力區混凝土需更多面積才能達力平衡，故中性軸位置會下降，選項(A)正確。而鋼筋之抗壓強度較混凝土高，若在壓力區增加壓力鋼筋可增加抗壓能力，達極限狀態時，壓力區混凝土可減少面積即可達力平衡，故中性軸位置會上升，選項(B)正確。中性軸位置變高表示 RC 梁受彎後之裂縫得更往上延伸，延後混凝土壓碎，使 RC 梁可產生更大的變形，使梁斷面更具延展性，故選項(C)錯誤。選項(D)敘述正確。

（B）31.下列圖示之 A、B、C、D 為四種不同配筋量（超量、平衡、稍微低量、不足量配筋）的 RC 梁，承受垂直載重 P 與變形 Δ 之關係圖，下列敘述何者錯誤？

(A) A 為超量配筋，其抵抗外力之能力最佳

(B) B 為平衡配筋，其韌性最佳

(C) C 為稍微低量配筋，其吸收能量之能力最佳

(D) D 為不足量配筋，其破壞方式為脆性破壞

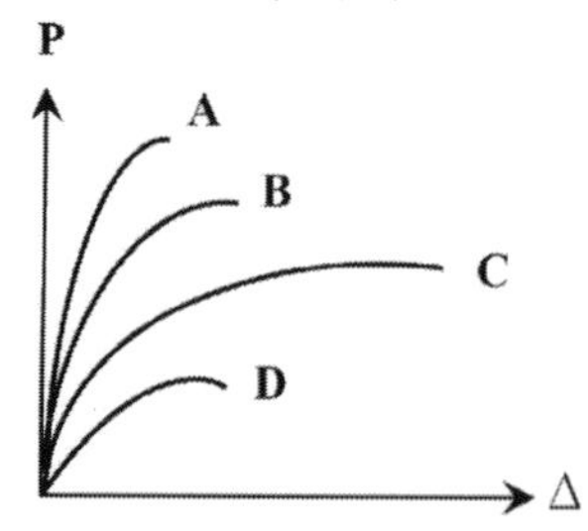

（111 建築師-建築結構#36）

【解析】

由 P-Δ 關係圖來看，C 破壞時的變形量最大，故以韌性來看，C 大於 B，選項(B)為錯誤。

歷屆申論題

一、臺灣近年之房屋震害中多見鋼筋續接或搭接問題，並造成柱構件嚴重損害，試依內政部營建署之「混凝土結構設計規範」回答下列問題：

（一）混凝土結構設計規範中建議鋼筋續接可採用搭接、銲接及機械式續接器，試舉例說明何謂機械式續接器？（10 分）

（二）混凝土結構設計規範中有關機械式續接器之分類為何？並說明其可使用之構材位置。（15 分）

（107 公務高考-建築結構系統#2）

參考題解

（一）依 CNS15560 鋼筋機械式續接試驗法定義，「鋼筋機械式續接：以一續接器或一續接套管與可能附加的填充材料或其他元件，完成兩段鋼筋續接的完整組合體」，常用之鋼筋續接器型式有壓合續接器、螺紋式續接器、擴頭續接器、摩擦銲接續接器及摩擦壓接續接器等，概述如下：

1. 壓合續接器：套管以油壓方式加壓與鋼筋密接，以其間之握裹傳遞鋼筋應力。
2. 螺紋式續接器：在鋼筋續接端製作螺牙，再使用機械式續接器結合。
3. 擴頭續接器：鋼筋接合端經過冷擠壓或熱擠壓將斷面變大，再於已擴大之斷面上車牙，使用機械式續接器接合。
4. 摩擦焊接續接器：將續接兩端處鋼筋分別以摩擦銲接與含公螺牙及母螺牙之續接器接合，續接時將公母螺牙鎖緊即完成。
5. 摩擦壓接續接器：續接器與鋼筋間使用電腦控制的摩擦壓接機，以摩擦生熱熔接方式結合，有別於一般焊接可能產生氣孔、裂縫等問題，且續接器與鋼筋結合因加熱摩擦時間不長，可獲得與母材相同強度之接頭。

（二）機械式續接器之分類及使用之構材位置：

1. 機械式續接器之分類：

   混凝土結構設計規範 15.3.6.4 規定，鋼筋採用機械式續接時，應分下列兩類：

   （1）第一類機械式續接應符合第 5.15.3.3 節之規定。

   （2）第二類機械式續接除須符合第 5.15.3.3 節之規定外，其接合強度至少應達鋼筋規定拉力強度。

第 5.15.3.3 節規定：機械式續接器續接應發展其抗拉或抗壓強度至少達鋼筋以$1.25f_y$計得之強度外，尚須考慮其滑動量、延展性、伸長率、實測強度、續接位置、續接器間距、保護層厚度等對構材之影響，並符合其他有關規定。

2. 使用之構材位置：依混凝土結構設計規範 15.3.6.5 規定，「第一類機械式續接不得使用於梁、柱接頭面或地震時鋼筋可能降伏處起算兩倍構材深度範圍內，第二類機械式續接則准許使用於任何位置。」

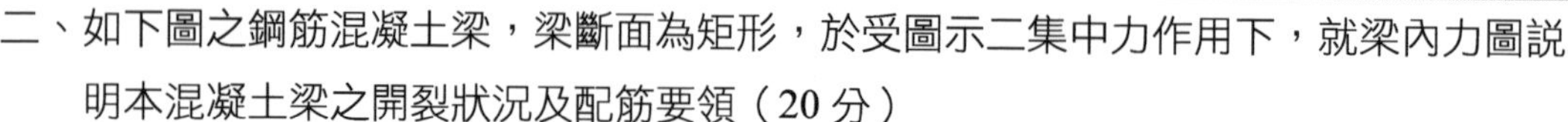

二、如下圖之鋼筋混凝土梁，梁斷面為矩形，於受圖示二集中力作用下，就梁內力圖說明本混凝土梁之開裂狀況及配筋要領（20 分）

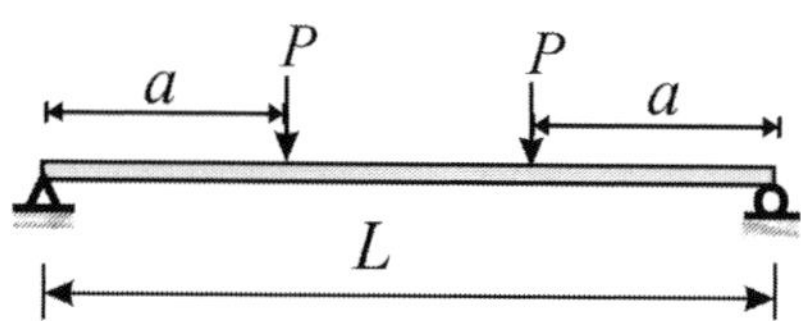

（107 地方三等-建築結構系統#3）

參考題解

依 RC 梁受力情況，繪剪力圖及彎矩圖如下：

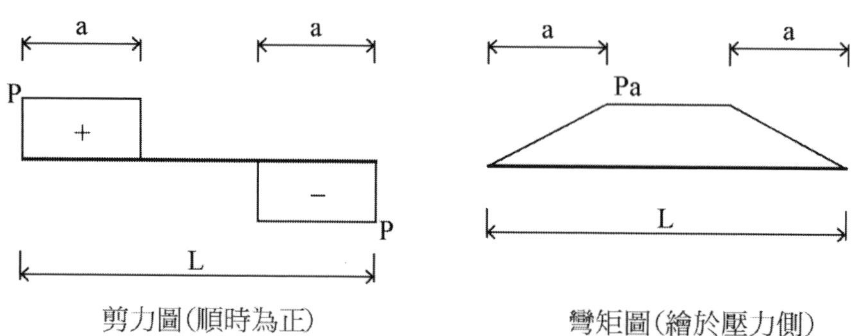

剪力圖(順時為正)　　　彎矩圖(繪於壓力側)

由內力圖可知，中間段為彎矩較大處，剪力為零，其開裂為撓曲裂縫，由 RC 梁下方處拉裂，垂直向上延伸。兩端為剪力較大處，彎矩為零，鄰近處開裂主要為腹剪裂縫，在梁斷面中性軸位置鄰近產生斜向裂縫。另在彎矩及剪力皆大處，可能產生撓剪裂縫，簡言之為兼有撓曲及剪斜裂縫形式。

依內力圖進行配筋作業，彎矩皆為同向，主筋配置梁下方，中央處鋼筋量較多，兩側可降低。而剪力筋則採兩端採較密配置，中間段雖剪力為零，惟仍需配置，間距則可調大。實際配筋量及間距等需以彎矩、剪力值及規範規定設計。

三、關於受軸壓力之非預力鋼筋混凝土構材，試述：

（一）軸壓力大小對於剪力計算強度之影響。（8 分）

（二）軸壓力大小對於彎矩計算強度及設計強度之影響。（12 分）

（三）軸壓力大小對於撓曲破壞控制構材韌性之影響。（5 分）

（109 公務高考-建築結構系統#4）

參考題解

（一）依現行混凝土設計規範 4.4.1.2，非預力構材之混凝土剪力計算強度，有軸壓力之構材

$$V_c = 0.53\left(1 + \frac{N_u}{140A_g}\right)\sqrt{f'_c}b_w d$$

式中 N_u 為軸壓力，可知混凝土抗剪強度隨軸壓增加而提高。

（二）1. 計算強度：以柱軸力-彎矩交互影響圖（規範 3.4.3，受拉與受壓鋼筋等量柱）來看，計算強度如圖上外圍實線，在軸壓力較小時，計算彎矩強度 M_n 隨軸壓力增加而提高，其係因該提高段仍為拉力筋降伏而計算所得 M_n，軸壓力延緩拉力筋降伏，使斷面可承受彎矩變大。當軸壓力較大，破壞時拉力筋不降伏，如圖上轉折點，為壓力控制斷面，M_n 隨軸壓力增加而降低，軸壓力逐漸增大，造成全斷面受壓狀況。

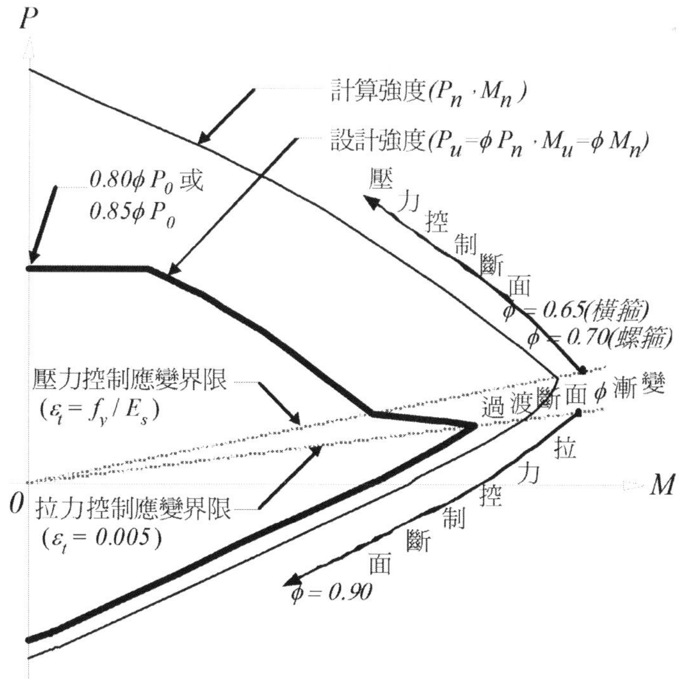

柱軸力-彎矩交互影響圖（受拉與受壓鋼筋等量柱）

圖片來源：混凝土設計規範

2. 設計強度：由計算強度考慮強度折減因子 ϕ 而得設計強度，為上述柱軸力-彎矩交互影響圖之內側粗線部分，主要分成 3 大部分，拉力控制斷面、過渡斷面及壓力控制斷面，拉力控制斷面為受壓混凝土達到規定極限應變 0.003 時，最外受拉鋼筋之淨拉應變可達 0.005 以上，破壞前產生大量變形及裂縫，具預警性，得較高之 ϕ = 0.9；壓力控制斷面為受壓混凝土達到規定極限應變，最外受拉鋼筋之淨拉應變小於或等於壓力控制應變界線，可能產生欠缺預警的瞬間脆性破壞，得較低之 ϕ = 0.65（橫箍筋）；過渡斷面則介於前述兩者之間，簡單來講雖然其破壞時拉力筋降伏，但尚未達到拉力控制的應變量，拉力筋可達應變量，取 ϕ = 0.65 ~ 0.9 之間，另外規定設計軸力不得大於 0.8ϕ *P*0（橫箍筋），故設計強度在高軸壓力處為一水平線。

（三）RC 構件的極限狀態為當混凝土最外受壓纖維達極限應變（規範規定為 0.003）時，撓曲破壞控制構材亦為如此，故在具軸壓力下，使混凝土最外受壓纖維較快達極限應變，使構材變形能力降低，故軸壓力使 RC 構件之韌性變差，軸壓力越大則韌性越差。

四、就鋼筋混凝土強度設計法，如下示意圖之受純彎矩作用鋼筋混凝土梁，鋼筋配在下層，說明此鋼筋混凝土梁處於極限狀態之破壞型式及對鋼筋混凝土梁設計的影響。（25 分）

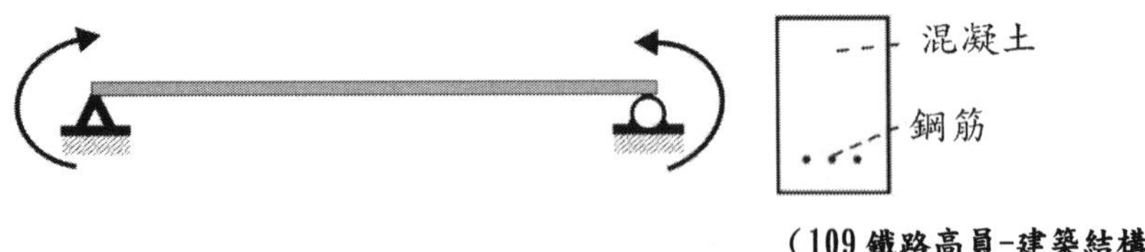

（109 鐵路高員-建築結構系統#1）

參考題解

（一）圖示 RC 梁受純彎矩作用，梁下方受拉，上方受壓，依規範規定，當混凝土最外受壓纖維達到規定極限應變 0.003 時（$\varepsilon_c = 0.003$），則構材達到其極限（計算）受撓強度，若此時拉力鋼筋應變恰達到降伏應變值，即 $\varepsilon_s = \varepsilon_y$，稱為平衡應變狀態，為平衡破壞。梁破壞模式由上述 $\varepsilon_c = 0.003$ 時，拉力鋼筋應變值狀態來判斷，若拉力鋼筋應變大於降伏應變值，$\varepsilon_s > \varepsilon_y$，為拉力破壞型式，若拉力鋼筋應變小於降伏應變值，$\varepsilon_s < \varepsilon_y$，則為壓力破壞型式。

（二）而在設計上，依規範規定，分成壓力控制斷面、拉力控制斷面及拉力-壓力控制過渡斷面，概略來講，當上述 $\varepsilon_c = 0.003$時，壓力控制斷面為最外受拉鋼筋之淨拉應變

$\varepsilon_t \le \varepsilon_y$，拉力控制斷面為最外受拉鋼筋之淨拉應變 $\varepsilon_t \ge 0.005$，拉力-壓力控制過渡斷面則為最外受拉鋼筋之淨拉應變 ε_t 介於兩界限之間。拉力控制斷面破壞前可能產生大變形量或裂縫，將有充分之預警，壓力控制斷面可能產生欠缺預警之瞬間脆性破壞。拉力控制有較大的強度折減係數，壓力控制則比較小，過渡區之強度折減係數介於兩者進行線性內差。規範為確保梁之拉力控制行為，對於軸力不大之構材，如本題僅受彎矩，軸力為零下，其最小淨拉應變 $\varepsilon_t \ge 0.004$。

五、單就受壓力作用之鋼筋混凝土短柱而言，從配筋的角度，圖示及説明破壞過程和預防措施。（25 分） **（109 鐵路高員-建築結構系統#3）**

參考題解

（一）一般 RC 柱之縱向鋼筋基本上均勻沿著四周分布排列，並由橫箍筋（tie）或者螺箍筋（spiral）提供側向支撐之受壓構材，依題意而言，為非細長柱（傾向於挫屈失敗）需一併考慮斷面強度及穩定性之情況，而以 RC 短柱單就受壓作用時之壓潰破壞進行考量，其破壞過程係隨著軸壓力的增加，柱箍筋外圍之混凝土剝落，軸壓力主要由核心混凝土承擔，依波松比的概念，軸向縮短而橫向擴張，此時橫向鋼筋圍束柱核心的擴張，承受環向拉力以承載圍束核心混凝土壓力。當軸壓力繼續增加致箍筋降伏或斷裂時，圍束效果降低，此時混凝土壓碎及剪力斜裂並向外擴張而破壞，且箍筋間縱向鋼筋挫屈，柱破壞。柱鋼筋配置及軸壓破壞示意如圖。

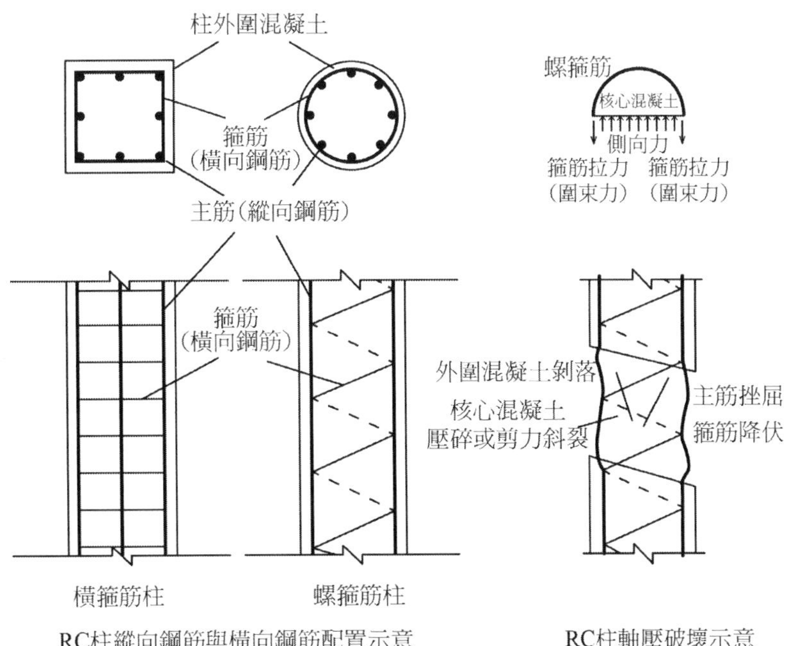

RC柱縱向鋼筋與橫向鋼筋配置示意　　RC柱軸壓破壞示意

（二）依破壞過程可知，橫向鋼筋圍束之有效性影響柱承受壓力的能力，一般常用為橫箍筋或螺箍筋，其中配置螺箍筋之圍束效果通常較橫箍筋為佳，規範限制尺寸、間距、配置、型式等，以增加有效性及柱變形能力（韌性），避免瞬間的脆性破壞，提供一個較漸進且韌性的破壞過程，如規範要求螺箍筋最少的量，所提供的強度至少等於外殼爆裂時所損失的強度，使柱子能維持相當的載重能力。

六、下圖所示為某五層樓 RC 建物之結構平面，採韌性立體剛構架系統，各層結構平面相同，因東側基地境界線歪斜之故，柱 B 並未直接以梁連結至柱 D，而以梁 BG 間接搭於梁 CD 上。試就建築空間、結構行為及構造施工之角度，分析相較於直接連結梁 BD（如虛線所示），目前方案有何優劣點？（25 分）

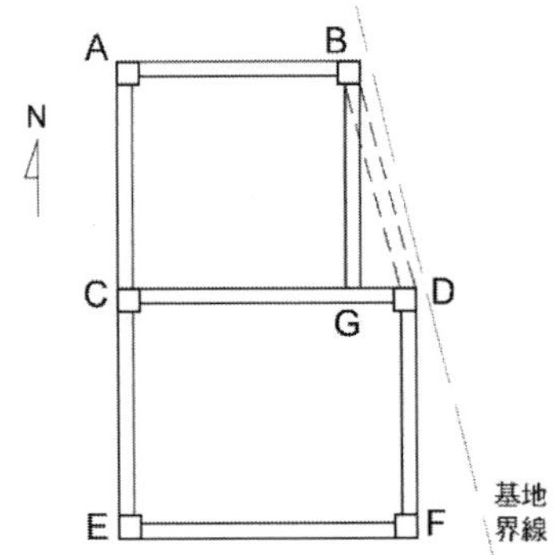

（111 公務高考-建築結構系統#4）

參考題解

將 BD 梁案相較於 BG 梁案，分析如下：

（一）建築空間：多層樓立面外牆通常連續施設並架於梁下，以達牆周良好支撐效果，故以 BD 梁案可得較大的室內建築空間。

（二）結構行為：本案結構系統為韌性立體剛構架系統，係為耐震設計規範抗彎矩構架系統，具有完整之立體構架承擔垂直載重，並以抗彎矩構架抵禦地震力，即以梁柱節點採剛接結合形成完整立體剛構架，形成整體共同抵抗垂直及水平載重，並以強柱弱梁的韌性設計概念，讓梁桿件在大地震時順利產生塑鉸以達消能抗震效果。BD 案形成較完整的立體剛構架，形成整體共同抵抗垂直及水平載重，垂直載由版傳遞至大梁到柱較為順暢，另經適當設計，連接 D 柱之梁端可在大地震時產生塑鉸達消能抗震效果。而 BG 案，該梁承受垂直載後，須藉由 CD 樑間接傳遞至 D 柱，力流較為複雜且對 CD 樑造成額外垂直載負擔，且該梁僅一端與 B 柱相接，另一端未與 D

柱直接相接，沒有形成完整剛構架系統，在整體剛構架共同抵抗地震力方面較差。

（三）構造施工：因應耐震設計之韌性要求，RC 結構的梁柱接頭及鄰近接頭交界面處通常配筋較為複雜，BD 梁案又梁與柱為斜交狀況，施工上較 BG 案複雜許多，如鋼筋綁扎、模版施作及灌漿等較為困難，可能致施工品質較不佳狀況。

結論：綜合以上分析，BG 梁案僅以構造施工較為簡單為其優點，在建築空間及結構行為來看皆較 BD 梁案差，故建議採用 BD 案為宜，並加強施工作業以確保品質。

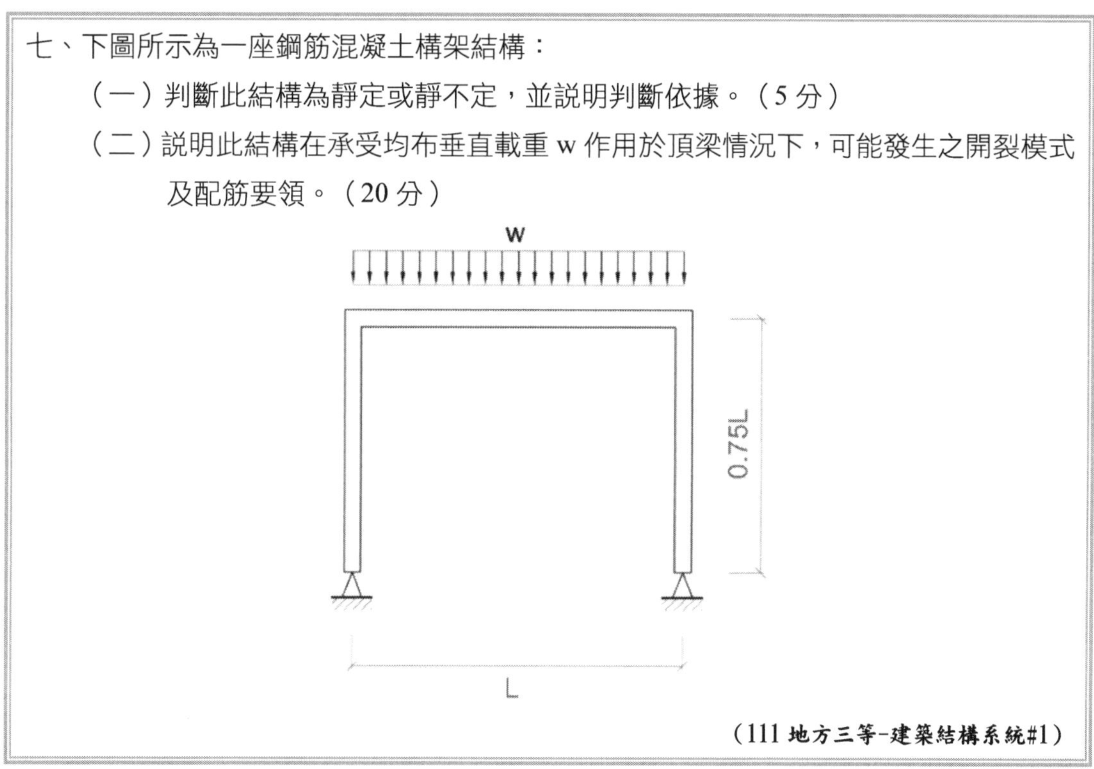
七、下圖所示為一座鋼筋混凝土構架結構：
（一）判斷此結構為靜定或靜不定，並說明判斷依據。（5 分）
（二）說明此結構在承受均布垂直載重 w 作用於頂梁情況下，可能發生之開裂模式及配筋要領。（20 分）

（111 地方三等-建築結構系統#1）

參考題解

（一）$R = b + r - 2j + S = 3 + 4 - 2 \times 4 + 2 = 1$，一次靜不定結構。

（二）混凝土的抗拉能力弱，僅約為抗壓強度十分之一，所以混凝土結構在承受載重後開裂原因與結構各斷面點位所受到的主拉應力有密切關係，而結構受載重作用後，斷面內有撓曲拉、壓應力及剪應力，依應力轉換的觀念，可得各斷面不同位置之最大主應力，當主拉應力超過混凝土之拉力強度而致開裂，可能會產生撓曲裂縫、腹剪裂縫及撓剪裂縫等。

在未受軸力作用下，通常斷面彎矩大、剪力小處易於斷面拉力側端部發生撓曲裂縫。斷面剪力大、彎矩小處，斷面中性軸處易發生斜向開裂。斷面剪力、彎矩較大處則易發生撓剪裂縫，其為由撓曲開裂向內部沿伸，越往中性軸，剪應力越大，拉應力越小，裂縫角度由與軸向垂直逐漸傾向 45 度角，通過中性軸後，剪應力減小，正向力轉壓應力，裂縫角度小於 45 度。以混凝土樑為例之開裂狀況示意如下圖（圖片來自混凝土設計規範）

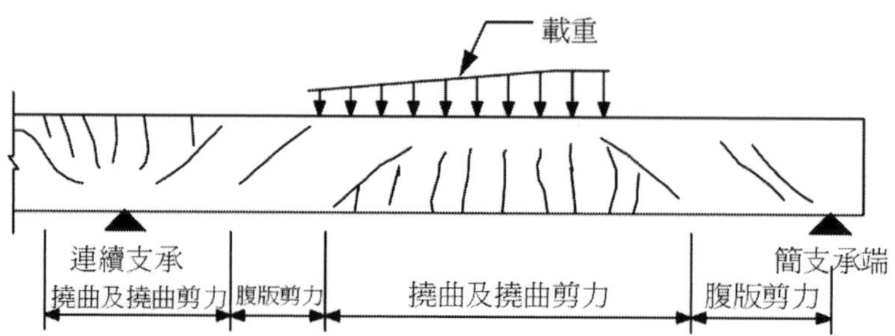

本題依結構配置及受力繪出內力圖示意如下（實際數值需依桿件尺寸、載重大小等因素計算）

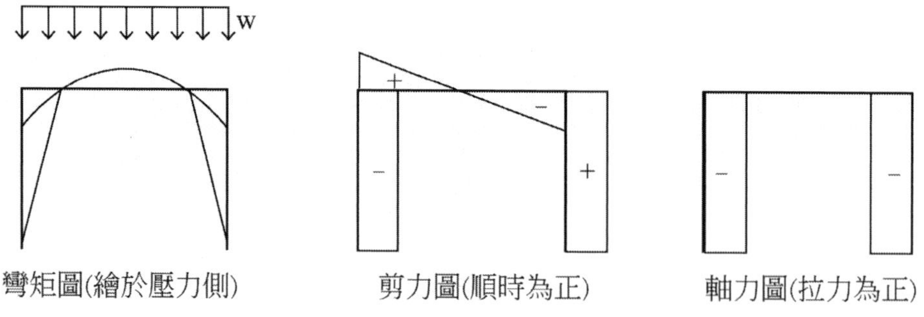

1. 依內力圖概略判斷可能裂縫及說明如下：

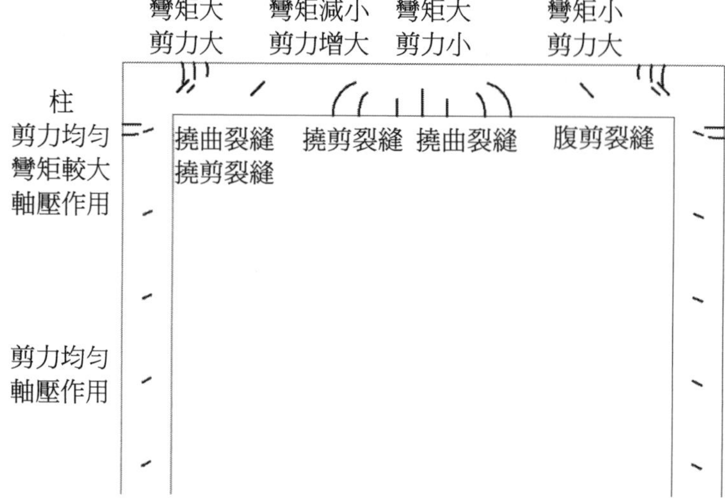

可能裂縫示意

（1）頂樑：未受軸力作用，中央彎矩大（壓力側在上）、剪力小處，樑底撓曲裂縫。鄰中央往兩端，彎矩減小、剪力增大處，撓剪裂縫。再往樑端，彎矩小剪力大處，腹剪裂縫。鄰樑端，彎矩大（壓力側在下）剪力大，樑頂撓曲裂縫及撓剪裂縫。

（2）柱：柱頂，彎矩大（壓力側在柱內側）、剪力均勻，柱外側撓曲裂縫及撓剪裂縫，但受軸壓力作用，可能減小撓曲裂縫延伸，及影響撓剪裂縫角度。往柱底，彎矩漸小、剪力均勻，腹剪裂縫，但受軸壓力作用，影響剪力裂縫角度

2. 配筋要領：

（1）頂樑：依彎矩圖之拉力側配置主筋，兩端於鄰樑頂配置主筋，中央處鄰樑底配置主筋，因彎矩方向變化，考量主筋量、伸展長度及截斷位置等。依剪力圖配置剪力筋，通常採垂直放置（垂直桿件方向），兩端剪力較大處配置較多量剪力筋，中央剪力較小處配置較少量剪力筋。

（2）柱：同時承受軸力及單向彎矩，惟一般而言，柱受力通常比較複雜且不確定性較高，縱向鋼筋通常均勻沿著四周分布排列。單純依剪力圖，整柱均勻配置剪力筋，惟柱之橫向鋼筋除提供抗剪能力外上，尚有防止主筋挫曲及圍束核心混凝土作用，需依規範規定特別考量。

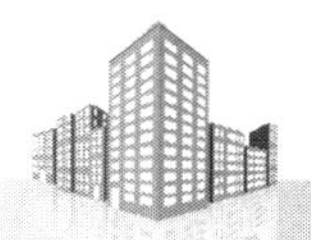

9 鋼結構及SRC結構系統

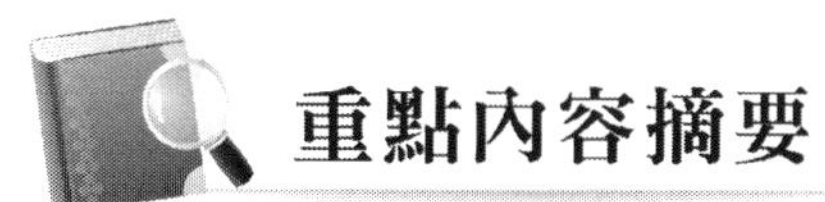

重點內容摘要

（一）SRC-鋼筋與鋼骨之淨間距

1. 主筋與鋼骨之淨間距：

   主筋與鋼骨板面平行時，其淨間距應保持 25 mm 以上，且不得小於粗骨材最大粒徑之 1.25 倍。但主筋與鋼骨板面垂直時，其間距不受此限。

2. 箍筋與鋼骨之淨間距：

   箍筋不得與鋼骨面密貼，其淨間距應保持 25 mm 以上。

（二）SRC-鋼骨之混凝土保護層厚度

1. 鋼板與主筋平行時，鋼骨之混凝土保護層厚度一般 ≥ 100 mm。
2. 鋼骨鋼筋混凝土構材之主筋為 D22 以上時，鋼骨之混凝土保護層 ≥ 125 mm。

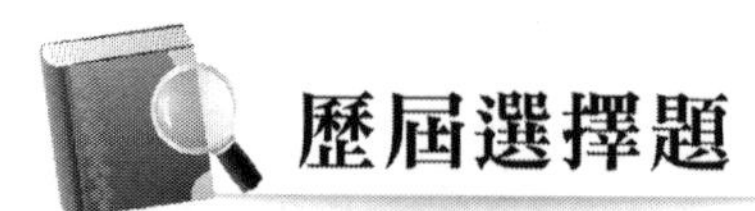

歷屆選擇題

（A）1. 一般鋼構桿件拉力設計時，不需考慮下列何者？

(A)挫屈破壞

(B)通過釘孔的脆性破壞

(C)未通過釘孔的延性破壞

(D)孔徑要比螺栓直徑大 1.5 mm

（105 建築師-建築結構#33）

【解析】參考九華講義-結構系統 第四章

題目問桿件拉力設計時，選項(A)陳述的挫屈是受壓力造成的破壞。

（C）2. 有關鋼骨結構的敘述，下列何者錯誤？

(A)鋼骨構材中，鋼材之標稱降伏應力愈大者，其寬厚比上限值愈小

(B)工字梁承受垂直載重時，通常剪力大部分由腹版承擔，彎矩大部分由翼版承擔

(C)長細比較小的構材，因為挫屈的影響，其容許壓應力較小

(D)韌性抗彎矩構架為了提高其韌性，對於可能產生塑鉸之柱或梁，應採用寬厚比較小的構材

（105 建築師-建築結構#37）

【解析】參考九華講義-結構系統 第六章

長細比小即柱不細長，容許壓應力大，不容易挫屈，選項(C)陳述有誤。

（D）3. 有關鋼骨材料之敘述，下列何者錯誤？

(A)鋼材之含碳量改變會影響其韌性和強度

(B)鋼材承受高溫後，其強度、硬度、耐磨性皆可能產生變化

(C)鋼材之含碳量與彈性模數（E 值）無關

(D)抗拉強度與降伏強度比值較大的鋼材，一般而言，其塑性變形能力較小

（106 建築師-建築結構#16）

【解析】參考九華講義-結構系統 第三章

(D)抗拉強度與降伏強度比值即降伏比大，則韌性也就是塑性變形能力變小，兩者成反比。

（A）4. 型鋼會因製造過程產生殘餘應力（residual stress），下列敘述何者錯誤？
(A)最慢冷卻的部分會產生壓應力　(B)可能會因殘餘應力而變形
(C)殘餘應力為內力　(D)殘餘應力會影響斷面強度

（106 建築師-建築結構#22）

【解析】參考九華講義-結構系統 第三章
鋼材製作過程中，溫度冷卻不均勻，先冷卻部分受壓力後冷卻部分受拉力，本題答案(A)。

（D）5. 對鋼構造建築物的設計，根據現行「鋼結構極限設計法規範」，D＝靜載重、L＝活載重、E＝地震力載重，則下列載重組合何者正確？
(A) D＋L　(B) 1.4D＋1.6L
(C) 0.75（1.4D+1.7L±1.87E）　(D) 0.9D±E

（106 建築師-建築結構#33）

【解析】
鋼構造建築物鋼結構設計技術規範
（二）鋼結構極限設計法規範及解說
第二章 載重 2.2 載重係數與載重組合
1.4D (2.2-1)
1.2D +1.6L (2.2-2)
1.2D + 0.5L ± 1.6W (2.2-3)
1.2D + 0.5L ± E (2.2-4)
0.9D ± E (2.2-5)
0.9D ± 1.6W (2.2-6)僅選項(D)0.9D ± E 為規範值之算式，其他選項式子皆有誤。

（A）6. 下列敘述何者正確？
(A)鋼骨結構施工不一定比鋼筋混凝土結構施工期間短
(B)鋼骨結構的 RC 樓板，其鋼支承板（deck plate）在施工階段時短向跨度可以作到 8 公尺以上不作支撐
(C)鋼骨鋼筋混凝土結構主構架之梁鋼筋與鋼柱連接可採用搭接
(D)鋼骨結構歸類為綠建材的概念主要是產製過程

（107 建築師-建築結構#25）

（C）7. 如圖所示之鋼結構接合部位設計方式（鋼梁翼板未銲接，腹板以螺栓固定），下列敘述何者正確？

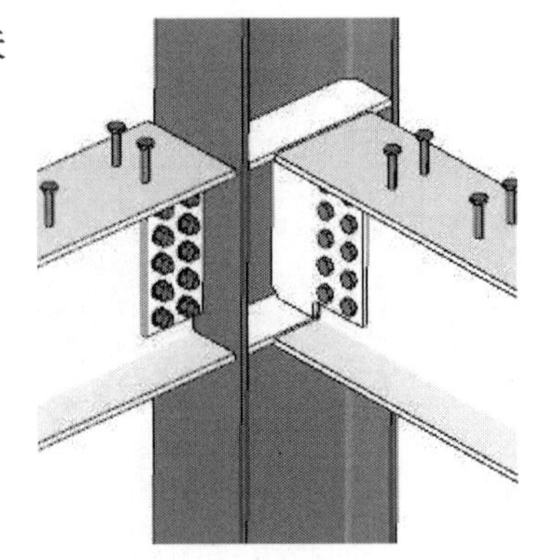

(A)該接合部位主要係用以傳遞梁彎矩及剪力

(B)該接合部位主要係用以傳遞梁彎矩

(C)該接合部位主要係用以傳遞梁剪力

(D)該接合部位主要係用以傳遞梁扭矩

（107 建築師-建築結構#27）

【解析】

柱樑接頭必須是鋼樑翼板要焊接成固定端才能傳遞彎矩，圖示柱樑接頭未焊接不為固定端則只能傳遞剪力。

參考來源：建築結構系統，第三章（陳啟中，詹氏書局）

（B）8. 關於建築用鋼材之敘述，下列何者錯誤？

(A)鋼材的比重約為普通混凝土之 3 倍，但是常溫下兩者之線膨脹係數幾乎相同

(B)一般而言，鋼材含碳量愈高則韌性愈好

(C)低降伏鋼由於強度低及延展性高，可使用於金屬降伏阻尼器

(D)鋼材之彈性模數（modulus of elasticity）不會隨著強度提高而增大

（107 建築師-建築結構#31）

【解析】

(B)鋼材含碳量與韌性成反比，含碳量越高，硬度、強度大，韌性則差

參考來源：建築結構系統，第四章（陳啟中，詹氏書局）

（C）9. 國內鋼骨結構在抗彎矩構架的梁柱接頭處之梁端常有類似下圖的減弱式接頭處理，其主要目的為何？

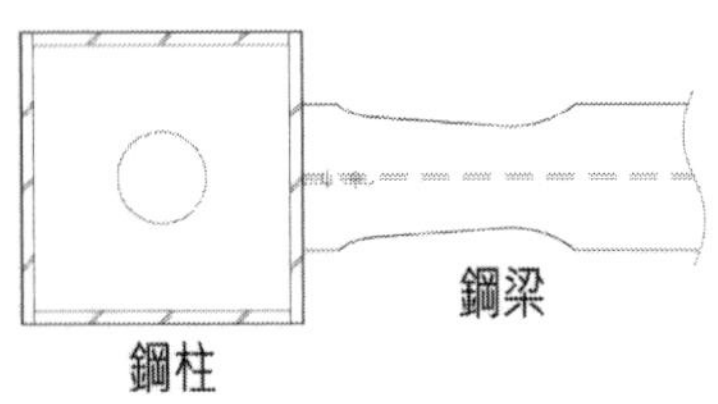

(A)降低鋼骨用量

(B)降低剪力強度需求，以避免剪力降伏

(C)提高梁端之塑性轉角變形能力

(D)提高工作性

（107 建築師-建築結構#33）

【解析】

傳統之梁翼板銲接，腹板鎖高強度螺栓之抗彎矩接頭，無法可靠地提供所需之塑性轉角，接近梁端之塑鉸區切削減弱之減弱式接頭可改善此缺點。

參考來源：技師報 No.935，103 年 11 月 8 日

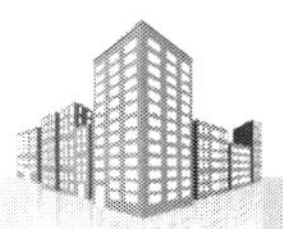

（D）10.下列四個工程圖中的敘述，何者正確？

(A) 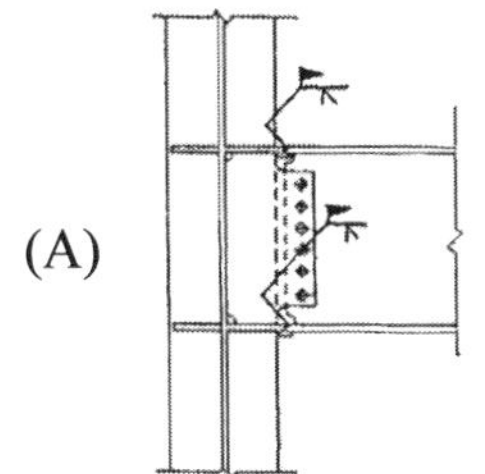 鋼梁與柱弱軸剛接圖中的銲接符號為角銲

(B) 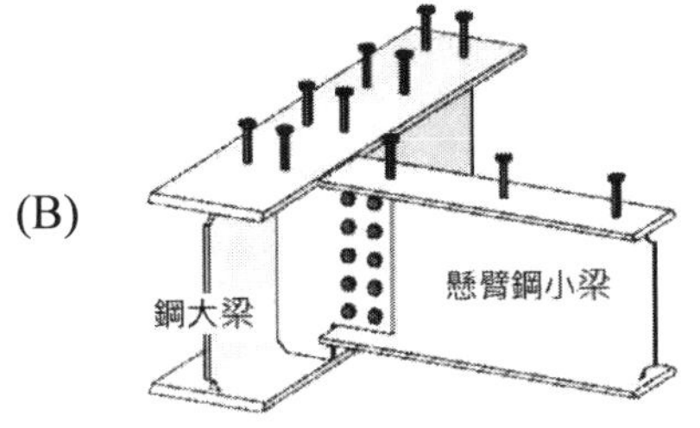

此圖之懸臂鋼小梁的翼板不須銲接

(C)  此為扭斷控制型螺栓

(D) 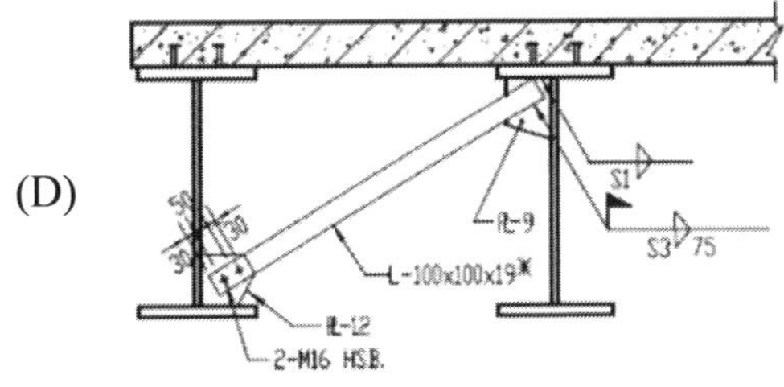

此為鋼梁防止側向挫屈之支撐

（108 建築師-建築結構#11）

【解析】

(A) 應為開槽銲。

(B) 懸臂梁端點需承受彎矩作用，需銲接。

(C) 扭斷控制型螺栓又稱為斷尾型，有一直齒狀的尾端，其前有一凹槽，安裝時於該處施加扭力，當此扭力所造成螺栓內之軸力達到預設之拉力時，尾端會被扭斷，檢驗時就可判斷螺栓是否達已鎖緊需求之預拉力，該圖沒有直齒狀尾端，錯誤。

(D) 為防止鋼梁過早產生 LTB（側向扭轉挫屈），常採上翼板靠剪力釘與樓板結合，下翼板靠側向支撐桿連接在另一鋼梁之上翼板，其係利用樓板的面內勁度與強度提供鋼梁側向支撐，故選項(D)正確。

（C）11.鋼結構之規劃設計與施工時，下列那一項不是為確保鋼結構韌性接頭特質之作法？

(A)規劃結構斷面時，梁與柱接合處之寬度不宜相差太懸殊

(B)鋼梁在與鋼柱接合介面之加勁翼板加寬或加厚

(C)鋼料應選擇 SM 材質且降伏強度（Fy）應高於抗拉強度（Fu）的 80%

(D)將鄰接鋼柱之鋼梁本體翼板予以削減或鑽孔洞

（108 建築師-建築結構#29）

【解析】

SN 系列鋼料比起 SM 系列有比較嚴謹的材料規定，且降伏比$YR = F_y/F_u$越小則塑性面積越大，塑性範圍大，極限塑鉸轉角越大，故應小於 80%，故選項(C)高於 80%為錯誤。選項(B)、(D)為控制鋼梁降伏位置，避免於梁、柱結合處破壞。

（D）12.關於鋼骨結構之敘述，下列何者最不適當？

(A)與大梁直交之小梁，有防止大梁橫向挫屈之功能，增加小梁支數可增加其效果

(B)柱與梁所用鋼材之寬厚比的限制值不相同

(C)柱使用 H 型鋼斷面時，在勁度較弱的方向，通常會以斜撐提供構架剛度

(D)為防止 H 型鋼柱翼板的局部挫屈，可減少翼板厚而加大翼板寬度

（109 建築師-建築結構#21）

【解析】

鋼柱寬厚比過大將易於產生局部挫屈，減少翼板厚而加大翼板寬度將使寬厚比變大，更容易挫屈，選項(D)敘述為最不適當。

（B）13.相較於磚造建築物，鋼骨建築物一般較有利於耐震，下列何者最有可能為其原因？

(A)鋼材料之比重較磚材料高

(B)鋼骨構件之韌性較磚構件高

(C)鋼骨結構之阻尼較磚結構高

(D)磚造建築物有最大樓層數之限制，鋼骨建築物則無

（109 建築師-建築結構#23）

【解析】

由各選項比較，以常用耐震之韌性設計觀點來看，選項(B)敘述最為合理。

（D）14.下列有關鋼柱挫屈強度 P_{cr} 之敘述，何者錯誤？

(A)長細比(L/r)越大，挫屈強度 P_{cr} 越小

(B)迴轉半徑(r)越小，挫屈強度 P_{cr} 越小

(C)迴轉半徑(r)只與桿件斷面幾何條件相關

(D)長細比(L/r)大於臨界長細比$(L/r)_c$者，柱之挫屈為非彈性挫屈

（110 建築師-建築結構#14）

【解析】

當長細比 L/r 大於臨界長細比 $\left(L/r\right)_c$ 時，柱之挫曲為**彈性挫曲**。

（C）15.關於鋼骨鋼筋混凝土（SRC）之敘述，下列何者最不適當？

(A)SRC 中鋼筋混凝土結構弱點的剪力破壞以鋼骨來補強，而鋼骨結構弱點的挫屈則以鋼筋混凝土來補強

(B)柱梁接合部之箍筋，通常以貫穿鋼骨梁腹板而配筋

(C)鋼骨內部填充混凝土之圓形鋼管混凝土柱的設計，一般不考慮鋼管之圍束（confinement）效果

(D)鋼骨鋼筋混凝土結構，包括有鋼骨工程及鋼筋混凝土工程，通常施工期間較長

（110 建築師-建築結構#15）

【解析】

經過適當設計的 SRC 構造，可有效發揮鋼骨與 RC 的優點，並能互相彌補缺點，選項(A)敘述合理。選項(B)敘述尚符 SRC 規定。SRC 施工複雜度高，相比鋼骨或 RC 結構在規模差異不大之一般情況下通常工期較長，選項(D)敘述尚為合宜。以 SRC 設計規範 9.3.2 規定來看，填充型鋼管混凝土柱較包覆型 SRC 柱有較高的韌性容量，可見有考量到填充混凝土受鋼骨之圍束效果，選項(C)為較不適當的敘述。

（D）16.中高樓層建築物採用鋼骨（SS）構造及鋼筋混凝土（RC）構造的效益評估上，下列何者錯誤？

(A)SS 造之結構體自重通常小於 RC 造

(B)SS 造之結構體造價通常高於 RC 造

(C)同樣採用特殊抗彎矩構架設計，SS 造之振動週期通常高於 RC 造

(D)同樣採用特殊抗彎矩構架設計，依耐震設計規範，SS 造之結構系統韌性容量高於 RC 造

（110 建築師-建築結構#18）

【解析】

依耐震規範，採用特殊抗彎矩構架設計之鋼造與鋼筋混凝土造之韌性容量皆為 4.8，選項(D)錯誤。

（B）17.若降伏比定義為材料之降伏強度與抗拉強度之比值，其對於鋼結構耐震之影響，下列敘述何者正確？

(A)高降伏比可使結構發揮較高強度，增進韌性及耐震能力

(B)低降伏比可使鋼材有較佳的應力重分配能力，形成較大的塑性區域，耗能及耐震性能較佳

(C)高降伏比可得到高韌性，較大的塑性變形能力

(D)低降伏比可能導致應力集中導致塑性區域窄短，導致局部應力過高而可能發生斷裂

（110 建築師-建築結構#20）

【解析】

降伏比（Yield Ratio, YR）指材料降伏強度與抗拉強度之比值（$YR = F_y/F_u$），其大小可反應材料產生塑性變形時不致發生應變集中的能力。YR 越小則塑性區面積越大，塑性範圍越大，故選項(B)為正確。

（C）18.鋼結構梁柱接頭中強度減弱型接頭（如下圖 A 之圓弧切削式接頭）以及強度增強型接頭（如下圖 B 梁翼內側板補強式接頭）之共同設計目標為何？

(A)為了減少材料損耗或減少現場施工量以降低成本

(B)增加梁柱接頭的強度

(C)確保梁柱接頭有足夠韌性

(D)改善現場的施工性

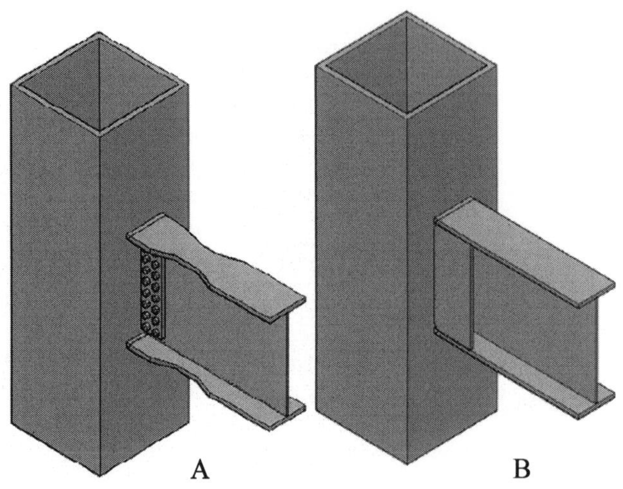

（110 建築師-建築結構#39）

【解析】

梁柱交界面處是銲道及螺拴接合等幾何變形最大處，而塑鉸產生處會造成極大的變形量，梁柱交界面恐無法因應極大的應變能力需求，可能導致脆性斷裂，故接合設計利用減弱（如圖 A）或補強（如圖 B）的方式將梁柱接頭之塑性鉸移離柱面，以確保梁柱接頭有足夠韌性，故選(C)。

（D）19.四組鋼造構架經耐震設計如下圖所示，其門型框架與斜撐斷面均同，僅斜撐配置不同，其中桿件⑥為 BRB。若四組構架頂部受側力後位移均為△，下列敘述何者正確？

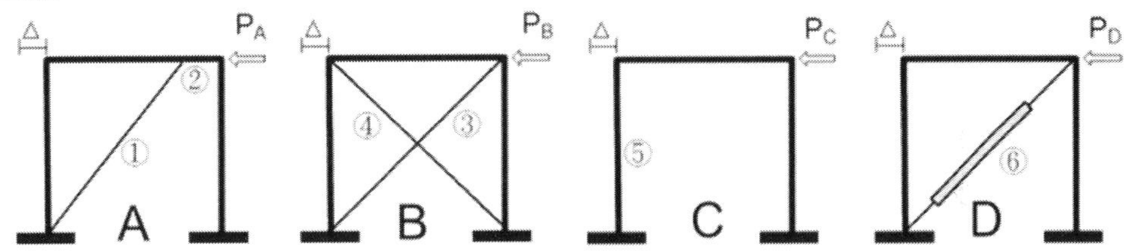

(A)若構架 B 桿件③發生挫屈，則該結構系統變為不穩定

(B) $P_B < P_A < P_C$

(C) 四組構架頂部位移均為△，最可能發生挫屈之桿件為⑥

(D) $P_C < P_A < P_B$

（111 建築師-建築結構#30）

【解析】

相同△，較大的側移勁度所需之 P 力較大，側移勁度可概略判斷同心斜撐大於偏心斜撐大於無斜撐，故側移勁度大小：圖 B>圖 A>圖 C，選項(D)為正確，選項(B)錯誤。桿件⑥為 BRB，為挫屈束制斜撐，由側撐元件提供側向支撐，防止主受力元件受壓挫屈，使其軸向強度與延展性有可發展的空間，有效發揮鋼材的消能能力，簡言之為不會挫屈的斜撐，選項(C)有誤。構架 B 為 5 次靜不定結構，若單純桿件③發生挫屈並不會造成系統變為不穩定，選項(A)有誤。

（C）20.鋼結構中構件斷面的結實性會影響梁或柱的極限狀態，下列敘述何者錯誤？

(A)結實斷面的肢材在發揮到極限強度時不會發生挫屈

(B)構件發生挫屈時半結實斷面可達 M_y 但無法到達 M_p

(C)斷面上有任一肢材屬細長肢材時，斷面為半結實斷面

(D)塑性設計斷面純受軸力下可達全斷面降伏

（111 建築師-建築結構#34）

【解析】

(C)任一肢材為細長肢時，該斷面稱為「細長肢」斷面。

（#）21. 關於螺栓接合的相關敘述何者錯誤？**【答 B 或 D 或 BD 者均給分】**

(A)承壓型接合允許接合母材間發生相對滑動

(B)承壓型接合中的剪力面不通過螺栓螺紋區域

(C)摩阻型接合將摩擦力視作接合剪力強度

(D)摩阻型接合不須額外檢核螺栓鋼板間承壓強度

（111 建築師-建築結構#35）

【解析】

承壓型接合為鋼板與螺栓直接承壓，因此剪力面的位置直接影響強度，若剪力面在螺紋上會使其強度降低，故使剪力面不通過螺栓螺紋區域可得較高的極限強度且對造價並無影響，而摩阻型接合為利用螺栓鎖緊時之預張力在接合鋼板上產生壓力，利用其產生之摩擦力抵抗外力，可判斷選項(A)、(B)、(C)為正確。承壓型及摩阻型接合皆需檢核螺栓孔之承壓強度，故選項(D)錯誤。

（B）22. 下列何種結構材料受潛變（creep）的影響最小？

(A)鋼筋混凝土造　(B)鋼構造　(C)鋼骨鋼筋混凝土造　(D)木構造

（111 建築師-建築結構#38）

【解析】

潛變為受長期負載，在應力未增加下，產生額外應變之情況，採用混凝土及木材作為結構材料時需加以考量(混凝土規範 2.11.2.5，木構造規範 4.4.4)，而鋼材則影響較小，故選(B)。

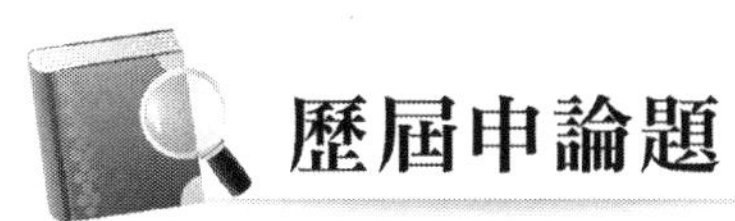

歷屆申論題

一、參考以下示意圖，多層多跨建築鋼構架（steel frame structure）之梁柱銜接位置可分成兩種，一為設置在柱面於工地接合，另一為離柱面一段距離在工地接合。就構架受垂直載重之彎矩圖及鋼結構現地施作，比較說明二者之差異。（25 分）

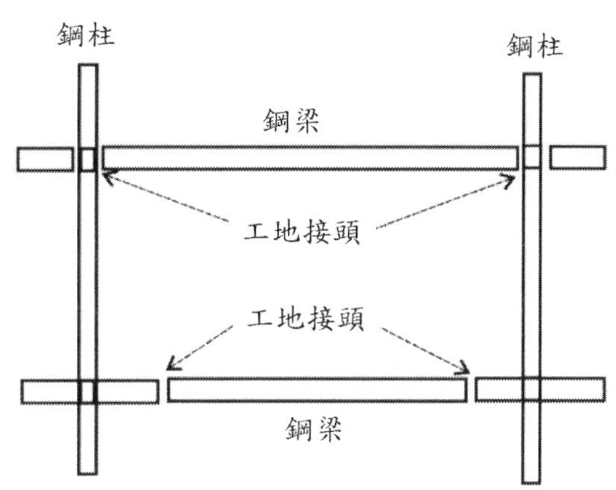

（109 鐵路高員-建築結構系統#4）

參考題解

（一）以一般鋼構實務上作法，圖上方樑柱接頭為鋼梁在鋼柱面進行工地接頭，較屬於美國式的作法，翼板於工地採全滲透銲接，腹板鎖螺拴之方式。圖下方則較屬於日本的作法之一，事先於工廠銲接托梁，並於工地現場採翼板及腹板進行螺拴接合的方式施工，示意如圖，前述方式兩者接頭均為固接，則僅為工地接頭位置不一樣，就構架受垂直載重之彎矩圖並無不同。

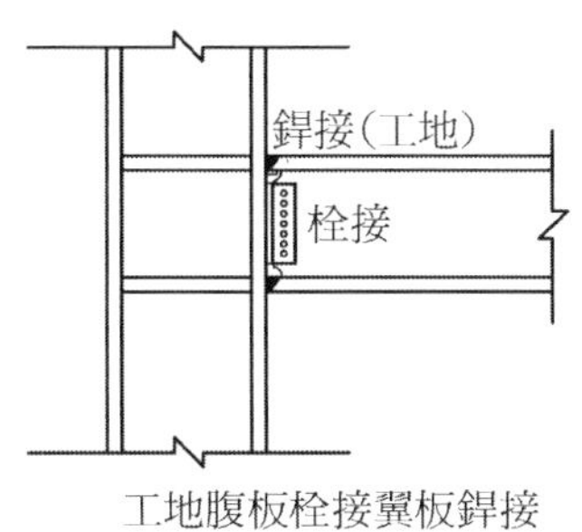

工地腹板栓接翼板銲接

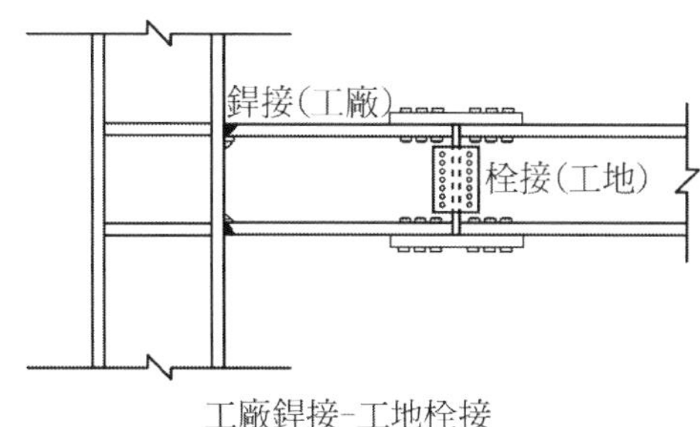

工廠銲接-工地栓接

（二）樑柱接頭之塑性轉角量（塑性變形能力）為結構韌性的重要指標，圖下方工廠銲接-工地栓接方式係考量工地銲接可能品質較不穩定之狀況，故樑柱接頭銲接先於工廠處理，而於工地現場進行施工掌握度較高的螺栓接合，惟運輸及吊裝上則較工地銲接方式麻煩。

惟依美國北嶺地震及日本阪神地震經驗及研究發現，兩種方式之樑柱接頭斷裂的比例相差不大，故樑柱接頭施工品質並無法單純簡化僅為工地銲接問題，而是如上圖之傳統樑柱接頭設計與施工方法在確保接頭韌性行為上可能有其疑慮，故後續發展出許多改良式樑柱接頭，如補強式接頭、減弱式接頭等，近年來，切削式高韌性接頭設計與施工方法已廣為採用，成為韌性鋼骨樑柱接頭之標準方法。

參考資料：鋼結構行為與設計，陳生金，2009。

二、近年國內中高層與超高層新建建築物結構中，大多選擇以配置減震材料或裝置之方式，以有效提升建築結構之結構效率，及達到設計所要求之耐震能力。這幾年來，亦可明顯發現，此類結構系統中選擇採用鋼耐震間柱設計的新建案已逐年增加，其普及性亦有增加之趨勢。試回答下列問題：

（一）試說明使用鋼耐震間柱之優點及其適用時機。（10 分）

（二）常見鋼耐震間柱可分為彎矩降伏型及剪力降伏型二類，試繪圖說明二者之構造與傳力原理。（15 分）

（110 公務高考-建築結構系統#3）

參考題解

（一）耐震間柱為減震（制震）裝置之一種，屬位移相依型，利用裝設在結構物上的間柱作為消能裝置，可抑制建築物的反應震動，降低建築物的側向位移變形，在建築結構主要構件承受地震力之前，先行吸收消耗地震能量，減少地震力的危害，當檢討結構勁度不足、側移量過大或需提昇耐震性能時採用，常運用於高樓鋼構建築物。

其優點主要有三：

1. 可配合建築空間之需求較彈性安排配置位置，對建築物內部空間利用之衝擊性較小。
2. 提升結構之總體勁度與強度，有效改善結構勁度不足問題。
3. 藉由耐震間柱遲滯消能行為吸收消耗地震能量，提升建築結構之整體耐震性能。

（二）彎矩降伏型及剪力降伏型分述如下

1. 彎矩降伏型耐震間柱：

主要以於桿件兩端發展塑性鉸之機制，產生桿件遲滯消能行為與提供桿件韌性之目的，而桿件之中間部則主要維持彈性狀態。於此類間柱設計中，為控制端部塑鉸發生位置，使其盡量避免發生於間柱桿件端部與邊界梁相接處之銲接接合部，通常可於桿件端部採用翼板切削的設計，示意如圖。

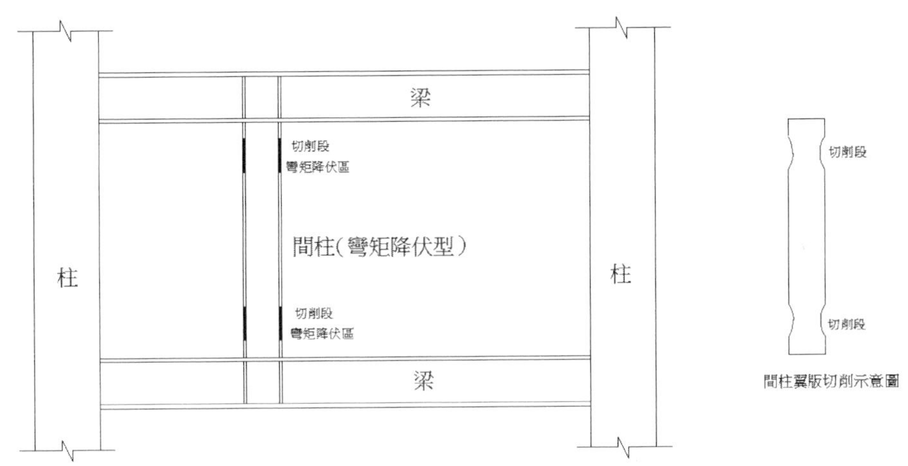

彎矩降伏型間柱配置示意圖

而除可採用上述端部斷面削弱方式外，亦可於間柱桿件端部採用斷面強化之方式，如採用增加蓋板（cover plate）、加勁板或將翼板擴板等方式，透過增加間柱桿件端部之斷面，避免塑性區域擴及桿件端部與邊界梁相接處之銲接接合部。配合各建案之不同設計需求與增加斷面尺寸之彈性，此耐震間柱桿件之構造一般多採取 H 型組合鋼斷面之型式設計，以方便靈活調整斷面尺寸因應結構設計上對桿件強度與勁度之需求。

2. 剪力降伏型耐震間柱：

主要以於桿件中間部位置（此處之彎矩內力一般較小）發展剪力塑性鉸，以達到桿件遲滯消能與提供韌性之目的，為確保桿件之塑鉸僅產生於中間部位置，因此桿件上、下端部須設計以保持彈性。即此類耐震間柱桿件於構造上大致上分為三區段，中間段為剪力降伏段，而上下兩段為彈性段，為控制桿件強度與確保塑性行為僅發生於中間段，剪力降伏段之腹板通常採用較薄或降伏強度較低之鋼板，並須適當配置橫向加勁板以避免中間段腹板之挫屈。而為確保上下之彈性段始終維持彈性以及提升桿件整體之勁度，其通常採用降伏強度較高之鋼材或較厚之翼板及腹板所構成之 H 型組合斷面。示意如圖。

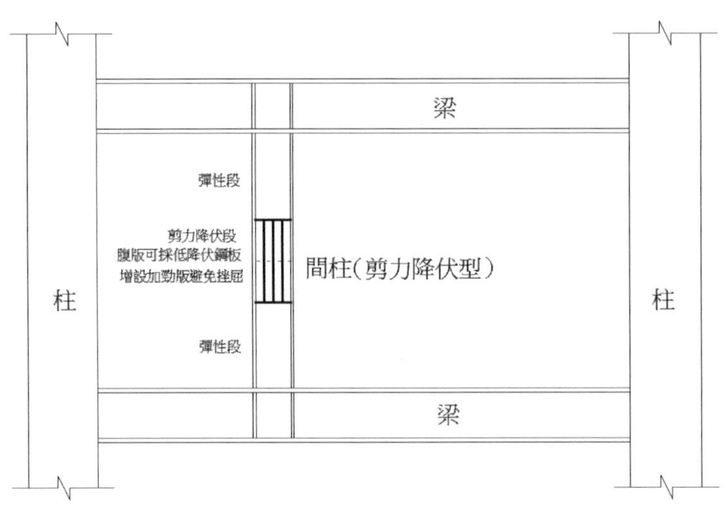

剪力降伏型間柱配置示意圖

資料來源：內容節錄及修改自「鋼耐震間柱結構系統設計準則與性能評估方法研擬」，內政部建築研究所協同研究報告，109 年 12 月。

三、請說明鋼筋混凝土構造及鋼骨構造在施工整體效益上所需要考慮的因素。（10 分）

（111 建築師-建築結構#3）

參考題解

建築物興建工程不管採用何種構造型式，施工上主要達成品質如式、進度如期、造價如度等目標，亦為在施工整體效益上需考量因素，因此，以施工而言，應依設計圖說之要求製作施工圖說，製作施工計畫詳予規劃及檢討施工程序與施工安全，製作品質計畫針對施工品質進行要求、管制及檢驗，以達成施工整體上之效益。

若分別以鋼筋混凝土構造及鋼骨構造之特性在施工整體效益上所考慮的因素來看：

（一）RC 構造：混凝土材料、配比、產製輸送、澆置、養護、表面修補、修飾等，鋼筋材料、加工、續接、排置等，模版材料、支撐設計、組立、面處理、檢查、拆模、再撐等，品質管制、檢驗及查驗、品質評定及驗收作業等。

（二）鋼骨構造：材料規定、製作、銲接施工、螺栓接合、預裝、表面處理及塗裝、儲放與成品運輸、安裝及精度、埋設鐵件及支座設施、臨時支撐與安全措施、品質管制及工程驗收等。

10 高層、超高層建築結構系統

重點內容摘要

（一）水平載重對高樓的作用行為與安定方式：

1. 作用行為：柱軸力、彎曲、傾覆、層間剪力。
2. 安定方式：
   - 減少彎曲：加強垂直構件
   - 防止傾覆：外加拱／索
   - 抵抗剪力：設置斜撐、桁架、剪力牆，以降低位移

（二）斜撐系統：
- （特殊）同心斜撐構架
- 偏心斜撐構架

雙對角(X型)

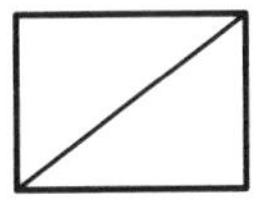

單對角

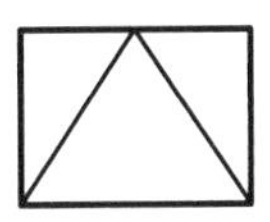

同心

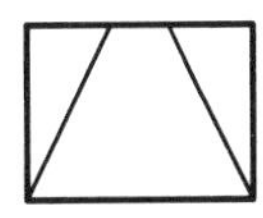

偏心

1. 特殊同心斜撐（SCBF）：對角型、X 型、V 型、倒 V 型、K 型。
   （1）與梁柱銜頭相接或斜撐相接於一點。
   （2）以斜撐抵抗水平力與吸收能量。
2. 偏心斜撐（EBF）：斜撐不對準樑柱接頭之配置，地震力作用下，降伏主要發生在「連桿梁」上，構架利用連桿梁的大量塑性變形（剪力變形）來消耗能量。
   →(A)型較優。

a：連桿

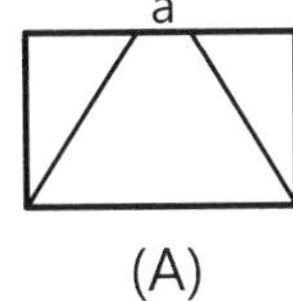

(A)

(B)

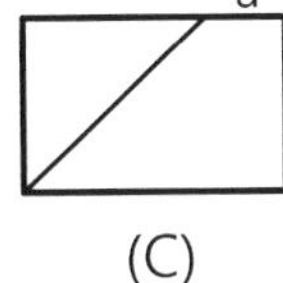

(C)

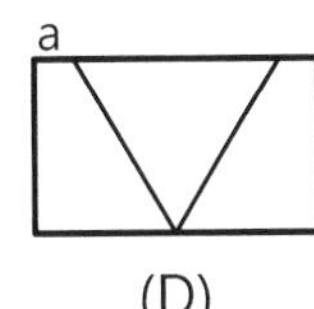

(D)

（三）核心式（筒中筒）→外圈抵抗彎矩，內圈抵抗剪力。

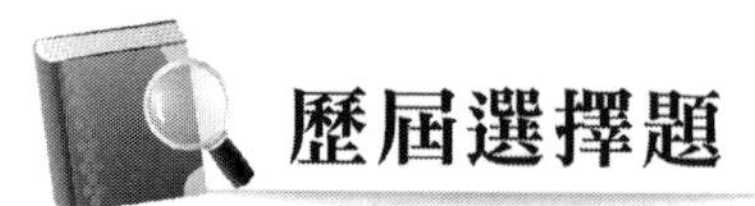

（D）1. 高層結構在水平力作用下常有側向變形過大的問題，為減少其側向變形，採行下列何項措施效果較佳？

(A)若為 RC 構造，可於變形較大的高層處配置剪力牆

(B)若為鋼骨構造，可於低層處之梁外周包覆混凝土

(C)於輕鋼架天花板配置耐震斜撐

(D)於鋼骨剛構架全高度配置鋼骨斜撐

（105 建築師-建築結構#3）

【解析】參考九華講義-結構系統 第六章

(A)RC 構造低層層間剪力較大，剪力牆通常只到建物全高的 $\frac{2}{3}$ ~ $\frac{3}{4}$，做到頂會產生負彎矩。

(B)無論是否鋼骨構造，樓層越高層地震力越大，不僅限於低層處之梁外周包覆混凝土。

(C)輕鋼架天花板配置耐震斜撐與整體建築物抵抗地震力無關。

（#）2. 高層建築結構常採用核心結構（core structure）系統，當核心尺度不足，可增加外伸穩定架（outrigger）及外圈桁架（belt-truss）連接外柱以提高整體結構之水平載重抵抗能力。當此系統承受水平載重時，下列敘述何者正確？**【一律給分】**

(A)無外伸穩定架與外圈桁架時，核心頂部之應力較大

(B)外伸穩定架可用來懸吊下方樓層，因此平面外圍支柱可不需與地面連接

(C)外伸穩定架主要用來抑制核心傾斜轉動，因此應儘量配置於核心頂端

(D)此系統又稱為管中管系統

（106 建築師-建築結構#7）

【解析】參考九華講義-結構系統 第十二章

(A)無外圈桁架核心底部彎矩最大

(B)外伸穩定架的原理是懸吊下方樓層，但因為底部彎矩最大，平面外圍支柱仍必須與地面連接

(C)外伸穩定架主要用來抵制核心傾斜轉動，中間層設置可有效分擔彎矩，保持系統之穩定

(D)外伸穩定架是核心共用系統，與管中管系統不同

原答案(C)，此選項陳述有誤考選部裁定本題送分。

（A）3. 臺北 101 建築與高雄 85 大樓建築分別為臺灣北部及南部第一高建築物，兩者之建築結構敘述下列何者錯誤？

(A)兩棟建築物之基礎皆為無樁之筏基

(B)兩棟建築之主體結構皆為鋼結構

(C)兩棟建築皆有使用高性能混凝土做柱內灌漿

(D)兩棟建築皆設有抗風阻尼器

（106 建築師-建築結構#39）

【解析】參考九華講義-結構系統 第十二章

兩棟建築物之基礎皆有打樁，不是無樁之筏基，本題選項(A)描述錯誤。

（B）4. 臺北 101 大樓（臺北國際金融中心）曾為世界最高的建築結構，有關此一地標性建築的結構設計，下列敘述何者錯誤？

(A)以巨型外柱、核心斜撐構架及外伸桁架（outrigger）構成巨型構架（mega frame）系統

(B)以裙樓連結主樓結構來強化低層部的結構系統

(C)以調諧質量阻尼器（Tuned Mass Damper）來降低風致振動

(D)基礎採用基樁並貫入岩盤

（107 建築師-建築結構#21）

【解析】

臺北國際金融中心的 101 層的塔樓有以伸縮縫斷開 6 層樓的裙樓部位，與主樓低層部的結構系統無關，本題選項(B)描述錯誤。

（D）5. 有關高層結構系統規劃之敘述，下列何者錯誤？

(A)純剛構架之中高層建築物，地震時柱之軸力變動，一般而言，角隅柱比中間柱大

(B)結構形式及材料相同時，較高的建築物其基本振動週期較長

(C)高層建築物之耐震設計中，地下層面積大於地上層時，必須檢討地面層樓板的剪力傳遞

(D)由長週期主控之地震，對超高層建築物反應的影響會小於低樓層建築物

（107 建築師-建築結構#36）

【解析】

高層建築受到長週期外力影響會比中低樓層建築來得大。

參考來源：建築結構系統，第十章（陳啟中，詹氏書局）

（A）6. 在高層建築結構中，常使用核心結構另結合外伸穩定架（outrigger）與外圈桁架（belt truss）的結構系統型式，來降低建築物的位移與應力。此種結構系統使用外伸穩定架與外圈桁架的主要目的為何？

(A)連結外圍支柱來提高抗側力能力

(B)加強核心結構的穩定度

(C)使內部柱子能均勻承擔垂直載重

(D)利用外伸穩定架與外圈桁架來提供設備層的局部較大載重

（108 建築師-建築結構#15）

【解析】

「核心剛構架加外圈桁架」結構系統概念為樓層平面的外圈，設置主要承擔重力荷載的框架，而在平面中心設置連續牆體（或斜撐）形成豎向牆筒，為一立體構件，具有很大的抗推剛度（stiffness）及強度，可作為高層建築的主要抗側力結構，另外在某些樓層設置桁架系統，其由核心伸出縱、橫向外伸穩定架（如威廉迪爾桁構架），並沿外圈框架設置一層樓高的圈梁或桁構架形成，將內核與外核連接，使外柱分擔內核心應力，透過外圈桁架將框架柱與核心連接，形成一整體構件來抵抗傾覆力矩，外柱可作為抗彎構件之一部分，參與承擔傾覆力矩引起的拉力或壓力，比起單純「剛構架加核心」結構系統，增加抗力偶之力臂寬度，更加提高結構的抗側力剛度，減少了結構的側移，故為選項(A)。

（A）7. 下列關於管式結構系統（tube structure system）之敘述，何者正確？

(A)水平力主要由外周柱承受，垂直載重主要由內部構架承受

(B)水平力主要由內部構架承受，垂直載重主要由外周柱承受

(C)無法使用於有地震颱風之地區

(D)需配置外伸穩定架（outrigger）及外圈桁架（belt truss）

（109 建築師-建築結構#2）

【解析】

管式結構系統係將建築物外側的柱距及梁距縮小，形成一立體的框筒（中空管）結構，有效提高抗側移能力，水平力主要由外周柱承受，垂直力主要由內部構架承受，(A)為正確。

（D）8. 國外高樓結構系統中，常用內部 RC 核心牆筒及外周部抗彎矩構架組成，而內外之間則以小梁相連接來構成二元系統。而臺灣高樓結構較少採用此類小梁連接內外的二元系統的各種可能原因中，下列何者並非考慮之因素？
(A)國內較慣用立體抗彎矩構架的結構系統方式來連結內外
(B)以抗彎矩構架連結內外可增加結構系統的贅餘度（靜不定度）
(C)內外系統採相同構造方式（如鋼骨），可減少不同工種的影響
(D)以抗彎矩構架連結內外，可以減少內外系統間之沉陷變形所造成的應力影響
（109 建築師-建築結構#3）

【解析】
抗彎矩構架接頭為剛接，內外系統間產生差異沉陷變形時，會束制結構的變形，致產生應力影響，選項(D)顯然有誤，為符合題意非考量之因素選項。

（A）9. 高樓結構常以帶狀桁架（belt truss）配置在具有結構核之系統，其目的為何？
(A)增加側向抵抗力 (B)為造型變化而設置
(C)增加受側向力作用時所產生的變形 (D)減少高樓整體抗傾倒能力
（110 建築師-建築結構#3）

【解析】
設置帶狀桁架將結構核與外柱（或外核）連接，可讓外柱分擔內核心的應力，故選(A)。

（C）10.建築物耐震設計規範的鋼骨造結構系統中，常採用偏心斜撐結構系統。此系統的主要消能機制一般會發生在下列圖示的那一構件？
(A) a 構件 (B) b 構件 (C) c 構件 (D) d 構件

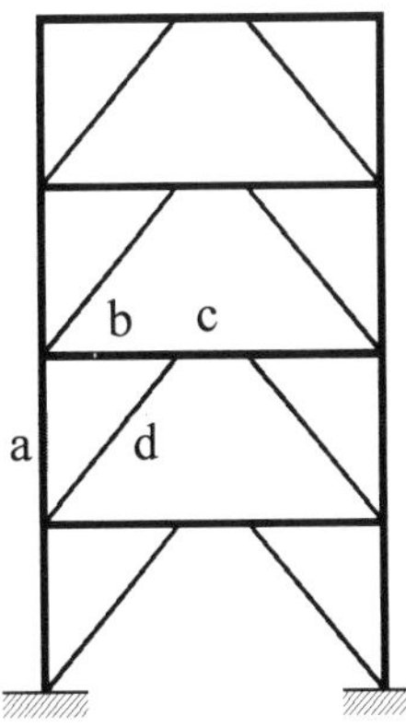

（110 建築師-建築結構#16）

【解析】
偏心斜撐構架（EBF）為鋼造構架中斜撐不對準梁柱接頭之配置，使構架在地震力作用之下，降伏主要發生在連桿梁上，利用連桿梁的大量塑性變形來消耗能量，圖上 c 構件為連桿梁，故選(C)。

（A）11.有關高樓建築結構系統之特性，下列敘述何者正確？

(A)高樓建築之水平基本振動週期，一般高於低矮建築物

(B)高樓建築宜往上逐層提升各層樓板面積，以提升結構系統穩定性

(C)高樓建築水平載重必為地震控制

(D)相較密柱構成之筒狀結構（Tube System），以承重牆系統（Load-Bearing-Wall System）進行高樓建築耐震設計較為經濟

（111 建築師-建築結構#2）

【解析】

依耐震規範建築物基本振動週期之經驗公式來看，建築物高度為評估水平振動週期的重要因素，高度越高週期越大，當然還有其他因素影響，惟已可大致判斷選項(A)之敘述尚為正確。

水平力對建築物底部造成較大的傾覆力矩，尤其高樓建築對於水平荷載隨高度增加而引起的效應顯著，故底部應為較大面積，以提升結構系統穩定性，選項(B)錯誤。

高樓建築水平載重亦有可能由風力控制，選項(C)錯誤。

高樓建築受水平力作用時，側移中之整體彎曲變形比例提高佔重要一部分，將建築物外側的柱距與梁距縮小，形成一立體的筒狀結構，為一種有效提高抗側移勁度之結構形式，而承重牆系統以剪力牆或斜撐構架抵禦地震力者，具有較大的抗剪切側移勁度，對於高樓建築相對筒狀結構而言，通常為較不經濟的作法，選項(D)為錯誤。

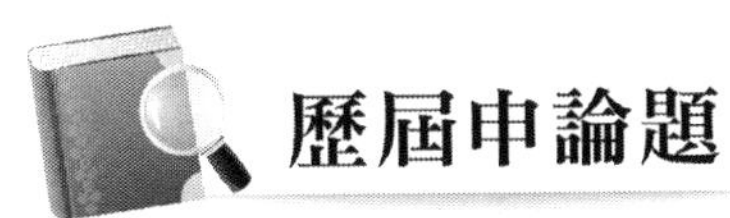

歷屆申論題

一、在超高層建築結構系統中，運用管狀結構（tubular structure）系統常為不錯的選擇；但密集的外柱直接落於地面層或地下室時，對於底層的出入口、車道與建築空間的處理會有妨礙，故常須在地面層上方，將密柱柱列進行轉換或進行柱距放寬處理。請以圖示提出四種將密柱柱距放寬的處理方案，且說明其處理方式，並於各方案中說明在耐震設計上所須注意的事項。（20 分）

（105 建築師-建築結構#2）

參考題解

1. 設置轉換肩梁或深梁：利用轉換肩梁或深梁承接上部密排柱傳來的垂直載重，梁尺寸根據上、下柱距及載重大小而定，有時剖面高度可達一層樓高，必要時也可採用預應力大梁。此種方式使樓層抗側移勁度在地面層突變，可能產生弱層或軟層，地震時引起變形集中之現象，較不利於抗震，設計時需加以評估考量。
2. 設置轉移桁架：桁架具有勁度大、自重輕，並能跨越大跨距的優點，運用在底層出入口，比起轉換肩梁或深梁，可以得到較佳的經濟效果，惟此種方式亦可能使樓層抗側移勁度在地面層突變，較不利於抗震，設計時需加以評估考量。
3. 設置過渡層：調整二層以上柱的剖面及高度，達到地面柱距變寬，而且讓外層管狀結構之抗側移勁度逐步變化，避免立面不規則，在抗水平力上有較佳之效果，較有利於抗震。
4. 合併柱：美國紐約原世貿大樓採用之方式，9 層以上剛架筒柱距 1.02 m，8 層以下柱距擴大為 3.06 m，過渡層採用斜柱銜接，並考量柱尺寸，使樓層抗側移勁度能逐步變化，避免立面不規則，有利於抗震。

5.

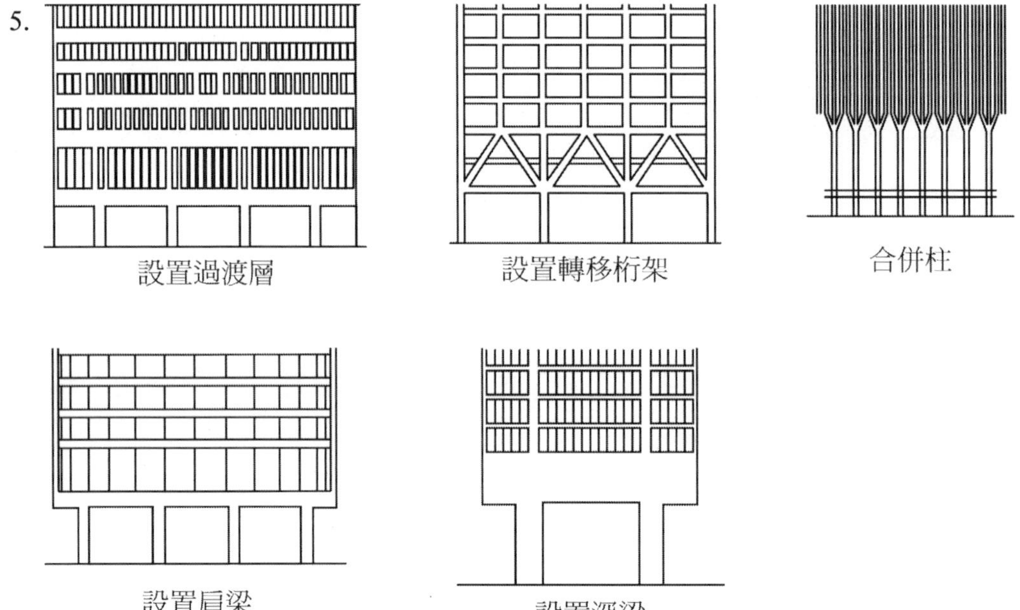

二、圖(a)為三個高層建築結構型態之立面與平面圖，

（一）試解釋其個別之結構系統原理為何？（12 分）

（二）試描述各系統型態針對外來側向力作用時建築之剛性？（12 分）

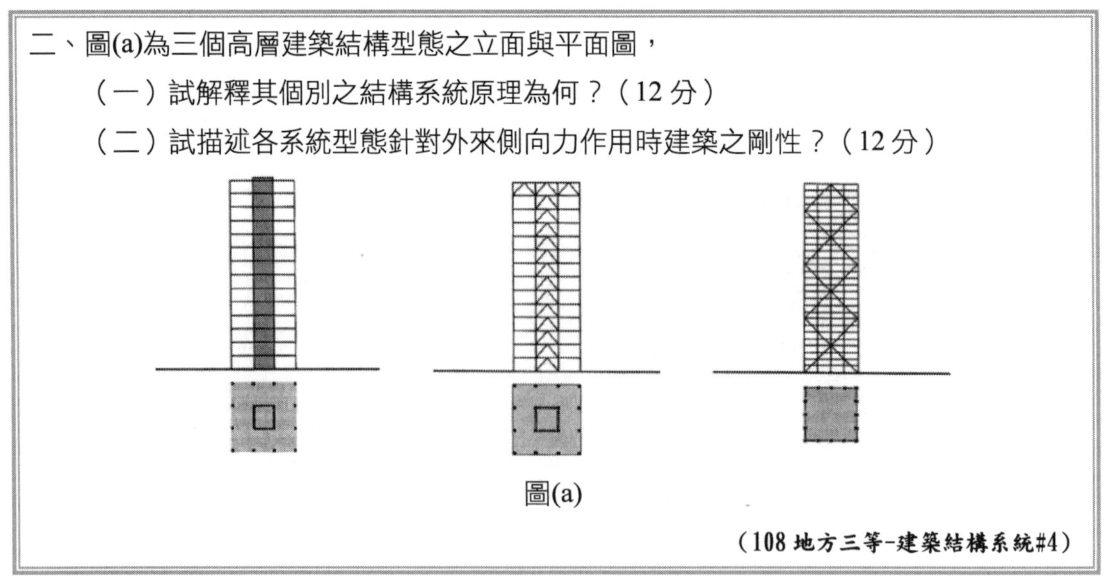

圖(a)

（108 地方三等-建築結構系統#4）

參考題解

（一）1. 圖(a)左，「剛構架加核心」結構系統，樓層平面的外圈，設置主要承擔重力荷載的框架，而在平面中心設置連續牆體形成豎向牆筒，為一立體構件，具有很大的抗推剛度（stiffness）及強度，可作為高層建築的主要抗側力結構，承擔大部分水平荷載。

2. 圖(a)中，「核心剛構架加外圈桁架」結構系統，樓層平面的外圈，設置主要承擔

重力荷載的框架，而在平面中心設置連續斜撐類似上述豎向牆筒功能抗側力，另外在頂層設置桁架系統，其由核心伸出縱、橫向外伸穩定架（如威廉迪爾桁構架），並沿外圈框架設置一層樓高的圈梁或桁構架形成，將內核與外核連接，使外柱分擔內核心應力。

3. 圖(a)右，「框筒加立面斜撐」結構系統，將建築物外側的柱距及梁距縮小，形成一立體的框筒（中空管）結構，有效提高抗側移能力，而框筒受側力作用時，柱間剪力無法有效傳遞，致生剪力遲滯而影響抗側移能力，而加立面斜撐加強框筒的連結，以達抗側移之效。

（二）1. 圖(a)左，「剛構架加核心」結構系統，抗側力之剛性主要依靠核心，而隨樓層增加，傾覆力矩變大，惟核心寬度通常較小，即抗力偶之力臂較小，致彎曲變形而產生之側移較大，若樓層較高時抗側推勁度可能較為不足。

2. 圖(a)中，「核心剛構架加外圈桁架」結構系統，透過外圈桁架將框架柱與核心連接，形成一整體構件來抵抗傾覆力矩，外柱可作為抗彎構件之一部分，參與承擔傾覆力矩引起的拉力或壓力，比起「剛構架加核心」結構系統，增加抗力偶之力臂寬度，提高結構的抗側力剛度，減少了結構的側移。

3. 圖(a)右，「框筒加立面斜撐」結構系統，框筒之抗力偶力臂為建築平面寬度，具有強大的整體抗彎能力來承擔水平荷載引起的巨大傾覆彎矩，加上立面斜撐有效連結各柱共同承擔外力，具有優良的抗側力剛度。

11 綜合性考題及其他

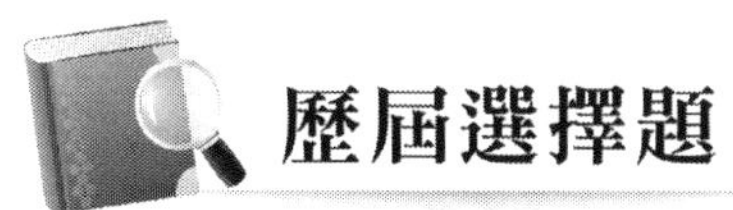

歷屆選擇題

（#）1. 有關高雄世運主場館之建築設計，下列敘述何者錯誤？**【一律給分】**
(A)主場館頂部採用太陽能板構造達節能減碳指標
(B)觀眾席本體建築結構採用鋼結構綠色建材
(C)主場館之外部鋼結構係採鋼管環繞桁架結構
(D)主場館採開放式設計以利館內自然通風

（106 建築師-建築結構#2）

【解析】

高雄世運主場館觀眾席本體建築結構為 R.C.造，原答案選項(B)觀眾席本體建築結構採用鋼結構綠色建材，此選項陳述錯誤考選部裁定本題送分。

（C）2. 依據建築技術規則之規定，下列何種用途類別之樓地板活載重最大？
(A)博物館 (B)辦公室 (C)書庫 (D)教室

（106 建築師-建築結構#38）

【解析】

建築技術規則建築構造編第 17 條

（最低活載重）建築物構造之活載重

一、住宅、旅館客房、病房。200 kg/㎡

二、教室。250 kg/㎡

三、辦公室、商店、餐廳、圖書閱覽室、醫院手術室及固定座位之集會堂、電影院、戲院、歌廳與演藝場等。300kg/㎡

四、博物館、健身房、保齡球館、太平間、市場及無固定座位之集會堂、電影院、戲院歌廳與演藝場等。400kg/㎡

五、百貨商場、拍賣商場、舞廳、夜總會、運動場及看臺、操練場、工作場、車庫、臨街看臺、太平樓梯與公共走廊。500 kg/㎡

六、倉庫、書庫。600 kg/㎡

七、走廊、樓梯之活載重應與室載重相同，但供公眾使用人數眾多者如教室、集會堂等之公共走廊、樓梯每平方公尺不得少於 400 kg。

八、屋頂露臺之活載重得較室載重每平方公尺減少 50 kg，但供公眾使用人數眾多者，每平方公尺不得少於 300 kg。

（A）3. 下列何者為懸吊式核心系統之優點？

(A)柱量較少、平面空間較大　(B)耐震性質佳
(C)水平慣性力傳遞路徑佳　(D)結構贅餘度高

（106 建築師-建築結構#40）

【解析】

懸吊式核心系統之優點是利用懸吊購材傳遞垂直載重，節省柱的數量，增加平面空間使用效率，本題答案(A)

參考來源：建築結構系統，第十章（陳啟中，詹氏書局）。

（A）4. 結構材料若具有高延展性，可對整體結構產生之正面效應，下列何者正確？

(A)緩和應力集中現象　(B)對靜不定結構，可防止應力重分配
(C)對靜定結構，可增加其靜不定度　(D)塑性鉸不易發生，結構較穩定

（107 建築師-建築結構#28）

【解析】

國內全部屬地震帶，梁柱構架接頭均須符合韌性的規定，但因銲接高入熱量，會造成熱影響區材質脆化而降低韌性，因此為保有足夠的接頭韌性，須選用梯形切削高韌性接頭。對有抗疲勞需求之接頭，尚須配合銲道幾何形狀之應用。另外，接頭之受力模式宜簡單明確，傳力方式宜緩和漸變，以避免產生應力集中之現象。

（C）5. 下列敘述何者正確？

(A)獨立基礎適合設計於軟弱地質
(B)筏式基礎僅用在有地下室的建築物
(C)鋼骨鋼筋混凝土結構不一定比鋼筋混凝土結構安全
(D)在一般建築鋼結構設計上，H 型鋼梁能承受拉力、壓力、彎矩、剪力及扭矩

（107 建築師-建築結構#30）

【解析】

建築物的基礎種類包括：筏式基礎、獨立基礎、連續基礎、聯合基礎與基樁等，依不同地質選擇適合的結構形式。

(A)獨立基礎用於軟弱地質可能不均勻沉陷造成基礎破壞
(B)筏式基礎是實務上在有地下層的建築物經常選用，無地下層的建築物也可以使用
(D)H 型鋼剛度強，抗扭轉剛度較差，主要抗彎曲和抗剪力

參考來源：建築結構系統，第三章（陳啟中，詹氏書局）

（B）6. 非公眾使用之建築物，若樓地板面積為 120 m^2，單位面積之靜載重為 420 kg/m^2、活載重為 460 kg/m^2，則設計時依建築技術規則規定，本案設計載重可以如何調整？

(A)不能調整活載重　　(B)活載重可以減少

(C)活載重要予以增加　　(D)須增加靜載重

（108 建築師-建築結構#10）

【解析】

詳如建築技術規則建築構造篇第 25 條活載重折減率規定，選項(B)為正確。概略思考方式，因活載重具不確定性，設計時通常以規定之最低活載重於樓板面積加載計算，在設計考量時，構材承載面積較大，全部同時加載情況較少，另不同載重組合情況下，如大風力加大活載或大地震加大活載發生機率低，故主要針對單位面積載重較小（500 kg/m^2）、非公眾使用場所、構材承重面積大等情況下訂有折減規定，以避免高估致設計過於保守不經濟。

（A）7. 依據建築技術規則規定，防空避難室構造應一律為下列何種構造？

(A)鋼筋混凝土構造或鋼骨鋼筋混凝土構造

(B)鋼骨鋼筋混凝土構造或鋼骨構造

(C)鋼骨構造或加強磚構造

(D)鋼筋混凝土構造或鋼骨構造

（108 建築師-建築結構#19）

【解析】

建築技術規則／第六章 防空避難設備／第二節 設計及構造概要，第 144 條之 7 規定。

（D）8. 在下列不同結構系統中，常見跨深比（跨度／桿件斷面高度或厚度）之大小順序為何？①鋼造剛構架（rigid frame）；②鋼筋混凝土造剛構架（rigid frame）；③鋼筋混凝土造薄殼；④薄膜

(A) ①>②>③>④　(B) ④>③>②>①　(C) ④>①>②>③　(D) ④>③>①>②

（108 建築師-建築結構#20）

【解析】

依力量傳遞原理（力流）來思考，薄膜為力量調整，藉由變形調整力量傳遞方式，薄殼為力量分散，以面狀方式傳遞，鋼構架則力量束制，較為剛性及線狀的方式抵抗及傳遞外力，深跨比大為用比較小的斷面可跨越較大的跨度，表示傳遞效率較高，故薄膜>薄殼>剛構架，而鋼的材料性質優於 RC，故為選項(D)。

（A）9. 關於都市危險及老舊建築物加速重建條例（危老條例）之敘述內容，下列何者錯誤？

(A)危老條例適用建築物之一為，結構安全性能評估結果超過最低等級者

(B)危老條例適用建築物之一為，屋齡 30 年以上，結構安全性能評估結果之建築物耐震能力未達一定標準且改善不具效益者

(C)危老條例適用對象不含主管機關指定之具有歷史、文化、藝術紀念價值者

(D)危老條例內容包含容積獎勵與放寬建蔽率及高度管制等辦法

（108 建築師-建築結構#23）

【解析】

選項(A)錯誤，依危老條例第 3 條第 1 項第 2 款規定，後段應為結構安全性能評估結果未達最低等級者。其餘選項請參法條規定。

（C）10. 根據建築技術規則，下列何者應計入靜載重？

(A)建築物室內人員　(B)停車場車輛　(C)明架式天花板　(D)屋頂積雪

（108 建築師-建築結構#34）

【解析】

靜載重為結構壽限中，大小與作用位置不會改變的載重，故依此判斷選項(C)為靜載重。

（C）11. 東海大學路思義教堂之結構系統較接近下列何種結構系統的組合？

(A)圓頂殼＋桁架系統　(B)薄膜結構＋構架系統

(C)雙曲面薄殼＋格子梁系統　(D)圓筒殼系統＋拋物線拱

（109 建築師-建築結構#6）

【解析】

依其結構外觀及型態判斷，可明顯知(A)(B)(D)選項不合，故選(C)。

（C）12. 關於建築用木材之敘述，下列何者錯誤？

(A)一般而言，木材於氣乾狀態下比濕潤狀態下，強度較大

(B)纖維方向之容許應力，一般而言，結構用集成材比木材為大

(C)一般而言，木材纖維方向的標準強度，抗拉強度比抗壓強度大

(D)木材的強度，一般而言，氣乾比重小者則較小

（109 建築師-建築結構#7）

【解析】

依木構造規範 4.3.1，木材纖維方向之抗壓強度f_c大於抗拉強度f_t，選項(C)錯誤，其於選項正確。

（C）13.建築結構在符合耐震要求的前提下，經由設計及規劃的方式也可達到二氧化碳減量的目標，惟下列何者無法達到此目標？

(A)使用永續或可回收之建材，如木結構

(B)使用合理結構系統或簡單的建築造型

(C)以較高安全係數設計，採用較大的結構構件尺寸

(D)適當減少室內外裝修

（109 建築師-建築結構#40）

【解析】

選項(C)採用較大結構尺寸使用更多的材料，顯然與二氧化碳減量有違背。

（C）14.下列那棟建築物，較合乎永續性綠結構概念？

(A)法國廊香教堂　(B)美國落水山莊

(C)東京鐵塔　(D)巴塞隆納聖家堂

（110 建築師-建築結構#17）

【解析】

以綠建築九大評估指標之廢棄物減量及二氧化碳減量項目來看，採用輕量之鋼骨結構為綠建築評估範疇之一，選(C)，若單由各選項來比較，以鋼材料可回收再利用性高之特性選(C)。

（D）15.從永續性綠建築結構的角度，下列敘述何者錯誤？

(A)採用鋼構造建築可達到二氧化碳減量的目的

(B)再生性建材為綠建材的型式之一

(C)使用輕量隔間為達到綠建築構造的方式之一

(D)高性能混凝土的使用不屬於永續性綠建築的評估範疇

（110 建築師-建築結構#19）

【解析】

以綠建築九大評估指標之廢棄物減量及二氧化碳減量項目來看，採用高性能混凝土設計以減少水泥及混凝土使用量為綠建築評估範疇之一，選項(D)為錯誤。

（C）16.對於特殊抗彎矩構架系統建築物採用鋼筋混凝土構造或鋼構造，在一般情況下，下列何者在兩種不同構造時具有相同的值？

(A)主體構造工期　(B)主體構造單位面積造價成本

(C)結構系統韌性容量　(D)基本振動週期

（110 建築師-建築結構#40）

【解析】

依耐震規範，採用特殊抗彎矩構架設計之鋼造與鋼筋混凝土造之韌性容量皆為 4.8，故選(C)。

（D）17.關於結構設計時之靜載重 D 與活載重 L，下列敘述何者錯誤？

(A)以載重因數（Load factor）反映載重的不確定性

(B)設計檢討載重組合中，D 靜載重之載重因數可小於 1

(C)活載重 L 的變異性較高

(D)基本載重組合包括：1.6 D＋1.2 L

（111 建築師-建築結構#4）

【解析】

依據混凝土結構設計規範 2.4.1 說明，載重因數之設定受在結構物上長期承受各種使用載重是否能準確估算及其變動可能性的影響。例如靜載重即較活載重易為精確估算，故靜載重之載重因數低於活載重之載重因數，規範所訂之各種載重因數設定組合係考慮在一般情況下是否可能同時發生之機率，分析時要注意載重組合中之符號，某一荷重可能產生與另一荷重相反之影響，例如含有 0.9D 之組合就因較高之靜重會減低其他載重之影響，可判斷(A)、(B)、(C)為正確，而依前開靜載及活載之載重因數概念可以判斷，選項(D)為錯誤，正確應為 1.2D+1.6L。

（C）18.有關材料性質，下列敘述何者正確？

(A)一般金屬材料通常較非金屬材料容易產生潛變的現象

(B)金屬的疲勞現象與反覆次數有關，但與應力變動範圍無關

(C)材料承受反覆載重下時，外力與變形曲線所包圍的面積越大，表示材料具有較高的阻尼比

(D)木材依據材料特性屬於等向性材料

（111 建築師-建築結構#10）

【解析】

(A)非金屬材料比較容易產生潛變現象

(B)金屬疲勞現象與應力變動範圍也有關聯

(D)木材為非等向性材料

（A）19.在結構系統的規劃上，下列敘述何者錯誤？

(A)應避免結構物兩主向採取不同的結構系統

(B)應避免結構系統有軟弱樓層產生

(C)結構物不論高低，都有可能風力高於地震力

(D)建築物設計時，可能因層間位移角的限制而控制結構設計

（111 建築師-建築結構#12）

【解析】

一般建築結構通常分別針對兩主向結構行為進行檢討及設計，兩主向可能有不同的結構行為差異及抵抗外力需求，可採不同結構系統設計以為因應，選項(A)敘述錯誤。其餘選項敘述尚為正確。

（D）20.關於木質構造，下列敘述何者錯誤？

(A)需考量潛變造成之影響

(B)垂直纖維方向之壓陷（壓縮）具有韌性行為

(C)可藉由節點處之接合扣件（如：螺栓）提升結構系統的韌性

(D)木料強度隨著其含水率減少而減低

（111 建築師-建築結構#14）

【解析】

依木構造規範 4.2.3 規定，結構用木材應採用乾燥木材，平均含水率在 19%以下，另 4.3.4 規定，經常在濕潤狀態者容許應力會降低，故選項(D)明顯錯誤。

（B）21.關於柱子的挫屈（buckling）破壞與臨界負載（critical load）之敘述，下列何者正確？

(A)挫屈破壞是一種漸進式破壞，可透過肉眼觀察柱身裂縫增生展延的狀況而獲得預警

(B)挫屈破壞是因為構件本身不穩定而造成的結構失效

(C)柱子因軸壓力引起的應力超過其材料強度而發生破壞時之負載，稱為臨界負載

(D)鋼筋混凝土柱內若綁紮足量之橫向閉合箍筋，則在地震中即使柱子上下兩端形成塑性鉸，但因橫向鋼筋的圍束作用，臨界負載不會產生太大變動

（111 建築師-建築結構#16）

【解析】

(A)挫屈為**無預警**地破壞。

(C) 因軸壓力引起的應力超過「臨界應力」，而發生破壞時之負載，成為臨界負載。

(D)當柱端形成塑性鉸後，柱端的束制性會改變，因此臨界負載 P_{cr} 會產生變動。

（D）22.關於在既有建築物的屋頂施做綠化工程前的考量，下列敘述何者正確？

(A)覆土深度不應超過樓地板厚度

(B)綠化工程依植栽種類而有不同工法。若僅打算以草本植物進行屋頂綠化，則可用磚、石材料先圍出植栽預定區，然後將覆土直接填入、覆蓋於屋頂上，最後再植入植物

(C)進行結構評估時，僅需考慮的額外載重為植栽、覆土與建材的重量

(D)屋頂綠化可能會改變建築物在地震時的結構振動反應

（111 建築師-建築結構#17）

【解析】

綠屋頂可分為不同形式，如粗放型、密集型，覆土深度並因應種植草地、喬木、灌木等不同需求調整，有時可能需 30cm 以上，選項(A)有誤。綠屋頂設置要確保建築屋頂結構安全，要考慮包括防水、排水、過濾、防根、生長介質和植物等，選項(B)不算正確。綠屋頂載重需考慮設置的一層層構造物，選項(C)敘述寫僅需考慮似有討論空間。綠屋頂可能顯著增加屋頂層質量，而建築物地震時振動反應和各層質量分布有關，選項(D)敘述尚為正確。

（D）23.下列何項建築結構規劃較無法達到二氧化碳減量？

①結構合理化：避免平面不規則與立面不規則

②耐久性：建築耐震力符合耐震設計規範要求

③構造改變：建築主結構採磚石構造

④輕量化：以輕隔間牆做空間規劃

(A) ②③　　(B) ②　　(C) ①④　　(D) ③

（111 建築師-建築結構#37）

【解析】

簡單判斷磚石材料力學性質較受限，當作為建築主結構時可能需要增加材料之使用，故③較無法達到二氧化碳減量，其他項目尚可，故選(D)。

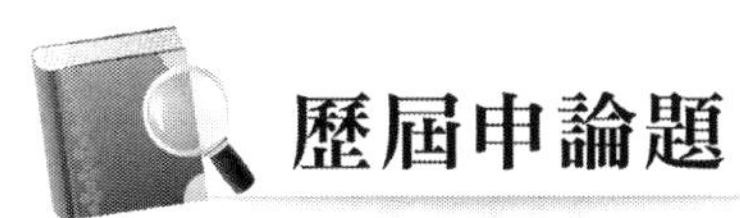

歷屆申論題

一、近年來，臺灣各地的老屋空間活化已蔚為風潮，常將舊建築物改造或補強後，作為新的空間使用。下圖為一舊有之磚造建築，建築的高度為 3.3 公尺，短向為 9 公尺，長向為 21 公尺，建築的屋頂已佚失不見，且全屋之磚造牆壁僅為 1B 厚度（約 23 公分）。業主在進行改造的過程中，希望維持空間的彈性與結構的安全性，業主希望房屋的新建屋頂有明顯的洩水坡度，且空間內不許落柱，試提出：

（一）考慮長短向皆有側向力作用下，牆體的補強方式。（15 分）

（二）考慮垂直載重作用下，一個可行的屋頂系統。（15 分）

（請均以圖示方式表示，以文字輔助說明）

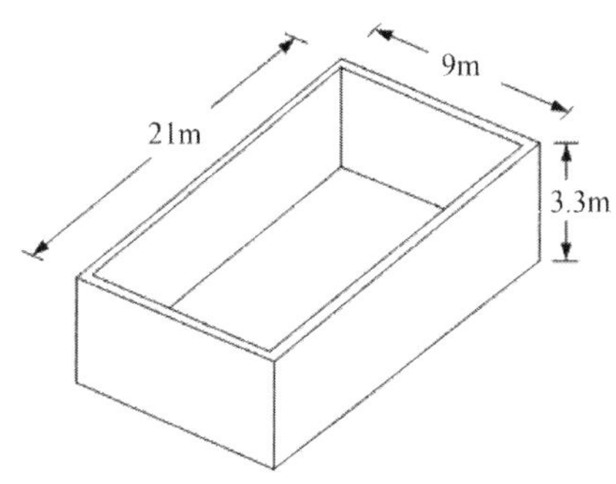

（105 公務高考-建築結構系統#3）

參考題解

（一）本案為原主結構僅為磚造牆，且受束制狀況不佳，因牆與地震力平行時如同粗壯的柱子，垂直時則受力性能不佳，在對原磚牆結構影響較小下，以增設複合柱方式改善，並增設或改善基礎結構，結構屋頂層之垂直載及水平載重主要由新設梁柱系統承擔，原磚牆僅承擔自重及少部分水平載，相關示意圖面如下：

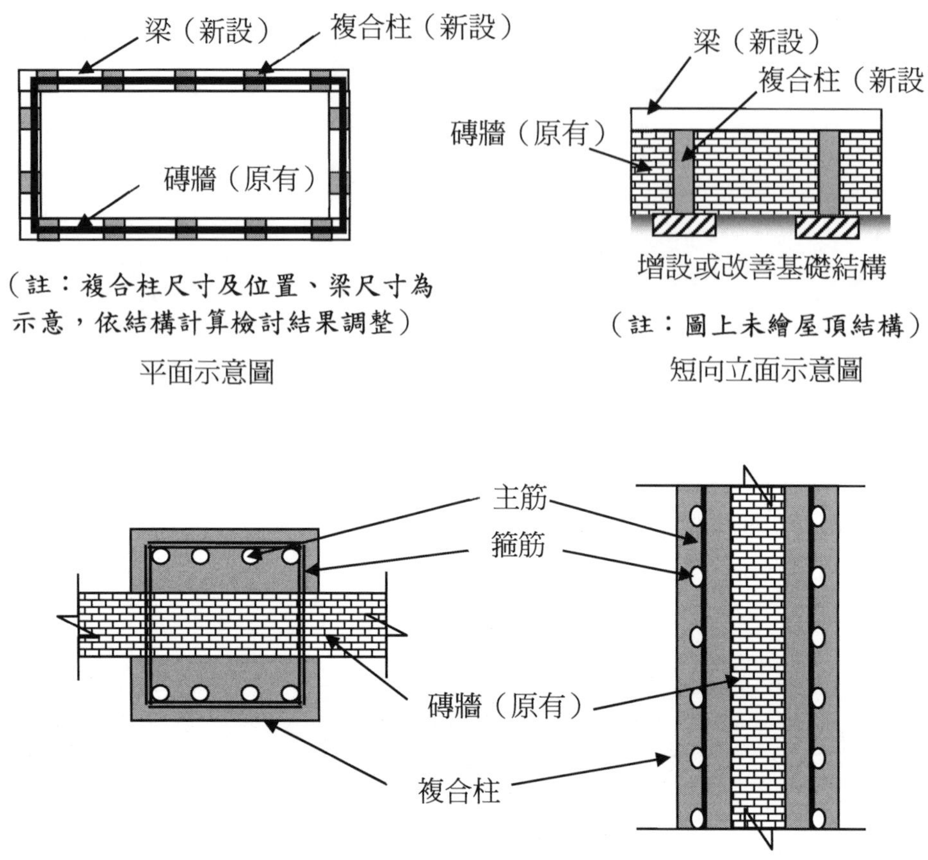

（二）依題意業主希望房屋的新建屋頂有明顯的洩水坡度，且空間不許落柱等要求，短向跨距為 9 公尺，屋頂結構採用設計及施工簡單之平面桁架型式。

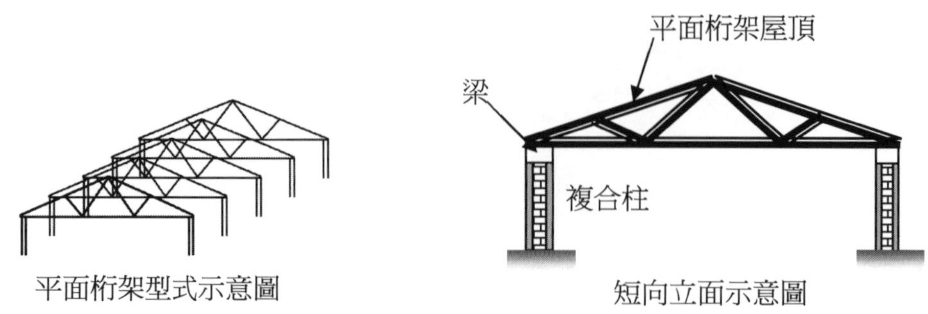

二、下圖所示為一既存建物之中庭，寬 25 m，深 15 m，其三面圍繞屋齡約 40 年之三層樓 RC 構造，今欲於中庭範圍加建可遮陽避雨之屋頂，以覆蓋其下至少 10 m 高之空間，若中庭範圍內不可落柱，試提出一種屋頂結構系統規劃方案，並分析其對既存結構是否造成影響？若是，說明應如何因應。（25 分）

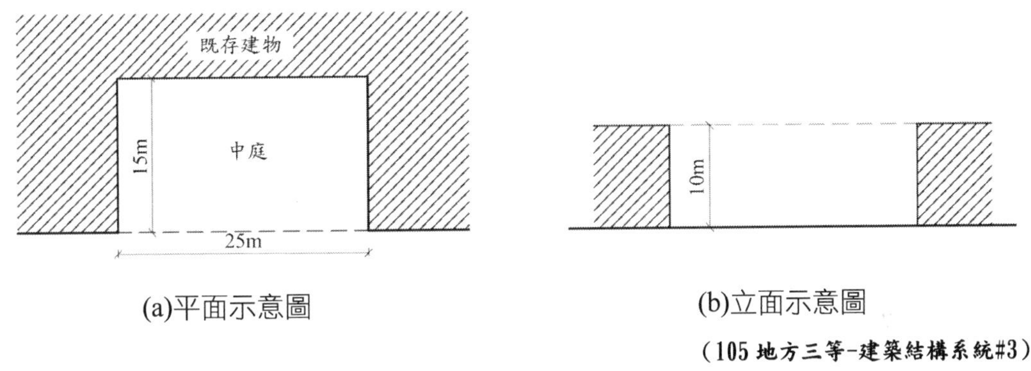

(a)平面示意圖　　(b)立面示意圖

（105 地方三等-建築結構系統#3）

參考題解

（一）限制：中庭範圍內不可落柱，平面圖上虛線假設為地界線，其外亦不可立柱，故屋頂結構跨距為 25 m，另屋頂結構下至少 10 m 高之空間。

（二）設計考量：因落柱限制及避免大幅更動既有建築，新設屋頂之支承建議盡量架設於既有柱位上，而對於屋齡約 40 年之三層樓 RC 構造，考量上述限制及對於既有結構之影響性與施工難易度，採用平面鋼桁架結構系統，以減少自重，降低對既有結構之負擔，且施工難度較低。

新設平面鋼桁架結構

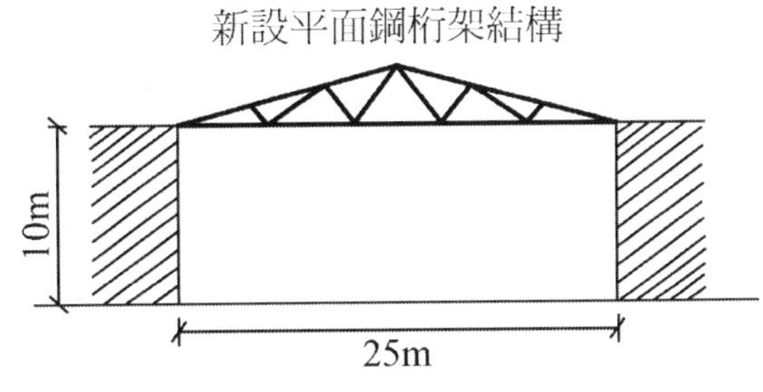

新設平面鋼桁架結構立面示意圖

（三）對既存結構造成之影響：因新設屋頂架於既存建物上，故桁架上之承載（自重、活載、風力、地震力等）需藉由既有結構傳遞，造成額外負擔，故對整體結構系統需重新評估檢討，並進行必要之補強，如擴柱等。

三、有一老舊磚造建築原為 1B 厚之承重牆系統（如圖），屋頂上方為同上題之木造桁架型式（平行配置於短向，共四座）及鐵皮屋面，今為改造再利用時，屋頂修改為同型式之鋼構屋架與水泥瓦屋面：

（一）試說明應注意事項為何？（10 分）

（二）試繪出桁架與磚牆交接面之大樣圖（必要時可針對磚牆做補強之建議）。（10 分）

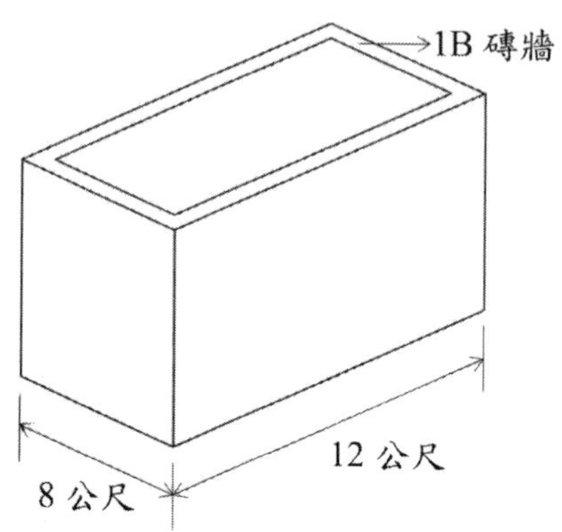

（106 地方三等-建築結構系統#2）

參考題解

（一）本案為老舊磚造建築，結構系統為承重牆系統，1B 磚牆需承受垂直載重及抵禦地震力。

先調查既有結構之狀況，是否有不均勻沉陷，牆面是否有傾斜、裂縫，或其他的破壞狀況等，必要時需先行修復，並需評估既有磚牆強度是否足夠。

另為提高結構抗地震力，建議依建築物磚構造規範，牆頂加設有效連續之鋼筋混凝土過梁，可提高牆體與牆體之連結性，有助於使水平載重均勻分配於結構全體。且因磚牆與鋼構屋架交接處之受力較大，鋼筋混凝土過梁可當良好支承，避免磚牆局部受較大垂直載而破壞。

（二）對鋼構屋頂而言，本案跨度 8 公尺不大，屋架配置及鋼梁尺寸依結構計算結果設計，兩端點採簡支梁型式，繪出桁架與磚牆交接面之大樣圖如右圖。

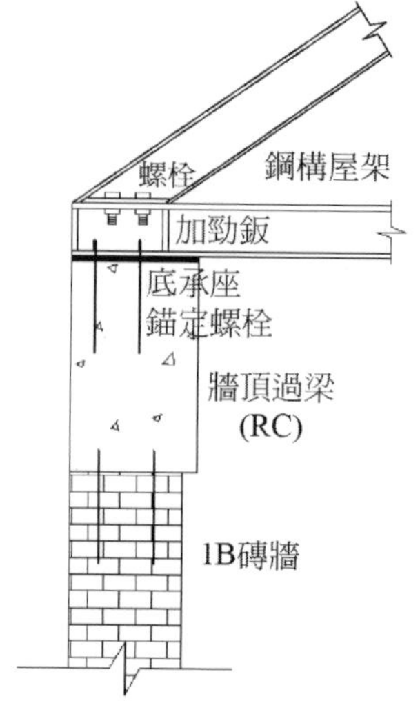

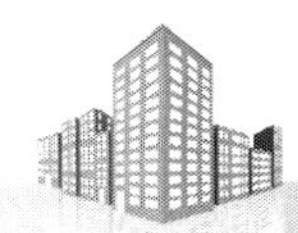

四、2016 年 5 月 20 日，國外某大學運動中心綜合館發生館頂天花板倒塌意外，該天花板面積為 35 公尺乘 40 公尺（共 1,400 平方公尺），據調查結果，意外事件與近年推動的屋頂綠化工程品質有關。臺灣近年來也常有屋頂綠化之作法，試回答以下問題：

（一）依臺灣現行之建築技術規則構造編規定，提供與不提供公共使用之最低屋頂載重力為多少？（單位：kg/m^2）（10 分）

（二）屋頂綠化設計時，應注意額外之載重項目及危害結構之風險有那些？（10 分）

（三）上述案例之建築物水平系統採鋼桁架系統（如圖），在不大幅改變屋頂高度之要求下，可以做何種補強措施？（15 分）

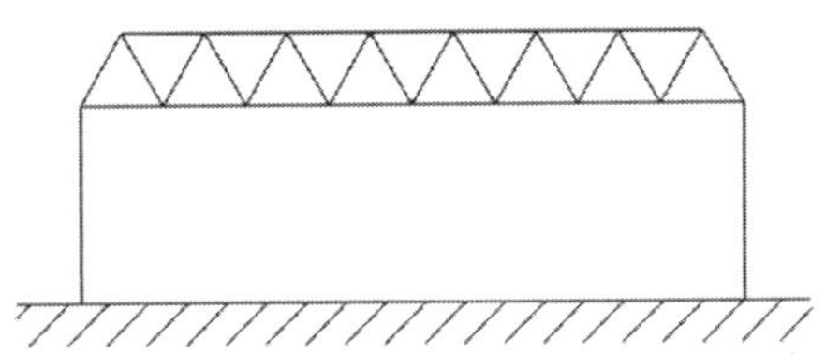

（106 地方三等-建築結構系統#5）

參考題解

（一）依臺灣現行之建築技術規則構造編第 11 條規定，建築物構造之靜載重，應予按實核計。第 17 條規定（最低活載重），建築物構造之活載重，因樓地版之用途而不同，不得小於下表所列，不在表列之樓地版用途或使用情形與表列不同，應按實計算，並須詳列於結構計算書中。

樓 地 版 用 途 類 別	載重（kg/m^2）
一、住宅、旅館客房、病房。	200
二、教室。	250
三、辦公室、商店、餐廳、圖書閱覽室、醫院手術室及固定座位之集會堂、電影院、戲院、歌廳與演藝場等。	300
四、博物館、健身房、保齡球館、太平間、市場及無固定座位之集會堂、電影院、戲院歌廳與演藝場等。	400
五、百貨商場、拍賣商場、舞廳、夜總會、運動場及看臺、操練場、工作場、車庫、臨街看臺、太平樓梯與公共走廊。	500
六、倉庫、書庫。	600

樓 地 版 用 途 類 別	載重（kg/m^2）
七、走廊、樓梯之活載重應與室載重相同，但供公眾使用人數眾多者如教室、集會堂等之公共走廊、樓梯每平方公尺不得少於 400 公斤。	
八、屋頂露臺之活載重得較室載重每平方公尺減少 50 公斤，但供公眾使用人數眾多者，每平方公尺不得少於 300 公斤。	

另第 25 條規定活載重折減率，針對非公眾使用場所亦可加以折減。

（二）屋頂綠化設計時，需考慮額外載重項目：植栽槽結構、植栽用土壤（含水）、植栽、排水層、可能積水深度、隔水防漏防根防裂層等。

危害結構風險：

1. 荷載增加致結構破壞風險：結構平時垂直負載增加、暴雨時排水不及致垂直載增加、排水孔阻塞積水致垂直載增加、垂直載增加致質量不規則、靜載重增加致水平地震力增加，屋頂分配地震力增加，各層承受之水平力亦增加。
2. 漏水致鋼筋或鋼骨鏽蝕影響結構強度風險：荷載增加致撓度增加之裂縫破壞防水層、植栽根系破壞防水、植栽根系鑽入裂縫並撐大裂縫等。

（三）題目之案例係於舊建築物上增設綠化工程，包括加鋪輕盈混凝土、泥土及種植草地等，工程施作後垂直負載增加，又因排水系統產生問題，致負載超過原設計鋼桁架系統而致坍塌。

故由此案例探討，類似情況在不大幅改變屋頂高度之可行補強措施：

1. 在綠化工程施作前（規劃階段），增設鋼桁架及支承數量，以降低各鋼桁架負載，惟施作上較為複雜及成本較高。
2. 鋼桁架主要係以上下弦桿抵抗彎矩、腹桿抵抗剪力，若抗彎能力不足，在不大幅變化桁架深度下，可增加既有上下弦桿面積（如加銲鋼鈑）；如抗剪力不足，則加大腹桿面積。
3. 另需盡量降低綠化工程之垂直荷載增量，並加強排水系統及避免積水等。

五、桁架系統之桿件多為二力肢且節點須為鉸接或樞接，試繪圖說明目前工程實務常用之桁架節點接合方式。（25 分）

（107 公務高考-建築結構系統#4）

參考題解

桁架節點接合為鉸接，工程實務上常用以節點板（gusset plate）搭配螺栓結合及球狀接頭等方式，但其對桿件都還是會有彎矩及剪力的產生，與二力桿的假設有些許差異，而將此種接頭假設為鉸接可大為簡化結構分析且所設計出之結構物較為安全保守，故可為接受，繪圖及概述如下：

（一）節點板搭配螺栓結合：以雙角鋼為例，典型狀況如圖，以節點板配合螺栓結合各桿件，且各桿件之中心軸於結合處交會於一點，為結構分析時假設之桁架節點，此種概念可運於多數鋼桁架、木桁架的結合。

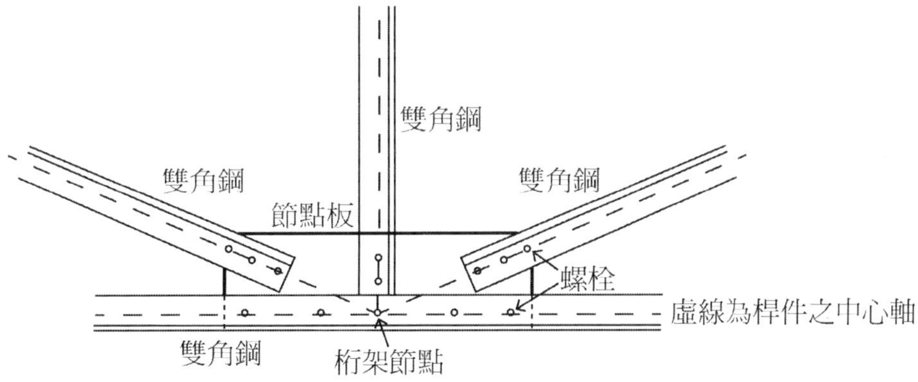

（二）球狀接頭：各桿件（常為圓管材）利用預鑄的球狀接頭結合，主要運用於空間桁架（space truss），剖面示意如圖，節點為球狀接合器，桁架構材可由各方向與其結合，依設計需求於球狀接合器事先預留位置，施工時可精準快速的結合。

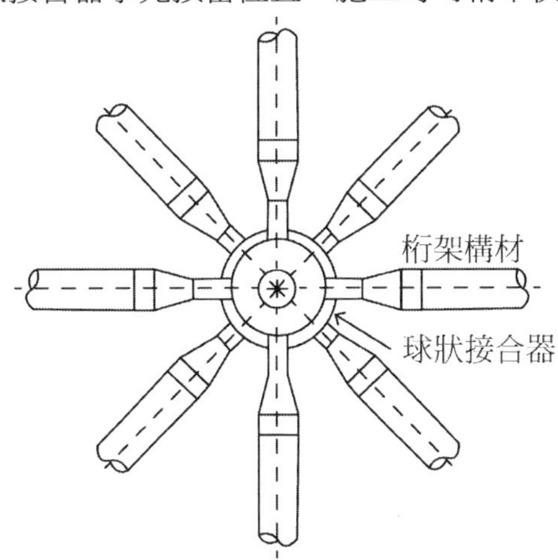

六、有一高架水塔，塔體以構架為主體，在水塔容器達到滿水位時，就塔體承受自重之穩定性（支柱之挫屈）、抵抗水平地震力及材料使用經濟性等為考量要素設計高架水塔，並以簡圖說明所採用之措施。（20 分）

（107 建築師-建築結構#2）

參考題解

高架水塔常具高水壓需求以提升輸送效率及減少加壓站設置，而將水塔高度盡量提高，且大部分重量（含大量蓄水重量）集中在頂部，與一般建築結構型態差異較大，主要考量要素及因應措施概述如下：

（一）整體結構系統：若無特殊造型及以經濟性考量，盡量採簡單、規則、對稱、均勻的概念進行設計，其結構力流較為明確，地震時亦較不會因偏心而有額外應力產生或應力集中現象。

（二）自重之穩定性：因水塔蓄水後致重量大增，壓應力由下方結構支撐系統(支撐柱)負擔，又水塔高度較高，需特別考量支撐柱之無側撐長度，以避免挫屈，常以加設夾層、增設水平梁系統等方式，減少受壓桿件無側撐長度，提高挫屈負載。

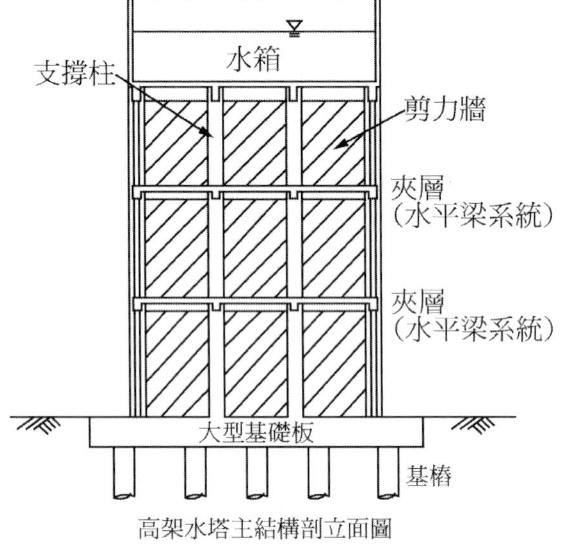

高架水塔主結構剖立面圖

（三）抗側力及水平變位：因大量蓄水重量集中在頂部，且韌性容量較低，計算所得設計地震力比一般建築物大，地震時對結構系統產生巨大側向力，為增加支撐系統側向勁度、強度及考量經濟性，除上述加設夾層、增設水平梁系統外，一般需加設斜撐(鋼構造)或設置剪力牆(RC 造，可利用樓梯服務核心)或採用巨柱(如以多支小柱組成)等方式，以提升結構抗側力能力及減少水平變位。

（四）基礎設計：因地震力主要集中在頂部，地震時結構底部會承受較大的傾倒彎矩，故需考量非均布地反力可能造成之土壤承載力不足及差異沉陷等問題，而常採用大型基礎版及使用樁基礎。

七、近年來國際間之木構造建築有長足之發展與成長，亦出現不少重要之案例，包括2020 年東京奧運會場館設計，全木構高層大樓（加拿大 BC 省 18 層木構造學生宿舍）等案例，試就個人之認知，說明：（每小題 10 分，共 20 分）

（一）木建築之所以被重視及採用之主要原因。

（二）「現代」木建築有那些不同結構系統（以圖例說明為佳）。

（108 公務高考-建築結構系統#4）

參考題解

（一）以木建築優點來看：

1. 環保材料：木材成長過程具有吸收二氧化碳，生產氧氣，對改善環境有所助益，且相較於混凝土及鋼骨，開採及加工上也屬低耗能，加工廢料及拆除後材料也可再利用或分解。在施工過程屬乾式施工，對於環境汙染及影響亦較小。
2. 材料特性：木材質量輕，強度亦高，單位重量強度大，且因質輕而地震力小，結構上若能妥為設計施工，可達良好抗震效果。
3. 施工週期：比起 RC 造建築，木造結構施工安裝速度較快。
4. 穩定耐久：木材經過適當的處理及維護，為一種穩定、耐久性強、壽命長的材料。
5. 隔熱調濕功能：木材隔熱性質比起混凝土、鋼等材料佳，達冬暖夏涼效果，另木材會吸收室內濕度，具有調濕功能。
6. 美觀自然：木紋美觀自然，木質觸感接受度高，多數人喜歡木材帶來的溫暖及舒適感。

（二）木建築結構系統參考木構造規範主要有下列幾種：

(a)梁柱構造　(b)集成材構造　(c)框組式構造

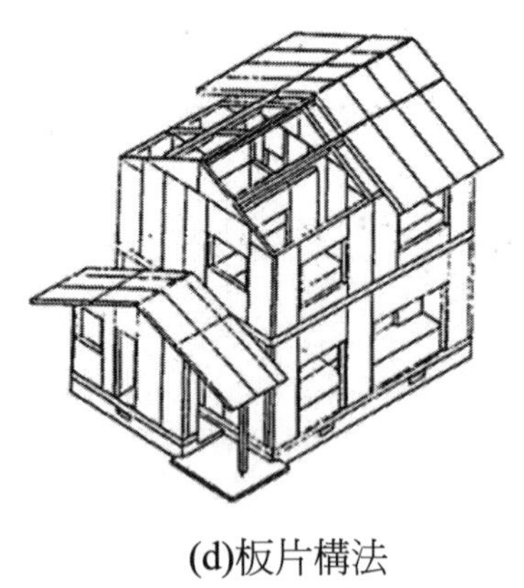

(d)板片構法

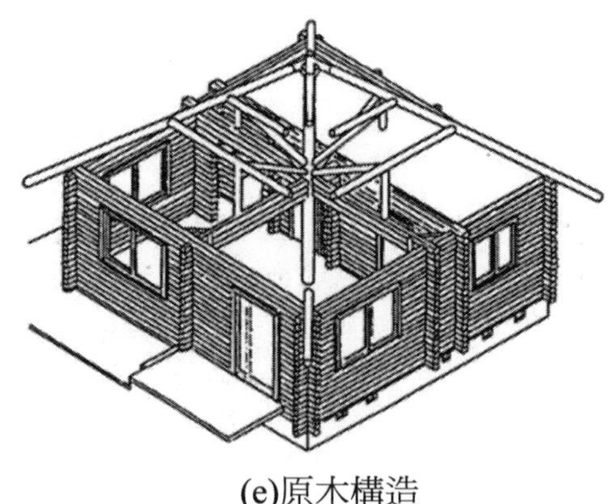

(e)原木構造

資料來源：摘自日本建築學會「木質構造設計規準・同解說」，1995。

八、下圖所示為規劃建造於同一基地內之兩棟相鄰新建建物，建物 *A* 為 8 層樓高，建物 *B* 為 5 層樓高，兩棟建物間淨距為 20 公尺，今欲於兩棟建物之第 4 層高處建造一相連之天橋，如圖中虛線所示位置，若天橋下方不添加額外支柱支撐，並儘量使結構輕量化之前提下，試提出一種天橋結構系統規劃方案，同時分析其與建物 *A*、*B* 之結構互制關係。（25 分）

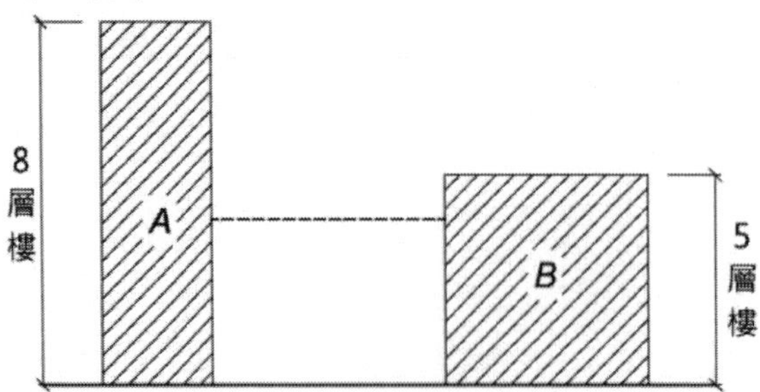

（109 公務高考-建築結構系統#3）

參考題解

（一）本案需求：

天橋結構物，淨距為 20 公尺，下方不添加額外支撐，儘量使結構輕量化。

（二）結構系統規劃方案：

考量需求建議採用桁架結構系統（或者威廉迪爾桁構架），並以簡支方式（鉸支承及滾支承）與建物結合，本案可依跨距需求設計調整桁架深度及桿件尺寸，不需另行架設支撐，並有效降低自重達輕量化，傳遞至建物之載重較小。採簡支結合支承處不傳遞彎矩，對建物結合處造成之影響亦較小，另建物 A、B 間之水平力不傳遞，結構互制行為較小，惟要考量兩建物相對位移量，提供桁架足夠安全的水平位移空間。

桁架天橋結構物簡單示意如圖：

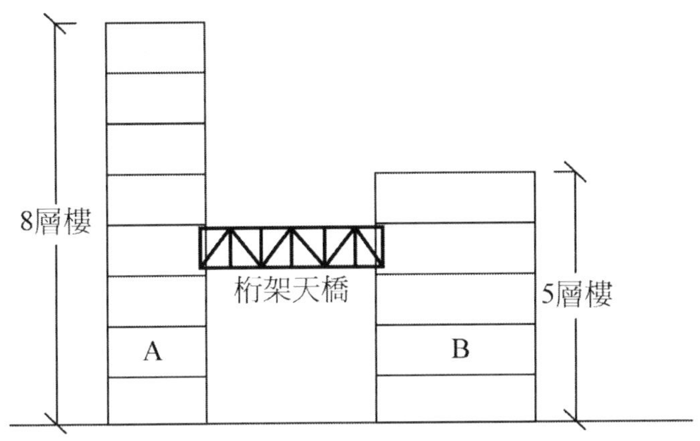

九、請以文字説明並繪圖解釋下列名詞。（每小題 4 分，共 20 分）

（一）Pratt 桁架（提示：斜構材受拉力）

（二）Howe 桁架（提示：斜構材受壓力）

（三）Warren 桁架（提示：無垂直構材）

（四）洋小屋桁架

（五）和小屋桁架

（109 地方三等-建築結構系統#1）

參考題解

（一）Pratt 桁架為一種桁架系統之應用或配置型式，其概念係桁架在受均勻垂直向下載重時，讓斜桿主要受拉力作用，型式示意如下：

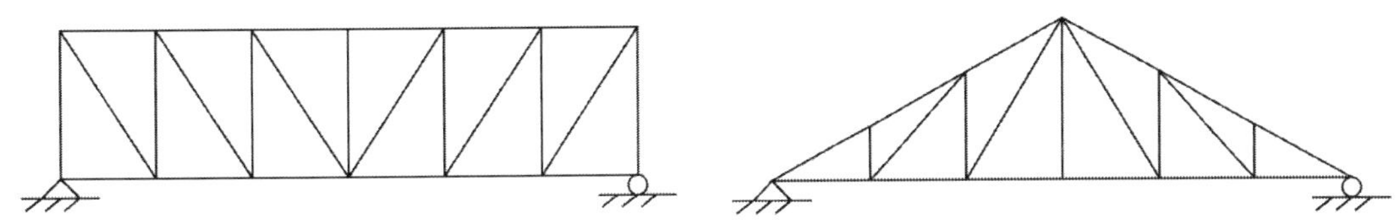

（二）Howe 桁架概念係桁架在受均勻垂直向下載重時，讓斜桿主要受壓力作用，型式示意如下：

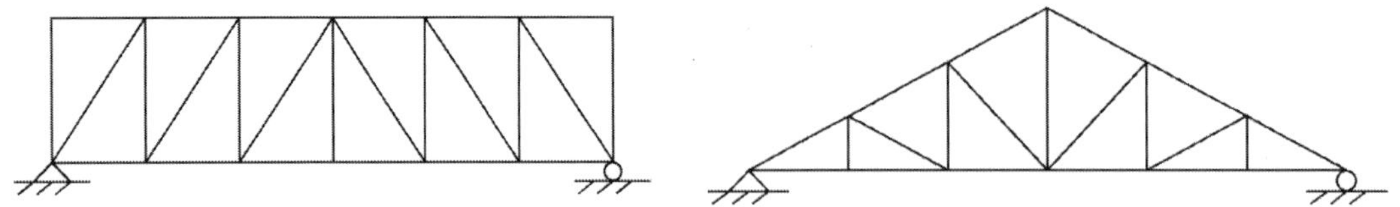

（三）Warren 桁架概念係桁架無設置垂直構材，由成角度的斜桿沿其長度交替形成等邊三角形而連接上下弦桿構件組成桁架系統，型式示意如下：

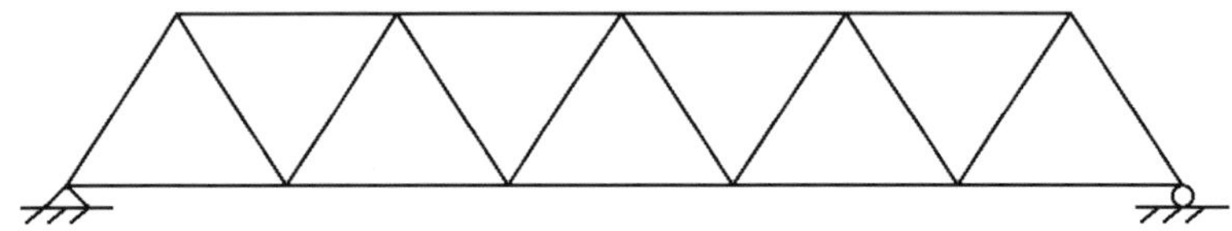

（四）洋小屋桁架以木造西式屋頂構架而言，整體屋架主結構系統以桁架型式構成，常用為中柱式，主結構型式（剖面）示意如下：（屋頂粗線部分為桁架主要結構，圖上標示名稱有不同說法）

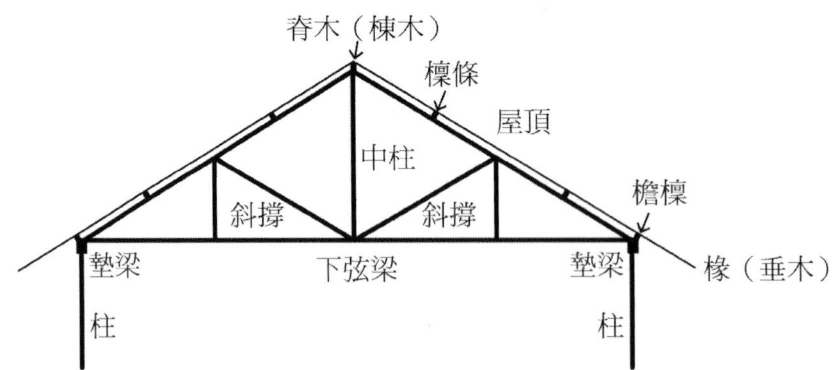

（五）和小屋桁架以木造日式屋頂構架而言，在屋頂構架上立許多短柱，其長度依屋頂斜度設置，由短柱傳遞屋頂載重至下方屋架梁，依其結構型式傾向梁柱系統，與西式桁架型式不太相同，主結構型式（剖面）示意如下（屋頂粗線部分為主要結構，圖上標示名稱有不同說法）

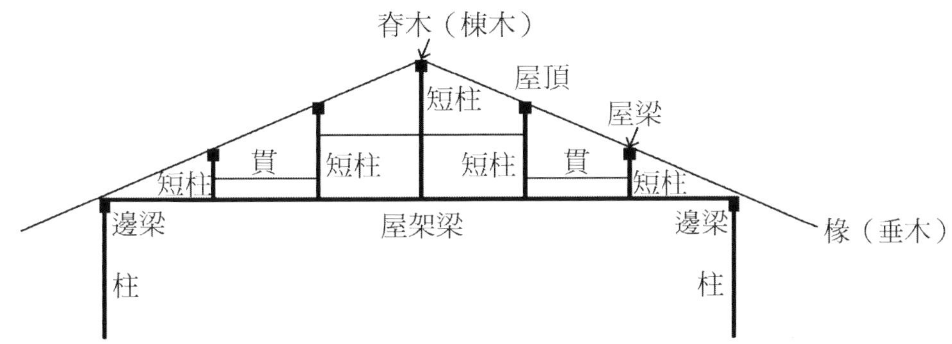

十、圖(a)為木造的中柱式桁架（King post truss），圖(b)為木造的偶柱式桁架（Queen post truss），常出現在現有日治時期建造之古蹟與歷史建築中，假設桁架只承受來自屋頂之垂直載重，且構件 A 與構件 B 產生破壞。

（一）試提出該兩構件之受力情形。（12 分）

（二）試提出補強或替換之建議，並繪製補強或替換之局部大樣圖。（20 分）

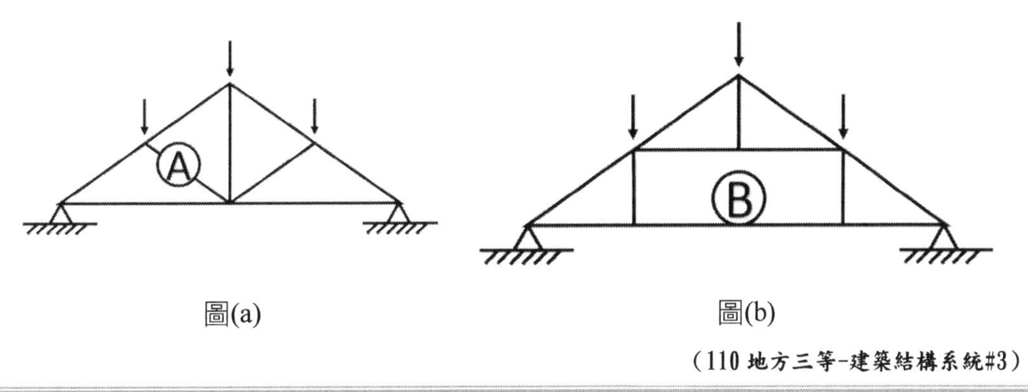

圖(a)　　圖(b)

（110 地方三等-建築結構系統#3）

參考題解

（一）依結構配置及桁架只承受屋頂之垂直載重下，構件 A 為承受壓力桿件，構件 B 為承受拉力桿件。

（二）桿件 A 破壞，考量以木材進行替換，並以金屬版與原結構進行結合，具施工性及結合有效性。

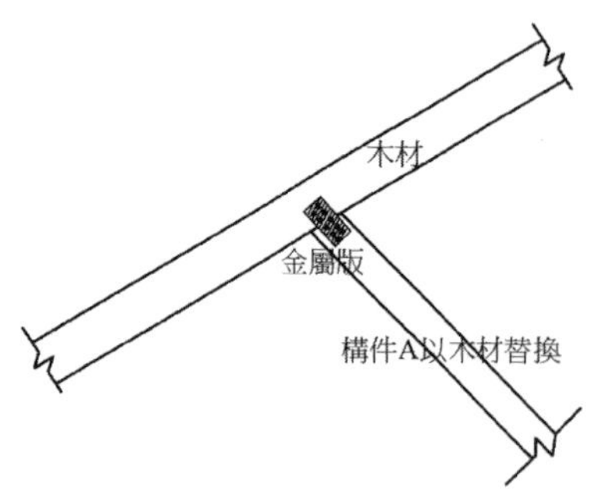

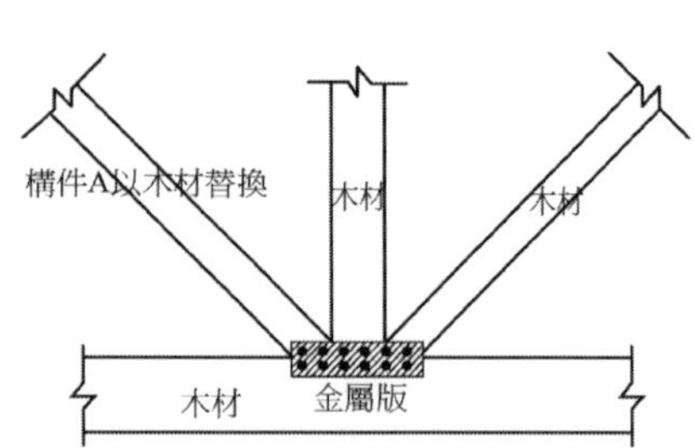

桿件 A 破壞以木材替換於連接處局部之大樣示意圖（未依比例）

桿件 B 破壞，其為受拉桿件，考量用鋼棒替換，並以鐵件與原木材結合，具補強有效性及耐久性，示意如圖。

構件 B 以拉力桿件（鋼棒）替換之局部大樣示意圖（未依比例）

十一、請解釋形抗結構（form resistant structures）之定義與其結構原理，並繪圖輔以文字説明兩種應用於建築空間之形抗結構系統。（20 分）

（110 建築師-建築結構#1）

參考題解

（一）靠改變形狀以增加強度而來抵抗外力（增加承受載重能力）的結構方式，稱為形抗結構（form resistant structures），如摺版、纜索、拱、膜、薄殼之結構系統屬之。

以下圖之平版與摺版結構斷面來比較說明其結構原理，圖上兩者具相同剖面斷面積，而僅為斷面形狀不同，計算個別慣性矩如下：

平版之慣性矩 $I_1 = \frac{1}{12}Wh^3$

摺版之慣性矩 $I_2 = \frac{1}{12}(2b)a^3 = \frac{1}{48}hW^3sin^2\theta$，其中 $a = \frac{W}{2}sin\theta$，$b = \frac{h}{sin\theta}$

假設 $W = 200$，$h = 15$，$\theta = 45^\circ$

帶入可得 $I_1 = 56{,}250$，$I_2 = 1{,}250{,}000$，$\frac{I_2}{I_1} = 22.22$

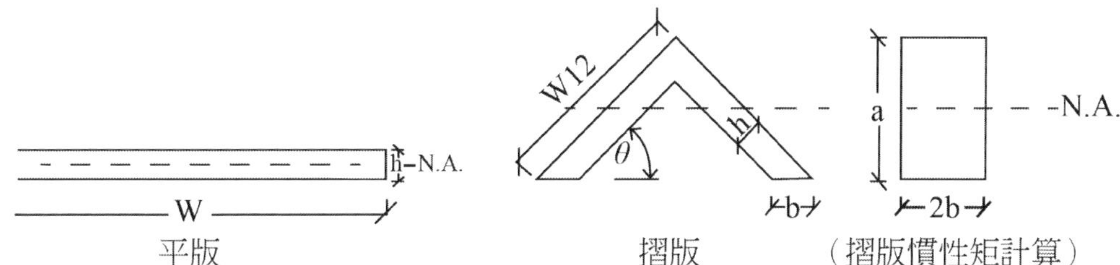

平版　　　　　　　　　摺版　　　（摺版慣性矩計算）

由上計算可得將平版折成倒 V 字形之摺版可有效提高慣性矩（I）增加彎曲勁度，以結構分析的概念可知，在承受相同垂直載重情況下，摺版產生彎曲應力及撓度較小，故採用相同材料下，摺版可跨越更大跨距。由此分析可知，形抗結構之摺版如何在不增加材料情況下，靠本身形狀改變而獲得較佳結構效率之原因，惟不同形抗結構各有其特性、限制或缺點亦需分別加以評估考量或補強。

（二）應用於建築空間之形抗結構系統

1. 摺版結構系統

如下圖左之倒 V 形長摺版配置，相同材料下可較一般梁結構橫越更長跨度，而摺版角度 θ 越大慣性矩越大，抵抗載重能力也較大，但所能包覆之平面空間也會減小，一般合理角度在 45°～60°。倒 V 字形可連續整合成波形摺版如下右圖，以包覆更大空間，亦可調整成 W 形或槽形等不同形狀，或者利用不同組合發展成多摺疊摺版結構系統，讓造型更加富於變化及美觀，惟摺版因其結構形狀及特性，多適合用於屋頂結構。

另摺版需考量本身勁度不足（如單一版受壓挫曲）的整體破壞及邊緣處的應力集中破壞，必須加以考量及補強。

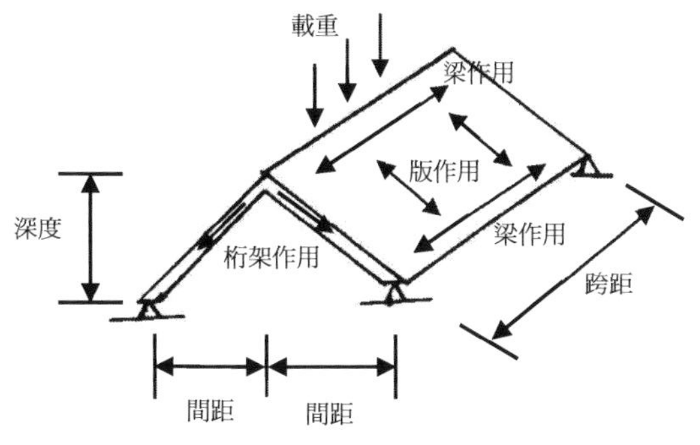

長摺版配置及力學傳遞作用示意圖

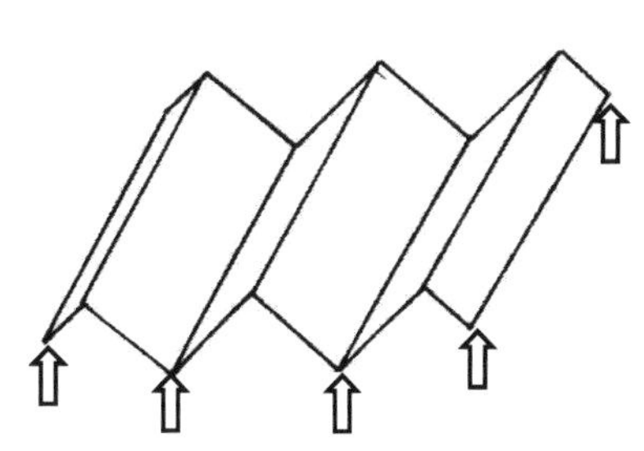

波形摺版配置示意

2. 長圓筒殼結構系統

把摺版的摺疊數增多，如下圖左，摺版所受的應力也會跟著減小，當摺疊數夠多，應力變小版厚可以降低，形成薄殼（shell）結構系統，可配置如下圖右之長圓筒殼（shell）結構系統，為另一種可運用於建築空間之形抗結構形式。

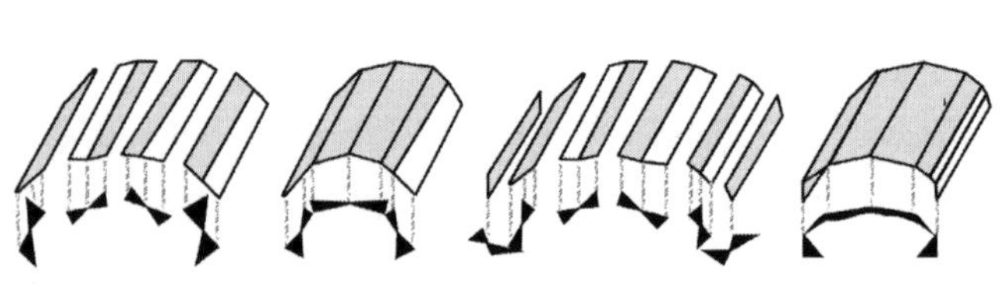

摺版之摺疊數及應力分布示意圖

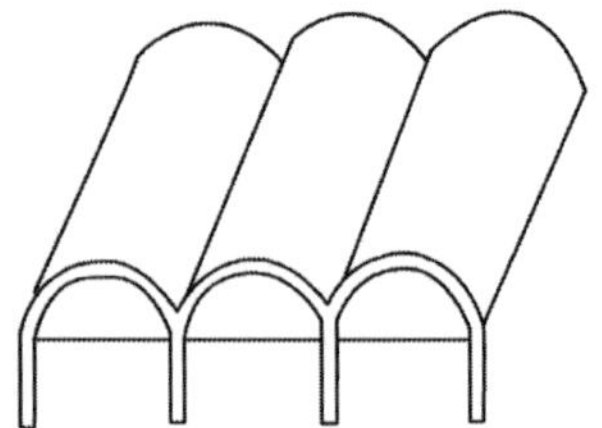

長圓筒殼配置示意圖

參考來源：鄭茂川，建築結構系統，2006。

十二、請試回答下列問題：

（一）建築結構與構件，承受何種載重時，屬於「反覆載重」狀況？又承受何種載重時，屬於「疲勞載重」狀況？（請各舉一個例子說明）（10 分）

（二）並請分別說明以上二例子中，構件結構行為與設計時應考慮之要件。（10 分）

（111 建築師-建築結構#2）

參考題解

（一）1. 反覆載重，作用力的大小或方向隨時間做規則或不規則性的改變，若短時間內改變其大小或方向，結構可能依其勁度或自然週期的不同而作動態反應，產生較大的應變率，如受地震力作用。

2. 疲勞載重，當構件（或材料）受到長時間高頻率的較大應力差及反覆次數多之載重，致使抵抗外力能力顯著降低，甚至構材在短時間發生斷裂。而一般建築結構設計所採用之地震力或風力，其載重往復改變之次數不多且頻率較低，通常不需考慮疲勞問題，常見疲勞載重為承載機械設備之結構或供吊車行走之軌道，因經常承受往復載重，設計時應適當考慮疲勞之問題。

（二）1. 以地震力而言，建築結構及構件受地震力之短時間的反覆載重，形成動態效應，其結構行為和眾多因素相關，如地震震源特性、傳播介質、建築物場地條件及建築物本身結構特性等因素，皆需加以考量設計，需依耐震規範進行檢討設計。

2. 以建築中承載機械設備之結構來看，構件在疲勞載重下可能形成突然的疲勞斷

裂狀況，其破壞力學有別於一般傳統力學，其結構行為機制概略係疲勞載重作用下，於材料的應力集中處（通常為材料非均勻處或幾何形狀突然改變處）發生初始裂縫，由於微小裂縫形成，經一段時間的延伸，直至突然的斷裂，為一種脆性破壞，應為避免，其和反復作用之應力範圍（應力差值）、作用次數、作用時間等因素有關，依實際結構使用之各種可能狀況加以考慮並估算疲勞強度進行設計。

參考書目

一、全國法規資料庫　法務部

二、公共工程技術資料庫　公共工程委員會

三、中國國家標準　標準檢驗局

四、建築結構系統　鄭茂川　桂冠出版社

五、建築結構力學　鄭茂川　台隆書店

六、營造法與施工（上冊、下冊）吳卓夫等　茂榮書局

七、營造與施工實務（上冊、下冊）　石正義　詹氏書局

八、建築工程估價投標　王玨　詹氏書局

九、建築圖學（設計與製圖）崔光大　巨流圖書公司

十、建築製圖　黃清榮　詹氏書局

十一、綠建材解說與評估手冊　內政部建築研究所

十二、綠建築解說與評估手冊　內政部建築研究所

十三、綠建築設計技術彙編　內政部建築研究所

十四、建築設備概論　莊嘉文　詹氏書局

十五、建築設備（環境控制系統）周鼎金　茂榮圖書有限公司

十六、圖解建築物理概論　吳啟哲　胡氏圖書

十七、圖解建築設備學概論　詹肇裕　胡氏圖書

讀者回函卡

年　　月　　日

※ 請寄回讀者回函卡。讀者如考上國家相關考試，**我們會頒發恭賀獎金**。

讀者姓名：

手機：　　　　　　　　　　　　**市話：**

地址：　　　　　　　　　　　　**E-mail：**

學歷：□高中　□專科　□大學　□研究所以上

職業：□學生　□工　□商　□服務業　□軍警公教　□營造業　□自由業　□其他________

購買書名：

您從何種方式得知本書消息？

□九華網站　□粉絲頁　□報章雜誌　□親友推薦　□其他__________

您對本書的意見：

內　容	□非常滿意	□滿意	□普通	□不滿意	□非常不滿意
版面編排	□非常滿意	□滿意	□普通	□不滿意	□非常不滿意
封面設計	□非常滿意	□滿意	□普通	□不滿意	□非常不滿意
印刷品質	□非常滿意	□滿意	□普通	□不滿意	□非常不滿意

※讀者如考上國家相關考試，**我們會頒發恭賀獎金**。如有新書上架也盡快通知。

謝謝！

□□□-□□

廣告回信
台北郵局登記證
台北廣字第04586號

100-78

台北市中正區南昌路一段161號2樓

台北市私立九華土木建築工商短期職業補習班

收

105-111 建築國家考試-建築結構題型整理

編 著 者：九華土木建築補習班
發 行 者：九樺出版社
地　　址：台北市南昌路一段 161 號 2 樓
網　　址：http://www.johwa.com.tw
電　　話：(02) 2351－7261~4
傳　　真：(02) 2391－0926
定　　價：新台幣　650　元
I S B N　：978-626-97884-0-8
出版日期：中華民國一一二年十月出版
官方客服：LINE ID：@johwa
總 經 銷：全華圖書股份有限公司
地　　址：23671 新北市土城區忠義路 21 號
電　　話：(02) 2262-5666
傳　　真：(02) 6637-3695、6637-3696
郵政帳號：0100836-1 號
全華圖書：http://www.chwa.com.tw
全華網路書店：http://www.opentech.com.tw